全国高等职业教育系列教材
(工程机械类专业)

工程机械底盘构造与维修

主　编　刘朝红　徐国新
参　编　孟继申　徐晓东　王　锦　黄　括
主　审　汤铭奇

机　械　工　业　出　版　社

本书以典型工程机械为例，介绍了工程机械底盘的构造、工作原理、故障分析及维修。全书分为10章，包括绪论、传动系概论、主离合器、液力变矩器、变速器、万向传动装置、驱动桥、行驶系、转向系和制动系。各章均安排了相应的复习与思考题。

本书以培养应用型人才为目标，理论以够用为度，图文并茂，紧密联系生产实际。

本书可作为高职高专工程机械专业及相关专业的教材，也可以供相关技术人员学习参考。

图书在版编目（CIP）数据

工程机械底盘构造与维修/刘朝红，徐国新主编. —北京：机械工业出版社，2011.9（2025.1重印）
全国高等职业教育系列教材. 工程机械类专业
ISBN 978-7-111-34631-9

Ⅰ.①工… Ⅱ.①刘…②徐… Ⅲ.①工程机械-底盘-构造-高等职业教育-教材②工程机械-底盘-维修-高等职业教育-教材 Ⅳ.①TU60

中国版本图书馆CIP数据核字（2011）第153385号

机械工业出版社（北京市百万庄大街22号 邮政编码100037）
策划编辑：王海峰 责任编辑：王海峰 薛 礼 版式设计：霍永明
责任校对：李 婷 封面设计：赵颖喆 责任印制：李 昂
北京捷迅佳彩印刷有限公司印刷
2025年1月第1版第14次印刷
184mm×260mm · 12印张 · 295千字
标准书号：ISBN 978-7-111-34631-9
定价：36.00元

电话服务	网络服务
客服电话：010-88361066	机 工 官 网：www.cmpbook.com
010-88379833	机 工 官 博：weibo.com/cmp1952
010-68326294	金 书 网：www.golden-book.com
封底无防伪标均为盗版	机工教育服务网：www.cmpedu.com

前　　言

工程机械在国民经济建设中正发挥着越来越重要的作用，广泛用于公路、铁路、建筑、水电、港口及采矿等领域。掌握各种工程机械底盘的构造、原理、主要故障诊断及维修方法，是正确、高效地使用工程机械的前提。“工程机械底盘构造与维修”目前已成为高职高专工程机械运用与维护、工程机械控制技术等相关专业的主要课程之一。

本书是基于编者多年的教学实践，根据工程机械运用基础课程教材编写大纲编写而成的。本书在继承以往同类教材基本构架的基础上，以典型的推、挖、装、运工程机械构造及装置为主，介绍了工程机械的构造、工作原理、类型与特点、故障诊断及维修。在编写本书时，编者遵照教育部高职高专教材建设的要求，紧紧围绕培养高等职业技能应用型人才的需要，从人才培养目标出发，结合实际教学，以应用为目的，以能力为本位，确定编写思路和教材特色，注重知识的应用性、可操作性，充分体现了实际、实用的特点。本书在内容组织上突出了适应性、实用性和针对性。

全书分为10章，包括绪论、传动系概论、主离合器、液力变矩器、变速器、万向传动装置、驱动桥、行驶系、转向系和制动系。各章均安排了相应的复习与思考题。

本书由辽宁科技学院刘朝红、徐国新任主编。参加编写人员的分工为：刘朝红编写第1、2、4、8章，徐国新编写第5章及第9章第1～5节，辽宁科技学院孟继申编写第10章及第9章第6节，山东唐骏欧铃汽车制造有限公司徐晓东编写第3章，弓长岭选矿厂王锦编写第6章，辽宁科技学院黄括编写第7章。全书由刘朝红统稿、修改并定稿。

本书由辽宁科技学院汤铭奇教授担任主审，审阅人仔细、认真地审阅了全部书稿，提出了许多宝贵的意见和建议，在此表示衷心感谢。

本书在编写过程中，参阅了大量最新的相关文献，在此，编者对原作者表示真诚的谢意。

由于编者水平有限，书中难免存在疏漏和错误，敬请广大读者提出宝贵意见。

本书配有电子课件，凡使用本书作为教材的教师可登录机械工业出版社教材服务网www.cmpedu.com注册后下载。咨询邮箱：cmpgaozhi@sina.com。咨询电话：010-88379375。

编　者

目　　录

第1章　绪　　论

本章介绍了工程机械的类别和结构、工程机械维护制度、工程机械修理类别及工程机械维修的基本方法。

1.1　工程机械的分类及组成

1.1.1　工程机械应用特点

工程机械具有广泛的应用范围，在城市建设、交通运输、农田水利、能源开发、近海开发、机场码头和国防建设中，都起着十分重要的作用，尤其是一些工程量浩大的工程建设项目，在没有工程机械的情况下是很难完成的。工程机械为现代化建设提供了先进的施工机具和手段，工程机械的现代化必将加快现代化建设的进程，提高基本建设工程的施工质量，加快国民经济建设的步伐。

按国际规定，工程机械（Construction Machinery and Equipment）的定义为：为房屋、工厂、桥梁、公路、铁路等工程建设，以及江河疏通、矿山开掘、管线铺设等工程施工提供的生产技术装备。

工程机械属于非公路运行车辆，机种繁多，作业范围广，分别具有特定的作业工况。工程机械作业的特点是：广泛的适应性，能满足特殊作业的需要；作业工况恶劣；品种多，各类机理相差悬殊，一机多用；要求装备防护装置；各机种间配备有成套性，对配套机种有特殊要求；适于组织专业化生产。

1.1.2　工程机械的类别

中国现有工程机械产品可以分为17大类，见表1-1。

表1-1　工程机械产品类别

类别划分	系　　列
挖掘机械	单斗挖掘机、斗轮挖掘机、斗轮挖沟机及掘进机等
铲土运输机械	推土机、装载机、铲运机、平地机、运输车及翻斗车等
工程起重机械	汽车起重机、轮胎起重机、履带起重机、塔式起重机、施工升降机、卷扬机、高空作业车及升降平台等
工业车辆	内燃叉车、电动叉车及堆垛机等
电梯及扶梯	客梯、货梯、医用梯、扶梯及人行走道等
凿岩机械和气动工具	凿岩钻机、凿岩机具及气动工具等
压实机械	压路机和夯压机、碾压机等
桩工机械	柴油锤、液压锤、振动锤、钻孔机、打桩机及静压桩机等

（续）

类别划分	系　　列
路面机械	撒布机、摊铺机、沥青搅拌机、拌和机、加热设备等
混凝土机械	搅拌机、振动机、喷射机、运输车、混凝土泵、混凝土泵车、砌块机、楼板轴芯机、振动台及吸水装置等
钢筋及预应力机械	切断机、矫直机、弯曲机及拉伸机等
装修机械	灰浆泵、喷涂机、抹(磨)光机及电动工具等
环保市政建设机械	管道机械、吸污车、粪便车、清扫车、垃圾车、洒水车、剪草车及喷药车等
线路机械	轨枕机械、道床机械、桥梁机械及装运机械等
军用工程机械	道路机械、特种机械及野战工程车等
专用部件	回转支承、链轨、专用电动机、座椅及专用液压件等
其他专用工程机械	非开挖线路机械等

1.1.3 工程机械的组成

工程机械有自行式和拖式两大类，本教材主要介绍自行式工程机械底盘构造与维修。自行式工程机械按其行驶方式的不同可分为轮式和履带式。自行式工程机械虽然种类很多，结构形式各异，但基本上都由动力装置（发动机）、底盘及工作装置3部分组成。

（1）动力装置　动力装置通常采用柴油机，其输出的动力经过底盘传动系传给行驶系，使工程机械行驶，经过底盘的传动系或液压传动系统等传给工作装置，使工程机械进行作业。

（2）底盘　底盘接受动力装置发出的动力，使工程机械能够行驶或同时进行作业。底盘又是全机的基础，柴油机、工作装置、操纵系统及驾驶室等都装在它上面。底盘通常由传动系、行驶系、转向系、制动系及回转支承装置（部分机种有该装置）组成。

1）传动系。传动系的功能是将发动机输出的动力传给驱动轮，并将动力适时加以变化，保证最佳的动力性能和经济性能，使其适应各种工况下工程机械行驶或作业的需要。轮式机械传动系主要由主离合器（或液力变矩器）、变速器、万向传动装置、主传动装置、差速器及轮边减速器等组成；履带式机械传动系主要由主离合器、变速器、中央传动装置、转向离合器及侧减速器等组成。

2）行驶系。行驶系的功能是将发动机输出的转矩转化为驱动工程机械行驶的牵引力，并支承工程机械的重量，承受各种力的作用，吸收振动，缓和冲击，以保证底盘的正常工作。轮式机械行驶系主要由车轮、车桥、车架及悬架装置等组成；履带式机械行驶系主要由行驶装置、悬架及车架等组成。

3）转向系。转向系的功能是使工程机械保持直线行驶并能够灵活准确地改变行驶方向。轮式机械转向系主要由方向盘、转向器、转向传动机构等组成；履带式机械转向系主要由转向离合器和转向制动器等组成。

4）制动系。制动系的功能是使工程机械迅速降低行驶速度甚至停车，并保证工程机械能在坡道上停车。轮式机械制动系主要由制动器和制动传动机构等组成；履带式机械底盘中通常没有专门的制动装置，而是利用转向制动器进行制动。

5）回转支承装置。回转支承装置使工作机构在一定的作业范围内，绕整机垂直轴线

(即回转中心)做回转运动，进行运输物料等工作。回转支承装置由回转驱动机构、回转平台及回转支承轴承等组成。

(3) 工作装置 工作装置是工程机械直接完成各种工程作业任务的装置，是工程机械作业的执行机构。不同类型的工程机械有不同的工作装置，如推土机的推土铲刀、推架等组成的推土装置，装载机的装载铲斗、动臂等组成的装载装置，挖掘机的铲斗、斗杆及动臂等组成的挖掘装置。

1.2 工程机械维修制度

1.2.1 工程机械维护制度

工程机械的维护是以检查、紧固、清洁、润滑及调整为中心，通过更换易损零件或局部修理以排除故障及隐患的预防性技术措施。

维护制度是根据统计资料及技术规范对工程机械维护周期和项目作硬性规定并强制执行的技术性法规，以保证工程机械能够保持良好的工作状态。工程机械维护一般可分为日常维护、定期维护和特殊维护。

1. 日常维护

在每一个工班前后进行的维护作业叫做日常维护，它的作业内容包括：保证正常运转所必要的条件，外部清洁，安全运转的检查，以及一般故障的排除。

2. 定期维护

定期维护是指工程机械经过一定的运行时间后，停机进行清洗，检查，调整，以及故障排除，对某些零件进行修理和更换等。定期维护根据作业内容的不同可分成3个等级。

1) 一级维护。以润滑、紧固为中心，主要作业内容包括：检查、紧固机械外部螺纹联接件；按规定加注润滑脂，检查各总成内润滑油平面，并添加润滑油；清洗各种滤清器；排除发现的故障。

2) 二级维护。以检查、调整为中心，主要作业内容包括：除执行一级维护的作业项目外，检查、调整发动机及电气设备；拆洗机油盘和机油滤清器；清洗柴油滤清器；检查、调整转向机构、制动机构；拆洗前、后轮毂轴承，添加润滑脂（油）；拆检轮胎并进行换位。

3) 三级维护。以总成解体清洗、检查、调整、换件为中心，主要作业内容包括：拆检发动机，清除积炭、结胶及冷却系污垢；视需要对底盘各总成进行解体清洗、检查及调整，消除隐患；对机架、机身进行检查，视需要进行除锈、补漆。

3. 特殊维护

工程机械特殊维护一般包括磨合期维护、换季维护、停驶维护和封存维护等。

(1) 磨合期维护 凡新工程机械或经过大修的工程机械，均需经过磨合期磨合才能投入正式使用，而磨合前和磨合后均须进行维护。磨合前的维护包括外部检查、清洁、润滑、充油、充水、充气和充电等。磨合期结束时，还要进行一次全面维护，内容包括解除最大供油的限制，清洗润滑系，更换发动机润滑系的润滑油，以及对各连接部位进行一次全面的检查。

(2) 换季维护 凡冬季最低气温在0℃以下的地区，入夏和入冬前都要对工程机械进行换季维护，其主要内容包括：检查节温器，更换润滑油、燃油（柴油机），调整蓄电池电解液密度等。

（3）停驶维护　停用的工程机械应每周进行一次外部清洁，每半月摇动发动机曲轴10转以上，每月将发动机发动一次。停用的工程机械应拆掉弹簧钢板，履带式机械应停放在枕木上或水泥地面上。

（4）封存维护　长期不用的工程机械在封存前应进行一次维护，内容有：排除气缸中的废气，向每个气缸注入适量润滑油，摇动曲轴数转，使润滑油均匀地涂在气缸壁上；封闭通向外部的通道；清除锈蚀并对可能生锈的部位涂抹防锈脂。封存工程机械应每半年发动一次并重新封存。

1.2.2　工程机械修理类别

现代工程机械修理一般可分为工程机械大修、总成大修和零件修理等。

1. 工程机械大修

工程机械大修是针对部分或完全丧失工作能力的工程机械，经技术鉴定后，按需要有计划地恢复工程机械的动力性、经济性、可靠性和原有装置，使工程机械的技术状况和使用性能达到规定技术要求的恢复性措施。

2. 总成大修

总成大修是对部分或完全丧失工作能力的总成，经技术鉴定后，按需要有计划地恢复总成的动力性、经济性、可靠性和原有装置，使总成的技术状况和使用性能达到规定技术要求的恢复性措施。

3. 零件修理

零件修理是对不符合技术要求的零件采用适当的修复方法和工艺，使零件达到规定技术要求的恢复性措施。

1.2.3　工程机械维修的基本方法

1. 就机修理法

在整个维修过程中，从工程机械上拆下的总成、组合件及零件，凡能修复的经过修复后，全部装回原工程机械中，这种修理方法叫做就机修理法。各个总成、组合件和零件维修装配需要的时间不同，就机修理法必须等待修理时间最长的零件，故工程机械停工时间较长。这种方法只适用于修理量不大，承修工程机械类型复杂的修理单位。

2. 总成互换法

维修时除机架外，将其余已损坏的总成从工程机械上拆下，换用事先修理好的总成和部件，即可将整台工程机械配装出厂。拆下的总成另行安排修理，修复后补充到总成周转库中，以备下次换用。这种维修方法叫做总成互换法。总成互换法可大大缩短工程机械的停工时间，提高其利用率。但使用总成互换法的前提是必须具备一定量的周转总成和部件，所以这种方法适用于修理量大、承修机型单一的修理厂。

复习与思考题

一、填空题

1. 工程机械有（　　　　）和（　　　　）两大类，自行式工程机械虽然种类很多，结构形式各异，但基本上都由（　　　）、（　　　）及（　　　）3 部分组成。

2. 自行式工程机械按其行驶方式的不同可分为（　　　）和（　　　）。

3. 工程机械底盘通常由（　　　）、（　　　）、（　　　）、（　　　）及（　　　）（部分机种有该装置）等组成。

4. 工程机械的维护是以（　　　　　　　）为中心，通过更换（　　　）或局部修理以排除故障及隐患为主要目的预防性技术措施。

5. 工程机械维护一般可分为（　　　）、（　　　）和（　　　）。

6. 现代工程机械修理一般可分为（　　　）、（　　　）和（　　　）等。

7. 工程机械维修的基本方法有（　　　）和（　　　）。

二、判断题

1. 工程机械回转支承装置是工程机械行驶系的一部分。（　　）

2. 工程机械的特点之一是可以自行移动。（　　）

3. 工程机械底盘通常由传动系、行驶系、转向系、制动系及回转支承装置（部分机种有该装置）组成。（　　）

4. 轮式机械行驶系主要由车轮、车桥、车架及悬架装置等组成，支承工程机械的重量和承受各种力，吸收振动，缓和冲击，以保证底盘的正常行驶。（　　）

5. 工程机械修理是以检查、紧固、清洁、润滑、调整为作业中心，以更换易损零件或局部修理和排除故障及其隐患为主要目的预防性技术措施。（　　）

6. 工程机械一级维护是以检查、调整为中心的作业；二级维护是以润滑、紧固为中心的作业。（　　）

三、单项选择题

1.（　　）是在入夏和入冬前都要进行的特殊维护，其主要内容有：检查节温器，更换润滑油、燃油（柴油机），调整蓄电池电解液密度等。

A. 停驶维护　　B. 封存维护　　C. 磨合期维护　　D. 换季维护

2.（　　）以总成解体清洗、检查、调整、换件为中心，主要内容包括：拆检发动机，清除积炭、结胶及冷却系污垢；视需要对底盘各总成进行解体清洗、检查、调整、消除隐患；对机架、机身进行检查，视需要进行除锈、补漆。

A. 一级维护　　B. 二级维护　　C. 三级维护　　D. 日常维护

3. 在每一个工班前后都要进行的维护作业叫做（　　），它的作业内容包括：保证正常运转所必要的条件，外部清洁，安全运转的检查，以及一般故障的排除。

A. 一级维护　　B. 二级维护　　C. 三级维护　　D. 日常维护

四、简答题

1. 什么是定期维护？

2. 什么是工程机械大修？

3. 什么是工程机械总成大修？

4. 比较工程机械就机修理法与总成互换法的特点。

第2章　传动系概论

本章重点介绍工程机械传动系的功能、机械式传动系统和液力机械式传动系统的组成及特点。通过学习，学生可对机械式传动系统和液力机械式传动系统形成总体认识。

工程机械的动力装置与驱动轮之间所有的传动部件总称为传动系。

2.1　传动系的功能

工程机械的传动系是将发动机产生的动力传给驱动轮或工作装置，使其行驶或作业的系统。下面以轮式机械的机械式传动系（见图2-1）为例，说明传动系的功能。

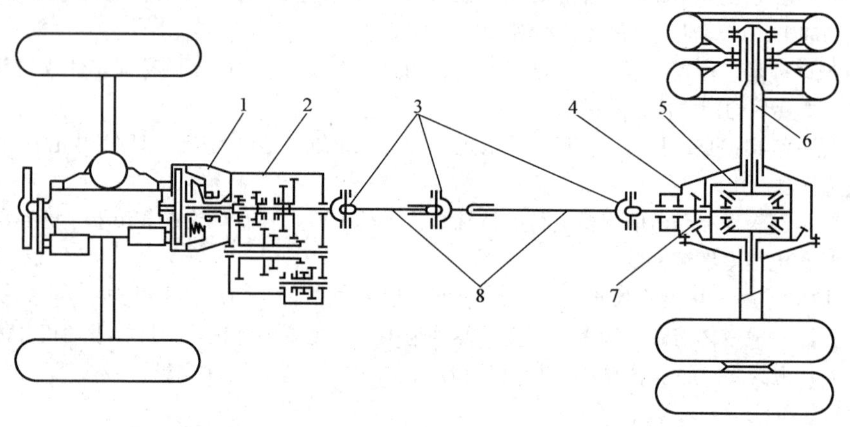

图2-1　轮式机械的机械式传动系简图

1—离合器　2—变速器　3—万向节　4—驱动桥　5—差速器　6—半轴　7—主传动器　8—传动轴

1. 减速增矩

目前，工程机械多采用发动机作为动力装置。发动机具有转矩小、转速高的特点，而工程机械作业的特点则是速度低、牵引力大。因此，不能让发动机直接驱动车轮，必须经传动系使发动机的转矩增大、转速降低后，再驱动工程机械的驱动轮，工程机械方能起步、行驶和作业。

2. 变速变矩

工程机械使用条件（如负载大小、道路坡度及路面状况等）的变化范围很大，这就要求工程机械牵引力和速度应有足够的变化范围。为了使发动机能保持在有利转速范围（保证发动机功率较大而燃料消耗率较低的转速范围）内工作，而工程机械牵引力和速度又能在足够大的范围内变化，应当使传动系的传动比有足够大的变化范围。

工程机械以较高速度行驶时，可选用变速器中传动比较小的挡位（高速挡）；当重载作业、在路况较差的道路上行驶或爬越较大的坡度时，则可选用变速器中传动比较大的挡位（低速挡）。

3. 实现工程机械倒驶

工程机械作业或进入停车场、车库时，常常需要倒退行驶。然而，发动机是不能反向旋转的，故传动系必须保证在发动机旋转方向不变的情况下，能使驱动轮反向旋转，实现工程机械倒驶。一般的措施是在变速器内加设倒退挡。

4. 接合或切断动力

发动机只能在无负荷情况下起动，而且起动后的转速必须保持在最低稳定转速以上，否则可能熄火。所以在工程机械起步之前，必须将发动机与驱动轮之间的传动路线切断。另外，在换挡及对工程机械进行制动之前，也有必要暂时中断动力传递。因此，在发动机与变速器之间，应装设一个能分离和接合传动路线的机构，这就是离合器。

5. 差速作用

当工程机械转弯行驶时，左、右车轮在同一时间内滚过的距离是不同的，如果两侧的驱动轮仅用一根刚性轴驱动，则二者转速相同，转弯时必然会产生车轮相对于地面滑动的现象，这将造成转向困难，动力消耗增加，以及传动系内某些零件和轮胎加速磨损。因此，驱动桥内应装有差速器，使左、右两驱动轮能以不同的转速旋转。

2.2 传动系的类型及组成

根据传动装置的结构与工作原理的不同，工程机械传动系可分为机械式传动系、液力机械式传动系、全液压式传动系和电传动系 4 种类型。根据工程机械行走方式的不同，传动系又可分为轮式传动系和履带式传动系 2 种类型。

2.2.1 机械式传动系

机械式传动系多用于小型工程机械。图 2-1 所示为轮式机械的机械式传动系简图，图 2-2

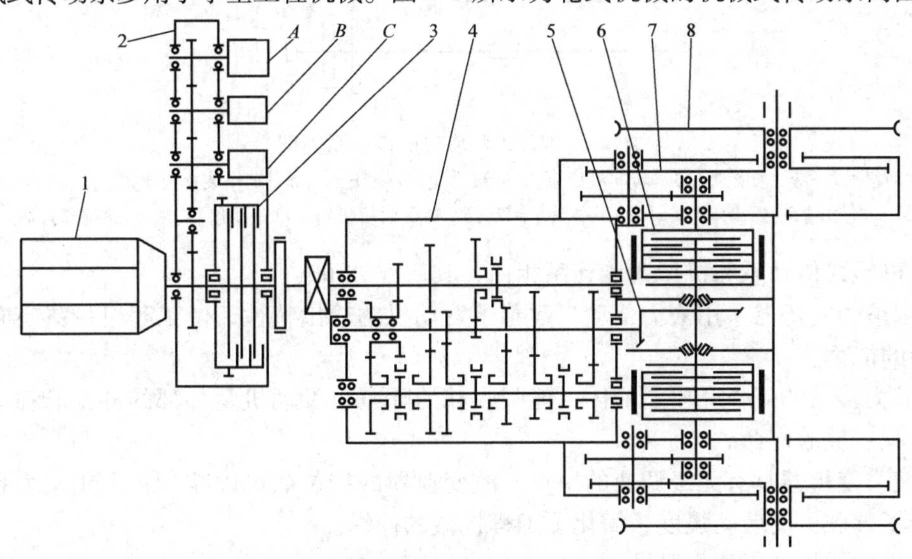

图 2-2　履带式机械的机械式传动系简图

1—发动机　2—齿轮箱　3—主离合器　4—变速器　5—主传动齿轮　6—转向离合器　7—终传动装置　8—驱动链轮

A—工作装置液压泵　*B*—离合器液压泵　*C*—转向离合器液压泵

所示为履带式机械的机械式传动系简图。发动机纵向前置，与之连接的是主离合器。动力从发动机输出，经离合器、联轴器传递给变速器。变速器动力输出轴和主传动齿轮制成一体。动力方向改变90°后，由紧固在驱动轴上的从动锥齿轮传给左、右转向离合器，最后经终传动装置传到驱动链轮。

履带式机械的机械传动系因转向方式与轮式机械不同，故在驱动桥内设置了转向离合器。另外，在动力传至驱动链轮之前，为进一步减速增矩，设置了终传动装置，以满足履带式机械牵引力较大的需求。

2.2.2 液力机械式传动系

液力机械式传动系越来越广泛地应用在工程机械上。图2-3所示为ZL50型装载机传动系简图。纵向后置发动机将动力经液力变矩器及具有双行星排的动力换挡变速器传给前后驱动桥。

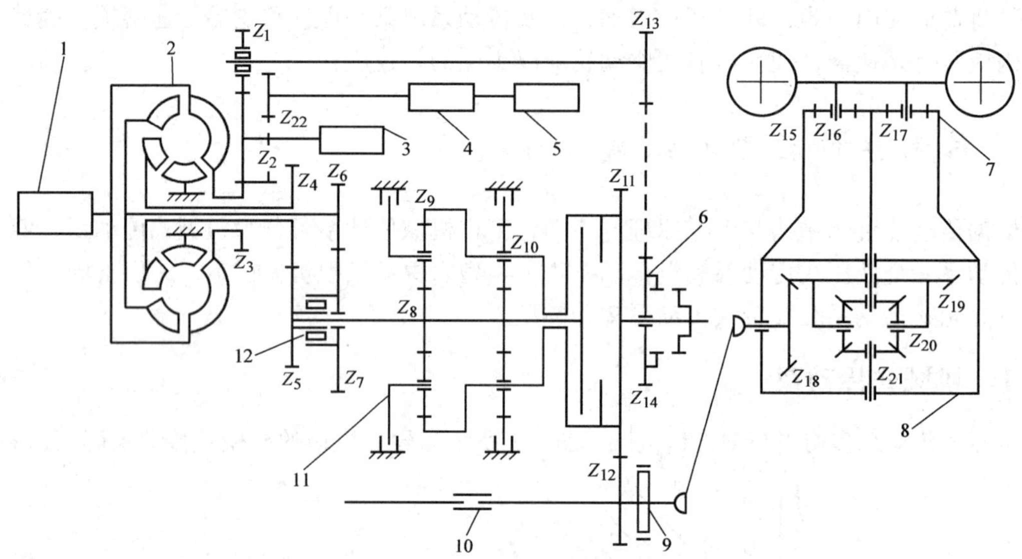

图2-3 ZL50型装载机传动系简图

1—发动机 2—液力变矩器 3—转向液压泵 4—液力变矩器液压泵 5—工作装置液压泵 6—三合一机构 7—轮边减速器 8—主传动器 9—紧急制动器 10—脱桥机构 11—变速器 12—超越离合器

液力机械式传动系和机械式传动系相比，其优点如下：

1）因液力变矩器采用液力传动，改善了发动机的输出特性，使工程机械具有自动适应外界载荷的能力。

2）液力传动的工作介质是液体，能吸收并消除来自发动机及外部的冲击和振动，从而提高了工程机械的寿命。

3）液力变矩器具有无级调速的特点，故变速器的挡位数可以减少；采用动力换挡变速器，降低了驾驶员的劳动强度，简化了工程机械的操纵。

液力机械式传动系的主要缺点包括：

1）结构复杂，制造、安装及维修相对困难。

2）价格高。

3）当行驶阻力变化不大时，传动效率低，燃油消耗量大。

2.2.3 全液压式传动系

全液压式传动系具有结构简单，布置方便，操纵轻便，工作效率高及容易改型换代等优点，近年来，在公路工程机械上应用广泛。例如，具有全液压式传动系的挖掘机目前已基本取代了机械式传动系的挖掘机。

图2-4所示为挖掘机的全液压式传动系示意图。从图中可以看出，发动机通过分动箱直接驱动5个液压泵，其中两个双向变量柱塞泵供行走装置中柱塞马达用，两个辅助齿轮泵作为行走装置液压系统补油用，另一个齿轮泵供工作装置用。柱塞马达通过减速箱来驱动4个行走轮。也有的工程机械直接用液压马达驱动行走轮，进一步简化了传动系统。

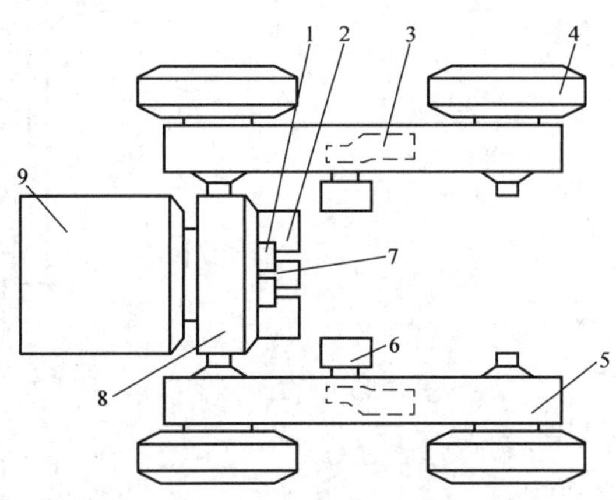

图2-4 全液压式传动系示意图

1—辅助齿轮泵 2—双向变量柱塞泵 3—小齿轮箱 4—行走轮 5—行走减速器 6—柱塞式液压马达 7—齿轮泵 8—分动箱 9—发动机

液压传动应用于工程机械行驶系的传动装置具有以下特点：

1）能实现无级变速，变速范围大，并能实现微动，且能在相当大的变速范围内保持较高的效率。

2）用一根操纵杆便能改变行驶方向和速度。

3）可利用液压传动系统实现制动。

4）传动系统中没有易损零件，结构简单，保养方便。

5）通过改变左、右驱动轮的转速，工程机械能平稳地按任意半径转向或原地转向。

工程机械行驶系统中采用液压传动存在的主要问题是价格贵，噪声大。工程机械的工作条件较为恶劣，要保证所有液压元件的使用寿命和可靠性较困难。但是，随着液压元件性能的不断提高，越来越多的工程机械开始采用液压传动。

2.2.4 电传动系

工程机械中最常见的电力传动系应用于电动轮重型自卸汽车，如图2-5所示。其基本

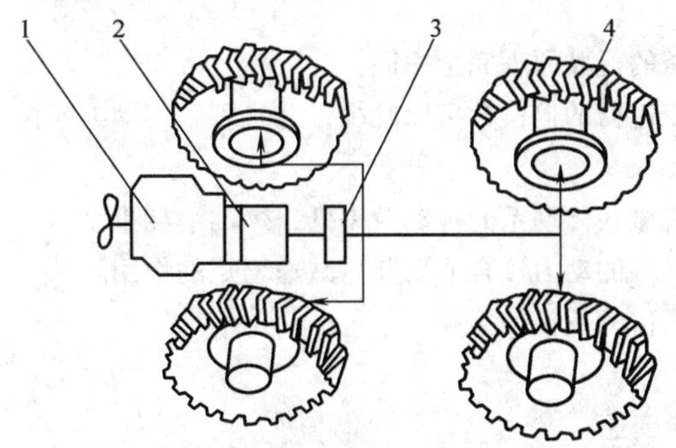

图2-5 电动轮重型自卸汽车传动系示意图

1—发动机 2—发电机 3—操纵装置 4—电动轮

原理是，由发动机带动直流发电机，然后用发电机输出的电能驱动装在车轮中的直流电动机，车轮和直流电动机（包括减速装置）装成一体，称为电动轮。电动轮的结构如图 2-6 所示。

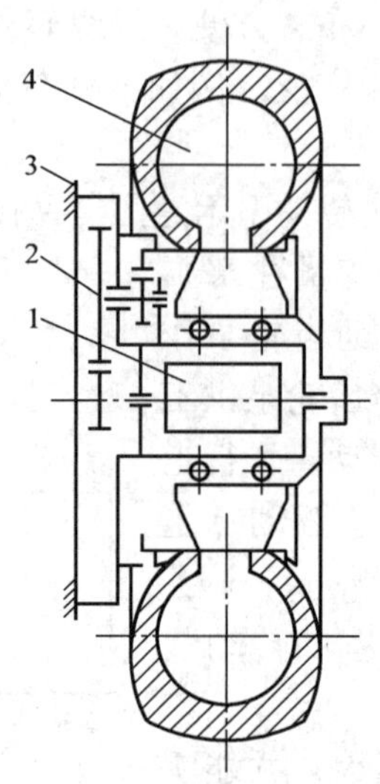

图 2-6 电动轮结构示意图

1—电动机 2—减速器 3—车架 4—车轮

复习与思考题

一、填空题

1. 工程机械的（ ）和（ ）之间的所有传动部件总称为传动系。

2. 工程机械传动系按传动装置的构造和工作原理不同，一般可分为（ ）、（ ）、（ ）和（ ）4 种类型；按行走方式的不同，工程机械可分为（ ）和（ ）2 种类型。

3. 工程机械（ ）的基本原理是由发动机带动直流发电机，然后用发电机输出的电能驱动装在车轮中的直流电动机使机械行驶。

4. 工程机械液力机械式传动系因采用（ ）传动，改善了发动机的输出特性，使工程机械具有自动适应外界载荷的能力。

二、判断题

1. 轮式和履带式工程机械的行驶原理完全相同。（ ）

2. 液力机械式传动系的变速器的挡位数可以减少，并且因采用动力换挡变速器，降低了驾驶员的劳动强度，简化了工程机械的操纵。（ ）

3. 液力机械式传动系比机械式传动系的传动效率低，燃油消耗量大。（ ）

4. 离合器可以实现传动系统的动力接合或切断、减速增矩的作用。（ ）

5. 液力机械传动系比机械传动系传动柔和。（ ）

三、单项选择题

1. （ ）可以实现无级变速。

A. 机械式传动系 B. 液力机械式传动系 C. 全液压式传动系 D. 电传动系

2. （ ）可以实现机械传动系统的变速变矩作用。

A. 离合器　　B. 变速器　　C. 万向节　　D. 主传动器

3. (　　) 可以实现轮式工程机械左、右两驱动轮以不同的转速旋转。

A. 离合器　　B. 变速器　　C. 万向节　　D. 差速器

四、简答题

1. 液力机械式传动系和机械式传动系相比有哪些优点?

2. 简述轮式机械的机械式传动系的主要组成及作用。

第3章 主离合器

本章重点介绍轮式工程机械和履带式工程机械的主离合器的类型、特点、结构及工作原理，并分析了主离合器的主要故障现象与原因、维护的方法与特点。

3.1 概述

3.1.1 主离合器的功能

主离合器是根据工程机械的实际需要，由驾驶员操纵，实现发动机和传动系间的分离和接合。具体功能如下。

1）能迅速、彻底地切断发动机与传动系统间的动力传递，以防止变速器换挡时齿轮产生啮合冲击。

2）能将发动机的动力和传动系柔和地接合，使工程机械平稳起步。

3）当外界载荷剧增时，可利用离合器打滑作用起过载保护。

4）利用离合器的分离，可使工程机械短时间驻车。

3.1.2 主离合器的工作原理

目前，工程机械应用最广泛的离合器是根据摩擦原理设计而成的，称为摩擦离合器，如图3-1所示。摩擦离合器一般由摩擦副、压紧与分离机构及操纵机构等组成。摩擦副包括主

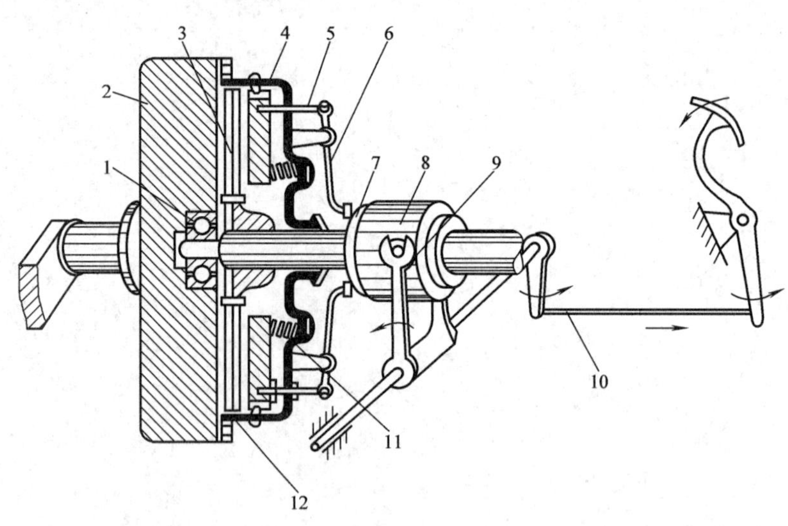

图3-1　摩擦离合器结构简图

1—离合器轴　2—飞轮　3—从动盘　4—压盘　5—分离拉杆　6—分离杠杆　7—分离轴承　8—分离套筒　9—分离拨叉　10—拉杆　11—压紧弹簧　12—离合器盖

动摩擦盘和从动摩擦盘。从图3-1中可以看出，摩擦离合器直接利用发动机飞轮2的外端面作为主动盘，从动盘3通过花键和离合器轴1相连，既可带动离合器轴一起旋转，又能沿离合器轴做轴向移动。离合器轴前端靠滚动轴承支承在飞轮中心凹孔中。

压紧与分离机构包括压盘4、压紧弹簧11、分离拉杆5及分离杠杆6等，它们都安装于离合器盖12上，离合器盖用螺钉紧固在飞轮上。因此，压紧与分离机构是随飞轮一起旋转的。同时，压盘又可以在压紧弹簧或分离拉杆的作用下做轴向移动。操作机构包括分离轴承7、分离套筒8、分离拨叉9、拉杆10及离合器踏板等。压紧弹簧装配时有预紧力，在此预紧力作用下，借助压盘将从动盘紧紧地压在飞轮的外端面上。此时，离合器处于接合状态，发动机动力由飞轮经从动盘、离合器轴传至变速器。

驾驶员踩下离合器踏板时，分离拉杆向右移动，分离拨叉推动分离滑套、分离轴承左移，使分离杠杆内端受压。当操纵力大于压紧弹簧预紧力时，分离杠杆外端通过分离拉杆将压盘向右拉，压缩压紧弹簧，直到使压盘、从动盘及飞轮表面间出现0.5mm间隙为止。此时离合器处于分离状态，发动机的动力传递被切断。

从以上分析可以看出，摩擦离合器是靠压紧弹簧的预紧力传递动力的。驾驶员不操纵时处于接合状态（因而称其为常合式弹簧压紧摩擦离合器），传递转矩大小取决于弹簧压紧力、摩擦副平均直径及摩擦因数等因素。分离状态时，主、从动摩擦副之间必须保持一定的间隙。

3.1.3　主离合器的工作要求

主离合器工作时，分离应彻底，以保证平顺换挡；接合要柔顺，以保证工程机械起步及行驶平稳；应具有足够的传动能力，既能传递发动机产生的最大转矩，以保证工程机械具有良好的动力性，又能防止传动系的零部件过载；离合器中摩擦副的摩擦因数要高，耐磨、耐高温，具有较长的使用寿命；离合器的散热性能要好，使其工作性能稳定、可靠；主离合器的操作要轻便，调整简便，以减少驾驶员的劳动强度；离合器从动部分的零件质量要小，以便迅速换挡；离合器各零件质量应均匀，结构和布置要对称，以保证整个离合器（以至发动机）具有较高的动平衡精度，使工程机械（特别是传动系）运转平稳。

3.1.4　主离合器的分类

由于摩擦式主离合器结构简单，工作可靠，所以在工程机械中得到了广泛的采用。主离合器分类如下：

（1）根据摩擦盘数，离合器可分为单盘式离合器、双盘式离合器和多盘式离合器。

单盘式离合器有两个摩擦面。它的优点是结构简单，分离彻底，散热良好，调整方便，从动部分转动惯量小。

双盘式离合器有4个摩擦面。它的优点是接合较平顺，摩擦力大，可传递较大的转矩。

多盘式离合器从动部分惯量大，不易分离彻底，一般只有在传递大转矩，结构尺寸受到限制的工程机械上采用。

（2）根据压紧机构的类型，离合器可分为弹簧压紧式离合器和杠杆压紧式离合器。

弹簧压紧式离合器平时处于接合状态，故又称为常合式。它只需要单向操纵，一般由脚控制，这种离合器操纵方便，便于工程机械在行驶时进行变速换挡，在轮式机械中应用较多。

杠杆压紧式离合器既可以稳定地处于接合状态，又可以稳定地处于分离状态，故又称为非常合式。这种离合器的接合和分离需要双向操纵，一般通过手操纵杆进行控制。若工程机械需要短时间停车，只需分离离合器即可，而不需将变速杆放入空挡。履带式机械多采用这种离合器。

(3) 根据摩擦盘的工作条件，离合器可分为干式离合器和湿式离合器。

干式离合器结构简单，制造容易。这种离合器磨损较快，需经常进行调整，否则易发生故障，并使磨损加剧，缩短寿命。

湿式离合器的摩擦盘是在油浴中工作的，强制循环的工作液体对其进行润滑及冷却，故磨损较小。摩擦面材料是用粉末冶金烧结而成，所以其单位面积允许承受的压力较高，耐磨性好，可使用较长时间而不需调整，使用寿命长（一般比干式长 3 ~4 倍），但需要增加压紧力来补偿。为了操纵轻便，一般都装有液压助力器。湿式离合器结构较复杂，但其优点突出，在工程机械中得到了广泛的应用。

(4) 根据操纵机构的形式，离合器可分为机械式离合器、液压助力式离合器及气动式离合器 3 种。大功率的工程机械主离合器操作频繁，多采用液压助力式操纵的主离合器。

3.2 常合式摩擦主离合器的构造

3.2.1 单片常合式摩擦离合器

图 3-2 所示为东风 EQ1090 型载货汽车用单片常合式摩擦离合器，它具有结构简单，分离彻底，散热性好，调整方便及尺寸紧凑等优点。

1. 摩擦副

离合器摩擦副包括飞轮、压盘和从动盘 4。为减小从动盘的转动惯量，减小变速器换挡时的冲击，从动盘一般用薄钢板制成，用铆钉与从动盘毂铆接。从动盘毂以花键和离合器输出轴连接。在从动盘两端面上，用铝质埋头铆钉固定模压石棉衬面，提高了摩擦副的摩擦因数和耐磨性。从动盘上还装有扭转减振器 5 以吸收冲击和振动。

2. 压紧与分离机构

为保证压盘具有足够的刚度并防止其受热后翘曲变形，压盘 8 为铸铁制成的具有一定厚度的圆盘，它通过四组弹性传动片 1 和离合器盖 9 相连接。传动片一端用铆钉铆在离合器盖上，另一端用螺钉 2 紧固于压盘上。离合器盖以 2 个定位孔与飞轮对正后，用 8 个螺钉固定在飞轮上，通过传动片带动压盘随飞轮一起旋转。为保证离合器分离时的对中性及离合器工作的平稳性，四组传动片相隔 90°并沿圆周切向均匀分布。离合器分离时，弹性传动片发生弯曲变形，从而使压盘相对于离合器盖向右移动。压盘与离合器盖间采用这种传动片连接方式，具有结构简单，传动效率高，噪声小，接合平稳，压盘与离合器盖间不存在磨损等优点。在压盘右侧，沿圆周方向分布着 16 个压紧弹簧 14，当离合器处于接合状态时，它将压盘、从动盘紧紧压在飞轮上。

4 个用薄钢板冲压而成的分离杠杆 6，通过调整螺母 11 的支承螺栓 7 及浮动销 12 支承在离合器盖上。支承螺栓的左端插入压盘相应的孔中。支承弹簧 13 使分离杠杆的中部通过

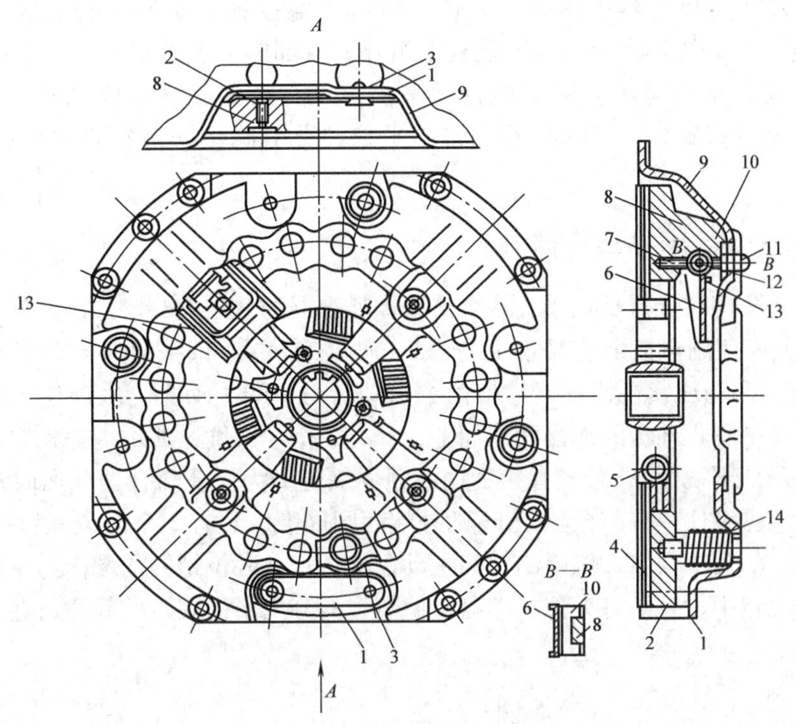

图 3-2 单片常合式离合器

1—传动片 2—螺钉 3—铆钉 4—从动盘 5—扭转减振器 6—分离杠杆 7—支承螺栓 8—压盘 9—离合器盖 10—摆动支承片 11—调整螺母 12—浮动销 13—支承弹簧 14—压紧弹簧

浮动销紧靠在支承螺栓方形孔的左内侧面上。分离杠杆的外端通过摆动支承片 10 顶住压盘。离合器接合时，摆动支承片呈凹字形（见图 3-2 的 *B—B* 剖视），其平直的一边支承在分离杠杆外端的凹面处，两者保持完全接触，而其凹边则嵌入压盘的凸起部。离合器分离时，分离杠杆内端绕浮动销转动，外端则通过摆动支承片将压盘拉向右方。此时，一方面浮动销沿与支承螺栓方形孔的左内侧接触面向离合器中心滚动一个很小距离；另一方面，摆动支承片与压盘接触边向外倾斜，以消除运动件间的干涉，并减小了摆动支承片与分离杠杆接触面间的滑动摩擦。这种结构因为其工艺、结构简单，零件数目少，因而得到了广泛的应用。

离合器在分离和接合过程中，为保证压盘位置和飞轮外端面平行，防止因压盘歪斜而造成分离不彻底及起步时发生“颤抖”现象，可通过调整螺母 11 进行调整，使 4 个分离杠杆内端处在平行于飞轮端面的同一平面内。

离合器处于接合状态时，分离杠杆内端距分离轴承（图 3-2 中未画出）应保持约 3 ~ 4mm 的间隙，此间隙称为离合器的自由间隙。保留离合器自由间隙的目的在于保证摩擦片在正常的磨损限量范围内仍能完全接合。自由间隙可通过调整螺母 11 进行调整。

由于离合器自由间隙的存在，驾驶员在踩下离合器踏板后，要先消除自由间隙，然后才能使离合器分离。这样离合器踏板行程就由两部分组成：对应自由间隙的踏板行程称为离合器踏板自由行程，余下的踏板行程称为离合器踏板工作行程。离合器踏板自由行程是通过调整踏板拉杆（图 3-2 中未画出）前端的螺母来实现的。

为保证发动机与离合器整体的动平衡，除应严格控制运动零件的质量外，在离合器盖的紧固螺栓（3-2 中未画出）上还装有平衡片，拆卸时应做上记号，恢复时要按原样装回。必要时，离合器连同发动机要进行动平衡复试，否则会破坏曲轴与飞轮的动平衡，使曲轴发生早期疲劳破坏。发动机若运转不平稳，会引起整个传动系产生较大的振动与噪声。

3.2.2 双片常合式摩擦离合器

双片常合式摩擦离合器是在单片常合式摩擦离合器的基础上，增加一对摩擦副而形成的（见图3-3）。其摩擦副包括主动部分（飞轮5，压盘3）、中间主动盘4 和从动部分（从动盘1 和2 等）。在分离与压紧机构中，为使两个从动盘与中间主动盘、压盘与飞轮外端面间彼此分离彻底，在中间主动盘的内端面圆周上，开有3 个小凹坑，凹坑内分别安装了分离弹簧16（图3-3 中局部剖视图），分离弹簧的内端顶住飞轮。为保证离合器分离时从动盘1 不被中间主动盘和压盘夹住，在离合器盖13 的外端面圆周上，装有3 个限位螺钉15。这些螺钉从压盘圆周相应的孔中伸出，以限制中间主动盘的行程。限位螺钉前端面与中间主动盘外端面之间的间隙应适中，否则将夹住从动盘，使离合器分离不彻底，此间隙可通过调整限位螺钉来保证。

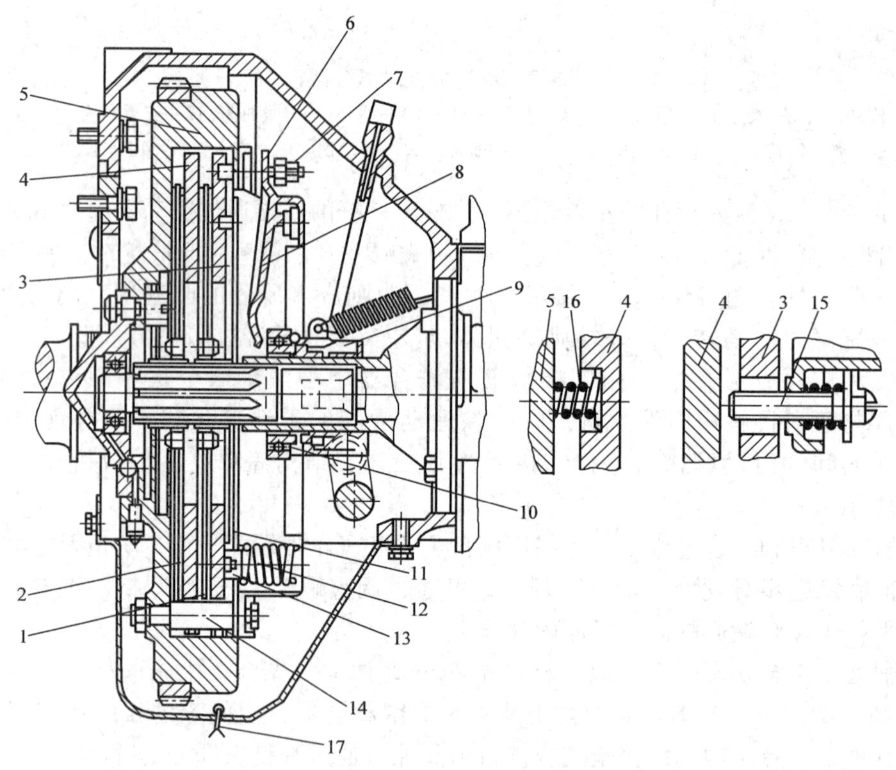

图3-3 双片常合式摩擦离合器

1、2—从动盘 3—压盘 4—中间主动盘 5—飞轮 6—分离杠杆连接螺栓 7—调整螺母 8—分离杠杆 9—分离套筒 10—分离轴承 11—隔热垫 12—压紧弹簧 13—离合器盖 14—传动销 15—限位螺钉 16—分离弹簧 17—磁性开口销

3.3 非常合式摩擦主离合器的构造与原理

3.3.1 非常合式摩擦离合器的工作原理

非常合式摩擦离合器与常合式摩擦离合器相比，有两个明显的特点：第一，摩擦副的正压力是由杠杆系统施加的，故又称其为杠杆压紧式摩擦离合器；第二，驾驶员不操纵时，离合器既可处于接合状态，又可处于分离状态，便于驾驶员对其他部件进行操纵，这对工程机械操作是十分必要的。非常合式摩擦离合器的工作原理如图3-4所示。

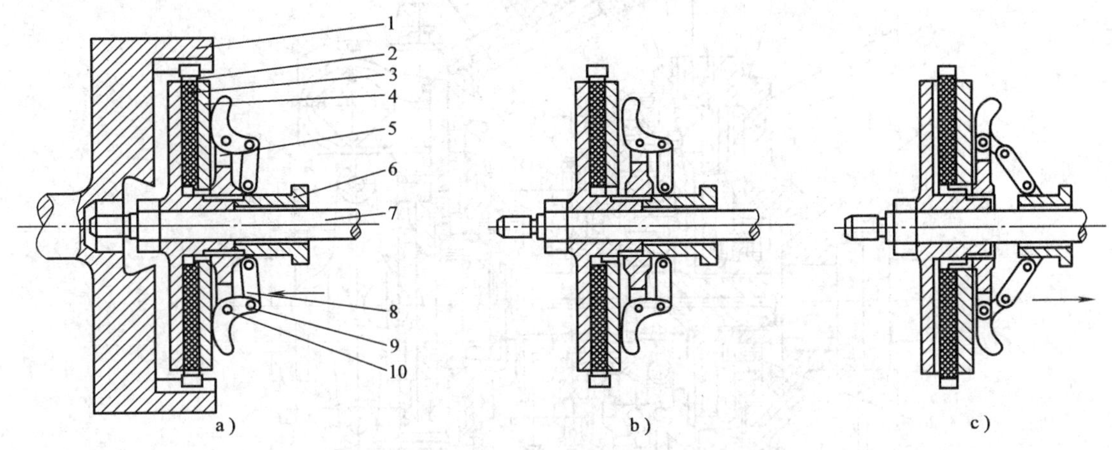

图3-4 非常合式摩擦离合器的工作原理
a）接合位置 b）中立位置 c）分离位置
1—飞轮 2—前从动盘 3—主动盘 4—后从动盘 5—十字架 6—分离套
7—离合器轴 8—弹性推杆 9—加压杠杆 10—杠杆销轴

摩擦副包括主动盘3和前、后从动盘2、4。主动盘上的外花键和飞轮上的内花键相联，既可随飞轮一起旋转，又能做轴向移动。前从动盘用键和离合器轴7紧固联接，并利用前端螺母定位，防止其产生轴向移动。其轮毂的后端外圆上，分别铣有花键和螺纹。后从动盘通过内花键套装在轮毂的外花键上，而压紧与分离机构则拧在轮毂的螺纹上。

压紧与分离机构包括以螺纹拧在前从动轮毂上的十字架5、加压杠杆9、弹性推杆8等。当利用操纵杆使分离套6向左移动时，弹性推杆使加压杠杆向内收紧，加压杠杆的凸起处将后从动盘向左推移，直至将后压盘及主动盘与前从动盘压紧。当分离套移到图3-4b所示位置（即处于中立位置）时，弹性推杆处于垂直状态。此时，作用在后从动盘上的压紧力达到最大，但此位置是不稳定的，稍有振动，加压杠杆就有退回到分离位置（见图3-4c）的可能。为避免出现这种情况，应将分离套继续向左推移，让弹性推杆越过垂直位置，稍向后倾斜（见图3-4a）。此时，尽管压紧力减少一些，但可以保证离合器稳定地处在接合位置。

3.3.2 多片湿式非常合摩擦离合器

干式摩擦离合器结构简单，分离彻底，但能传递的转矩较小，散热条件较差，并且在使用中必须经常保持摩擦面干燥、清洁。因此，干式离合器一般用于中小功率、以运输为主的工程机械中。对于重型、大功率的工程机械，如重型履带推土机等，因所需传递的转矩较大，普遍采用多片湿式非常合摩擦离合器。多片湿式非常合摩擦离合器一般具有2~4个从动盘，其摩擦副浸在油液中。由于具有润滑油的清洗、润滑和冷却作用，湿式离合器摩擦副的磨损小，寿命长，使用中无需进行调整。其摩擦片多用粉末冶金（一般为铜基粉末冶金）烧结而成，承压能力强，加之采用多片，故可传递较大的转矩。图3-5所示为国产TY180型推土机的多片湿式非常合摩擦离合器的结构图。

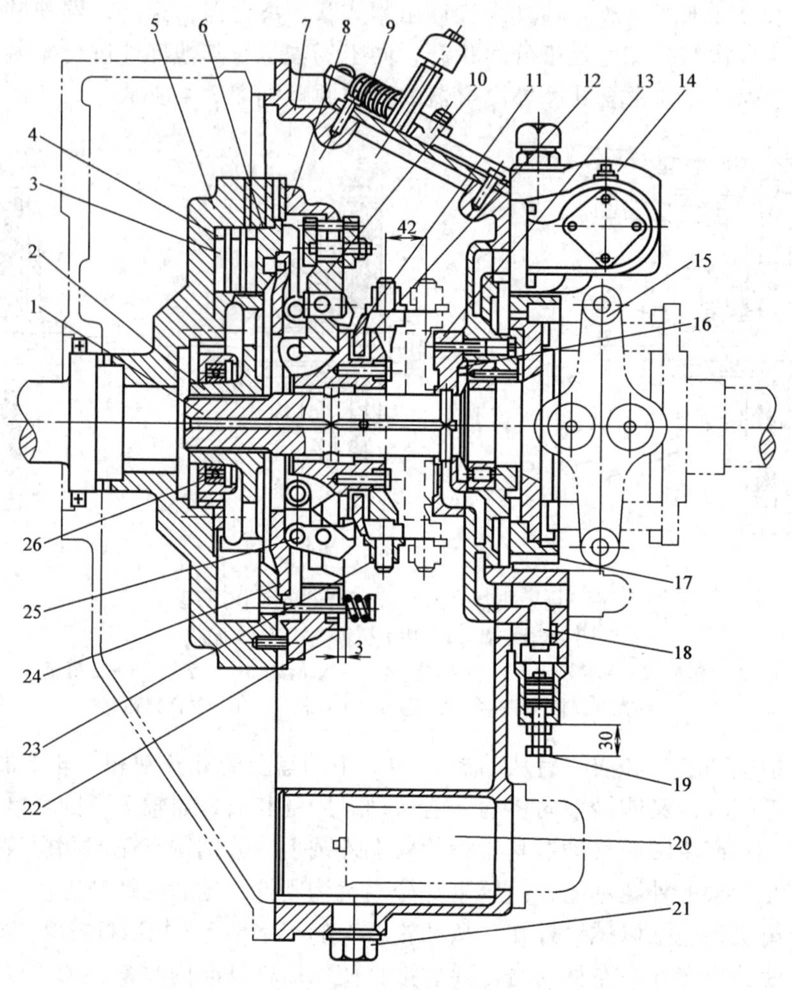

图3-5　TY180型推土机离合器

1—离合器轴　2—齿毂　3—从动盘　4—主动盘　5—飞轮　6—压盘　7—离合器外壳　8—离合器盖　9—制动杠杆上的弹簧　10—调整圈　11—压爪架　12—分离环　13—轴承盖　14—液压助力器　15—十字架　16、26—轴承　17—制动带　18—安全阀　19—调整螺栓　20—滤油器　21—磁性螺塞　22—复位弹簧　23—分离叉　24—压盘毂　25—压爪组件

1. 摩擦副

在飞轮5的内齿圈上安装有带轮齿的主动盘4和压盘6，它们可随飞轮一起旋转，也可做轴向移动。

离合器轴1前端的花键上装有从动齿毂2，并靠轴承26支承在飞轮的中心孔内。

从动齿毂的外齿圈上安装了 3 片带轮齿的从动盘 3。从动盘除轴向移动外，还可带动从动齿毂、离合器轴旋转。从动盘（见图 3-6）由两片锰钢片 2 铆接而成，其外端面分别有一层烧结的铜基粉末冶金片 1。与石棉材料相比，用这种材料做成的摩擦片具有承受比压高，高温下耐磨性好，摩擦因数稳定，使用寿命长等优点；但其质量较大，成本较高。在粉末冶金片的外表面上开有螺旋形油槽，润滑油通过油槽对摩擦片进行润滑、冷却和清除杂质（磨削物）。两片锰钢片内侧圆周方向上均布有 4 个碟形弹簧 3，保证离合器接合时柔和、平稳。

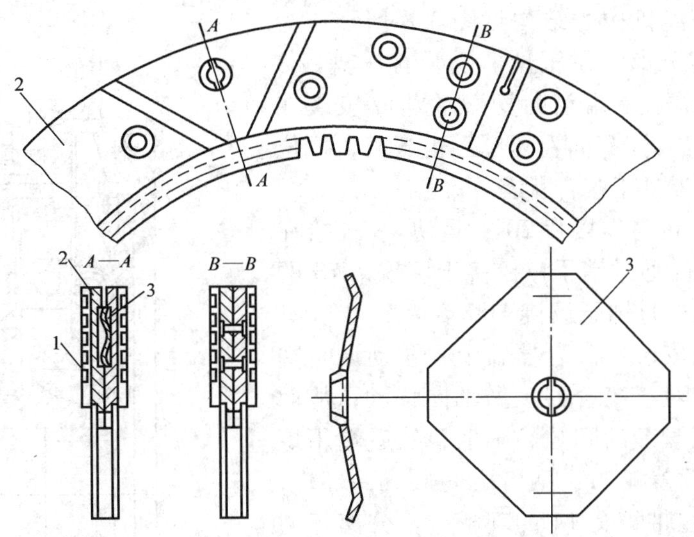

图 3-6　从动盘结构

1—铜基粉末冶金片　2—锰钢片　3—碟形弹簧

2. 压紧与分离机构

TY180 型推土机离合器的分离与接合动作是采用重块肘节式压紧与分离机构来完成的。

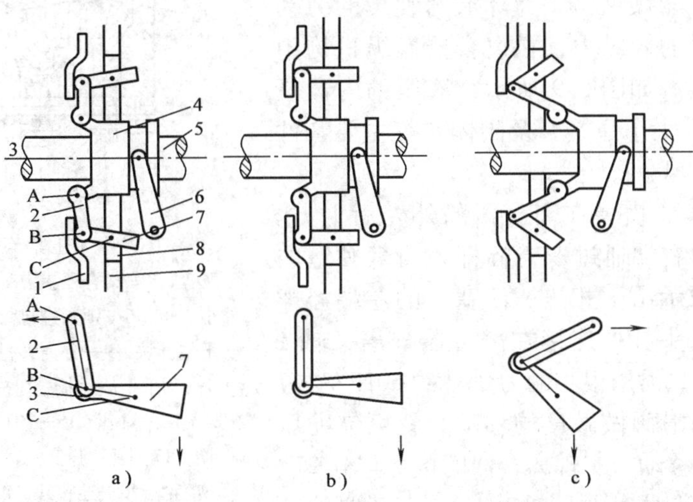

图 3-7　压紧与分离机构工作原理

a）接合状态　b）中立位置　c）分离状态

1—压盘毂　2—连接片　3—小滚轮　4—压爪架　5—离合器轴　6—分离叉

7—重块　8—调整圈　9—离合器盖　A、B、C—销子

这种结构是借助重块离心力自动促进离合器接合或分离的，其工作原理如图3-7所示。离合器处于分离状态（见图3-7c）时，压爪架4处于最右端，重块7的离心力通过连接片2对压爪架产生一个向右的推力，从而保证离合器处于稳定的分离状态。当压爪架在分离叉6作用下沿离合器轴5向左移至图3-7b所示的位置时，小滚轮3对压盘毂1的压紧力达到最大，但此位置是不稳定的，要将压爪架再向左移到达图3-7a所示位置。此时，重块的离心力对压爪架产生一个向左的推力，使离合器处于稳定的接合状态。

上述压紧与分离机构的结构见图3-8所示。为便于离合器压紧与分离，在压盘1上装有压盘毂3及复位螺栓。复位螺栓右端借助复位弹簧17安装在离合器盖上。当小滚轮19向左压紧压盘毂时，复位弹簧受压缩，离合器处于接合状态。

小滚轮由销子B与连接片20的重块18铰接在一起，连接片的内端通过销子口铰接于压爪架13的耳块8上。重块则通过销子铰接于调整圈16上。具有外螺纹的调整圈安装在离合器盖上，转动调整圈时，调整圈就会相对于离合器盖做轴向移动，从而调整了小滚轮与压盘毂的间隙。压爪架的后端用螺钉12固定，装有后盖板11，两者之间形成一环槽，分离环10就安装在带衬套14的环槽内。分离环通过两个对称的衬块与离合器分离拨叉相连。

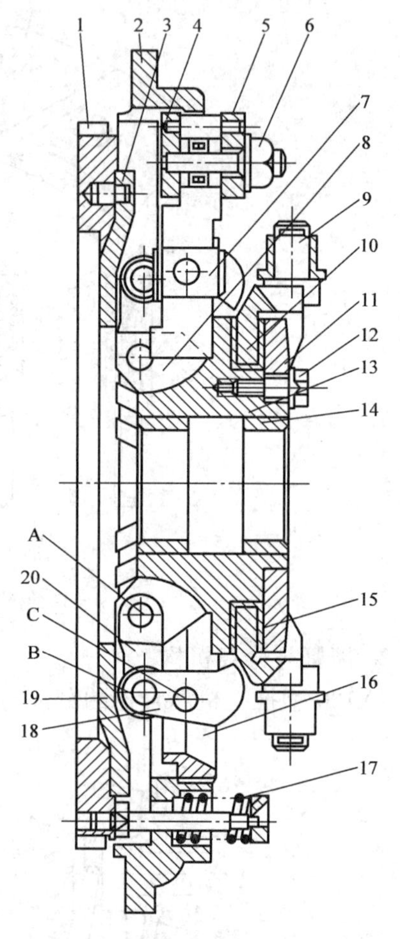

图3-8　压紧与分离机构

1—压盘　2—离合器盖　3—压盘毂　4、5—内外小夹板　6—锁紧螺母　7—小衬块　8—压爪架耳块　9—分离叉衬块　10—分离环　11—压爪架后盖板　12—螺钉　13—压爪架　14—衬套　15—前后衬片　16—调整圈　17—复位弹簧　18—重块　19—小滚轮　20—连接片　A、B、C—销子

3. 操纵机构

因TY180型推土机的功率大，离合器传递的转矩大，离合器摩擦副间所需的压紧力就很大，所以需要有较大的离合器操纵力。为降低驾驶员的劳动强度，减小离合器的操纵力，在离合器操纵机构中设置了液压助力器。如图3-9所示，液压助力器是由滑阀6、活塞7、大小弹簧5及阀体8等主要零件组成的一个随动滑阀。

助力器的阀体8横装在离合器的外壳后上方。阀体内的滑阀6的右端通过双臂杠杆3与驾驶室内的操纵杆（图中未示出）相连。活塞7的左端经球座接头9并借助球头杠杆连接在离合器分离叉轴1上。这样，驾驶员只需用很小的力量（约60N左右）拨动操纵杆，带动滑阀做微量的移动，就可借助压力油推动活塞左右移动，实现离合器的接合与分离。

当需要接合离合器时（见图3-9a），驾驶员拨动操纵杆，通过双臂杠杆3使滑阀克服弹簧5中大弹簧的压力而右移，导致滑阀中央的两个凸台将油口D和油口B堵死，压力油自进油腔油口进入左工作腔，推动活塞右移，带动分离叉轴摆动，使离合器趋于接合。与此同时，右工作腔R内的油经油口C自回油腔O流出，

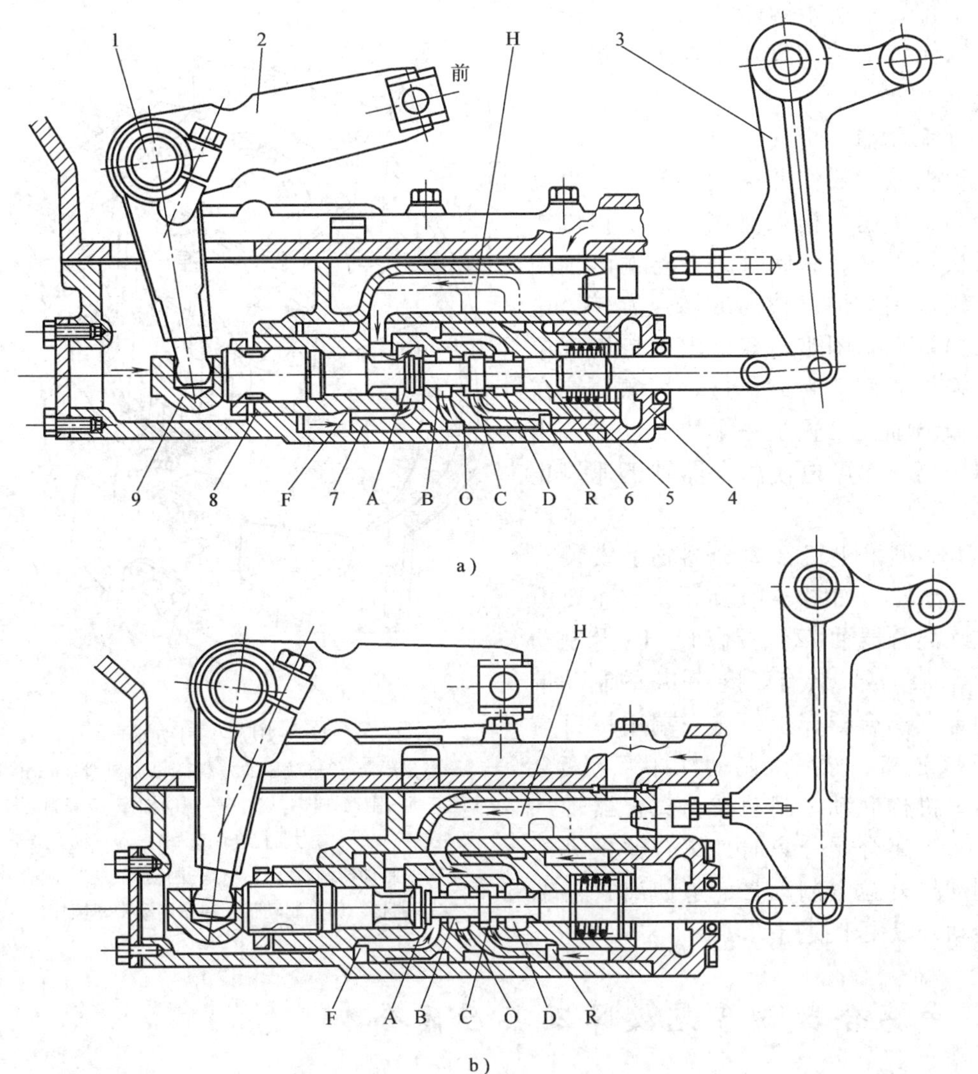

图 3-9　液压助力器

a）离合器接合时　b）离合器分离时

1—分离叉轴　2—分离叉　3—双臂杠杆　4—阀盖　5—大小弹簧　6—滑阀　7—活塞　8—阀体　9—球座接头　A、B、C、D—油口　F、R—左右工作腔　H、O—进出油腔

形成低压油腔。

离合器完全接合后，驾驶员松开操纵杆，滑阀在小弹簧作用下左移，进油口 B、D 同时开启。此时，阀体进出油腔 H、O，左右工作腔 F、R 彼此连通，滑阀处于中立位置，作用于活塞上的力处于平衡状态，活塞静止不动，离合器处于稳定的接合状态。

离合器分离时（见图 3-9b），在驾驶员的操纵下，滑阀克服弹簧 5 中大弹簧的压力左移，利用凸台将油口 A、C 堵死，压力油自进油腔 H 经油口 D 进入右工作腔 R，推动活塞左移，使离合器趋于分离。同时，左工作腔 F 经油口 A 与出油腔连通，形成低压油腔。当离合器完全分离后，操纵杆松开，滑阀在弹簧作用下右移，油口 A、B、C、D 全打开，滑阀处于中立位置，活塞两端油压处于平衡状态，活塞保持不动，离合器处于稳定的分离状态。

4. 小制动器

工程机械一般作业速度都较低，当离合器分离、变速器挂入空挡时，工程机械就会很快停下来。而此时离合器输出轴因惯性力矩作用，仍以较高的转速旋转，这就给换挡带来了困难，容易出现打齿现象或延迟换挡时间。为避免这种现象，特在离合器输出轴上设置了一个小制动器。当离合器分离时，可迫使离合器轴迅速停止转动。

TY180 型推土机在离合器轴上安装有带式小制动器，如图 3-10 所示。它主要由制动鼓（离合器轴 12）、制动带 13 及制动杠杆 6 等所组成。装有摩擦片 14 的制动带左端固定在离合器壳上，另一端用螺钉与制动杆 11 连接，然后经制动杠杆等与离合器的分离机构联动。制动鼓与离合器轴一起旋转。当离合器分离时，离合器操纵杆通过制动杠杆拉紧制动带，迫使离合器轴停止转动，以便于换挡。

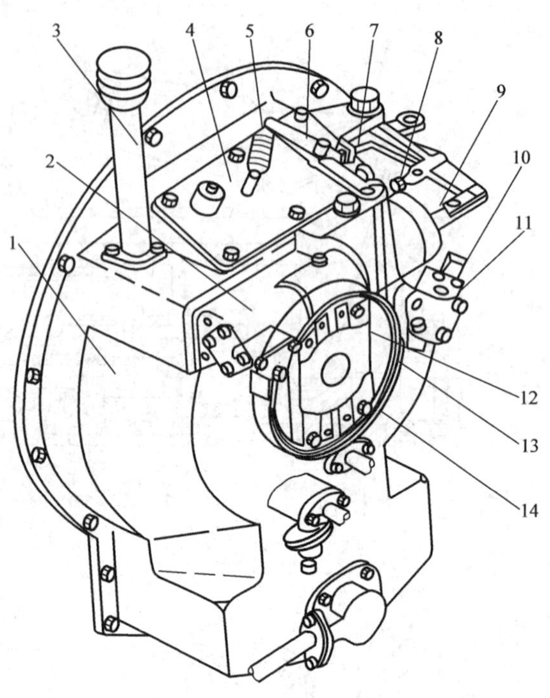

图 3-10 小制动器

1—离合器壳 2—液压助力器 3—加油管 4—检视口盖 5—制动杠杆弹簧 6—制动杠杆 7—制动杠杆调整螺钉 8—助力器杠杆调整螺钉 9—助力器滑阀 10—制动器调整螺钉 11—制动杆 12—离合器轴 13—制动带 14—制动带摩擦片

3.4 主离合器的常见故障及其原因分析

3.4.1 主离合器打滑

1. 故障现象及危害

若工程机械的阻力增大，速度明显降低，而发动机转速下降不多或发动机加速时机械行驶速度不能随之增高，则表明离合器有打滑现象。离合器打滑后，其传递的转矩及传动效率均降低，工程机械克服阻力的能力减小，使用性能变坏，起步困难。工程机械的行驶速度不能随发动机转速的迅速增大而加快，将加剧离合器摩擦片与压盘、飞轮摩擦表面的磨损，使其使用寿命缩短。经常打滑的离合器还会产生较多的热量烧伤压盘和摩擦片，使摩擦面的摩擦因数降低而加剧打滑现象，从而使摩擦片烧焦，引起离合器零件的变形，弹簧退火，润滑油粘度降低外流，造成轴承缺油而损坏等。

2. 主要原因分析

离合器打滑的根本原因是离合器所能传递的最大转矩小于发动机输出的转矩，而对于给定的离合器，其所能传递的转矩与自身零件的技术状况、压盘压力及摩擦因数有关。

（1）压盘总压力减小的原因

1）常合式主离合器。压盘总压力是由压紧弹簧产生的，其大小取决于压紧弹簧的刚度和工作长度。如果压紧弹簧的刚度减小或工作长度增加，则压盘的总压力减小。引起弹簧压紧力减小的原因包括：离合器摩擦片磨损变薄后，压盘的工作行程增加，使弹簧的工作长度增加，导致压盘压紧力减小；离合器长期工作或打滑产生的高温使压紧弹簧的刚度下降，导致压紧力不足；压紧弹簧长期承受交变载荷，使其疲劳而导致弹力、压紧力减小。

2）非常合式主离合器。非常合式主离合器是由杠杆系统压紧的，其压紧力的大小取决于加压杠杆与压盘受力点距离的大小，该距离越大，压紧力越小；反之，压紧力越大。在使用过程中，由于摩擦面的不断磨损，使主、从动摩擦盘间的距离越来越近，使加压杠杆与压盘受力点越来越远，导致压紧力减小，离合器打滑。

（2）摩擦副摩擦因数减小的原因

1）离合器摩擦片变质。离合器摩擦片在工作时与压盘或飞轮之间出现滑动摩擦，产生的高温易使摩擦片中的有机物质发生变质，从而导致摩擦副的摩擦因数下降，严重时可导致摩擦片龟裂，影响离合器的正常工作。

2）摩擦片表面因长期使用而硬化，导致摩擦副的摩擦因数减小。

3）摩擦片表面有油污或水时，摩擦因数将大大下降。

4）摩擦表面严重磨损。当摩擦表面严重磨损时，非常合式主离合器将因分离间隙增大而使分离滑套工作行程减小，压紧力减小；常合式主离合器则因压紧弹簧伸长而使压紧力减小。当摩擦片磨损至铆钉外露时，摩擦力将因摩擦面接触不良而减小。

5）摩擦盘翘曲变形。摩擦盘翘曲变形后，离合器接合时摩擦面间接触不良，压力减小，传递转矩的能力下降。

3. 分析判断方法

（1）判断常合式主离合器是否打滑　起动发动机，拉紧驻车制动器，挂上挡，慢慢抬起离合器踏板，徐徐加大节气门。若车身不动，发动机也不熄火，说明离合器打滑。

（2）判断非常合式主离合器是否打滑　起动发动机，挂上 3 挡或 4 挡，接合离合器，工程机械行驶速度明显要慢；挂上 1 挡或 2 挡进行爬坡或作业，加大油门仍感到无力，但发动机不熄火，则说明离合器打滑。

总之，当工程机械阻力增大，车速明显降低，而发动机转速却下降不多时，即表明离合器打滑。

3.4.2　主离合器分离不彻底

1. 故障现象及危害

主离合器分离不彻底表现为，离合器操纵杆或踏板处于分离状态时，主、从动盘未完全分开，仍有部分动力传递，这种现象叫离合器分离不彻底。发动机怠速运转时，离合器处于分离状态，挂挡感到困难，变速器齿轮有撞击声；挂挡后，不接合离合器，工程机械就行走或发动机熄火。

主离合器分离不彻底将使变速器挂挡困难，有齿轮撞击声，易损坏齿端；且将加速压盘及摩擦片摩擦表面的磨损，引起离合器发热使行车安全无保障。

2. 主要原因分析

主离合器分离不彻底是由于主动盘与从动盘未完全分离造成的，使发动机的动力仍能够传递给变速器输入轴。

（1）常合式主离合器分离不彻底的主要原因

1）离合器踏板自由行程过大。离合器踏板自由行程过大，即分离轴承与分离杠杆内端间的距离过大，在踏板行程一定时，踏板工作行程减小，使压盘分离时移动的距离减小，不能完全消除主、从动盘之间的压紧力，使离合器分离不彻底。

2）主、从动盘翘曲变形，摩擦片松动。离合器分离时，若从动盘翘曲变形后仍与压盘保持接触，会导致离合器分离不彻底。

3）分离杠杆调整不当。若分离杠杆内端高度不在同一平面内，会使压盘在离合器分离过程中发生歪斜，导致离合器局部分离不彻底。若分离杠杆内端调整过低，也会使压盘分离行程不足而使离合器分离不彻底。

4）摩擦片过厚。若离合器摩擦片过厚，在给定的压盘行程内没有足够的分离间隙，会导致离合器分离不彻底。

5）分离弹簧失效。双片式离合器在飞轮与中间主动盘之间装有3个分离弹簧，以保证两从动盘与中间主动盘、压盘及飞轮外端面彼此彻底分离。若分离弹簧折断、脱落或严重变形而使弹力减小，便会使离合器分离不彻底。

（2）非常合式主离合器分离不彻底的主要原因

1）调整不当。调整非常合式主离合器最大压紧力时，杠杆压紧机构的十字架旋入过多，使主、从动摩擦盘的分离间隙过小，导致主离合器分离不彻底。

2）板弹簧的影响。在主离合器后盘上铆接有三组板弹簧，其作用是在主离合器分离时，使主、从动摩擦盘产生分离间隙。如果铆钉松脱或板弹簧本身疲劳而使其弹力下降，会导致主离合器分离不彻底。

3）摩擦盘锈蚀的影响。工程机械在潮湿的环境中停放过久，容易使主离合器的摩擦盘产生锈蚀，导致主、从动摩擦盘之间的分离间隙减小而造成主离合器分离不彻底。

3. 分析判断方法

判断主离合器是否分离不彻底，可将变速杆放在空挡位置，使主离合器处于分离状态，用螺钉旋具推动从动盘进行检查。若能轻轻推动，则说明主离合器分离是彻底的；反之，则说明分离不彻底。

3.4.3 主离合器抖动

1. 故障现象及危害

主离合器抖动表现为，当主离合器按正常操作平缓地接合时，工程机械不是平滑的增加速度，而是间断起步甚至使工程机械产生抖动，并伴有机身抖动或工程机械前窜现象，直至离合器完全接合。这种现象俗称离合器抖动。

主离合器抖动时，既使得驾驶员不舒适，又会使传动零件因冲击载荷而加速磨损。

2. 主要原因分析

主离合器抖动的根本原因是主、从动盘间正压力分布不均匀，离合器接合时正压力不是逐渐、连续增加，使主离合器传递的转矩时而大于、时而小于工程机械的阻力矩，导致离合器轴断续转动而使主离合器抖动。造成离合器抖动的具体原因如下：

1）主、从动盘间正压力分布不均匀。非常合式主离合器影响压臂压力大小的因素很多，诸如压臂、铰链销和孔磨损程度不同，修理、装配质量不同，以及耳簧弹力不同都将造成压盘各处的压紧力不同，压紧的先后时间也不一致，因而使压盘各处受力不均，甚至使压盘歪斜。主、从动盘接触不好，主离合器在接合过程中传递的转矩不能平顺、逐渐地增加，易引起主离合器抖动。

常合式主离合器各弹簧技术指标不同或各分离杠杆调整高度不一致时也会使压盘各处压力不均。

2）主、从动盘翘曲变形。主、从动盘发生翘曲变形时，在离合器接合过程中，摩擦片会产生不规则接触，引起压力不能平顺增加。

3）从动盘毂铆钉松动，从动盘钢片断裂，转动件动平衡不符合要求等，也会引起主离合器抖动。

4）操作不当，如节气门小，起步过猛，亦会使工程机械出现抖动。

3.4.4　主离合器有异响

1. 故障现象及危害

主离合器异响是指主离合器工作时发出不正常的响声。异响有连续摩擦响声或撞击声，可能出现在主离合器的分离或接合过程中，也可能出现在分离后或接合后。

主离合器异响既使得驾驶员不舒适，又会使工程机械工作时的可靠性降低。

2. 主要原因分析

主离合器产生异常响声是由于某些零件松动，出现不正常摩擦及撞击造成的。响声的判断是一个比较复杂的问题，通常是根据响声产生的条件、发生的部位及出现的时机来分析判断其原因。经常出现的离合器异响有分离轴承响，主、从动盘响及其他响声。

（1）分离轴承响　当主离合器的分离轴承端面与分离杠杆接触时，听到有“沙沙沙”的轻度响声，这是由于分离轴承缺油磨损或松旷而发响。如果响声较大，且在主离合器完全分离后产生“哗哗哗”的响声（甚至有零乱的“嘎啦”声），则说明分离轴承损坏或因缺油而过度磨损。

（2）从动盘响　在主离合器刚一接合时产生“嘎噔”的响声，在主离合器接近完全分离或怠速下节气门变化时产生轻度的“嘎啦嘎啦”响声，说明从动盘钢片与盘毂铆钉可能已松动，或从动盘与离合器轴（或离合器毂）花键松旷，在转速和转矩变化时出现零件间的撞击现象。

（3）主动盘响　常合式主离合器的压盘及中压盘响，多因主动盘与传动销间配合松旷，在离合器分离或怠速转速变化时，主动盘产生周向摆动而发出“嘎啦嘎啦”响声。

（4）其他响声　常合式主离合器分离杠杆调整不当，分离轴承复位弹簧失效或脱落，分离轴承转动不灵等，在离合器分离过程中都会使轴承端面与分离杠杆承压端面间产生摩擦声响。从动盘产生较大翘曲变形、歪斜时，在分离状态下离合器轴转速低于主动盘转速而产生轻微响声。某些主离合器的分离杠杆与窗口间、分离杠杆与销轴间及压爪与销轴间的间隙过大时，在离合器刚一接合或接近完全分离时都会产生响声。非常合式主离合器的分离套筒与离合器轴配合松旷，以及各杠杆铰链松旷时，在主离合器接合过程中，松放圈会因分离套筒的摆动产生纵向振动而发响。工程机械起步产生的某些噪声也可能是从动盘钢片断裂、破碎所致。

3.5 主离合器的维修

3.5.1 主离合器的维护

1. 主离合器的常规性维护

主离合器应根据工程机械用户手册推荐的行驶里程，按主离合器的维护项目及时进行维护。

使用过程中，为了避免离合器发生故障，分离应迅速、彻底，接合要平稳、缓慢、柔和；合理使用半联动，且一般应尽量少用，绝不允许使主离合器长时间处于半分离状态。按时润滑主离合器的各润滑点，且润滑时注意不要使油污进入离合器的摩擦面，以免引起主离合器打滑。

若干式主离合器沾有油污而出现打滑时，应及时进行清洗。清洗前先旋下飞轮壳下部放油螺塞，放出积聚的废油，再起动发动机并使离合器片处于分离状态下，将汽油或煤油喷在摩擦片的工作表面。经过一定时间（2 ~ 3min），待油污被彻底清洗干净后，再旋紧放油螺塞。清洗后的主离合器应按规定重新给各润滑点注油。

对主离合器进行一级维护时，应检查离合器踏板的自由行程。进行二级维护时，还要检查分离轴承复位弹簧的弹力，如有离合器打滑、分离不彻底、接合不平顺、分离时发响或抖动等现象，要对主离合器进行拆检，必要时更换从动盘、中压盘、复位弹簧及分离轴承等。

2. 离合器的磨合

更换过摩擦片的主离合器安装完成后，为使摩擦片磨损均匀，延长其使用寿命，一般可作20次左右的原地起步。这种方法可将摩擦片的粗糙表面磨去，使主离合器尽快进入正常的工作状态，避免超负荷状态下的过度磨损。磨合后的主离合器各部分间隙发生变化，故还需对踏板高度和自由行程进行检查与调整。

3. 蒸汽清洗后的离合器维护

维护车辆时，通常要对发动机、底盘等部件进行蒸汽清洗。主离合器经蒸汽清洗后要进行维护，否则将使离合器锈蚀在一起。维护方法是，使主离合器打滑，即踩住制动踏板，用高速挡起步约5 ~ 6s，利用摩擦产生的热量把主离合器烘干。这样离合器就不会因为锈蚀而连接在一起，延长它的使用寿命。

3.5.2 主离合器主要零件的检修

1. 主动盘的损伤与检修

主动盘包括压盘、中压盘及飞轮。主动盘为灰铸铁或球墨铸铁件，其主要损伤有摩擦表面磨损、划痕、烧伤、龟裂、摩擦平面翘曲不平、凸耳断裂、传动销与孔磨损及飞轮滚动轴承孔壁磨损等。

若主动盘表面的轻微划痕和烧伤可以用肉眼观察到，可用砂布和磨石打磨；如有0.5mm以上的深沟纹、0.3mm以上的不平度，则应精车或磨削表面。车磨时，注意使压盘两平面平行（不平行度小于0.1mm），加工量应尽可能小一些。表面粗糙度 Ra 值要小于1.6μm。主动盘经多次车磨后，若其厚度小于原厚度的10%，则应将其更换。

传动销与孔的配合间隙大于1.5mm时，应进行扩孔，换大直径传动销。滚动轴承与飞轮配合松动时，应电镀轴承外圈，滚动轴承的顶隙大于0.5mm时，应换用新轴承。若凸耳断裂，可用铸铁焊条进行气焊修复，但修复后应检查主动盘的平衡情况。

2. 从动盘的损伤与检修

从动盘一般由钢片、摩擦片和盘毂组成。从动盘的损伤有花键套键齿磨损，减振弹簧过软或折断，钢片与接合盘铆钉松动，铆钉翘曲破裂，摩擦片油污、磨损、烧蚀、硬化和破裂，以及铝铆钉松动等。

摩擦片表面油污可用汽油洗去。表面烧蚀和硬化可用磨石、砂布和锉刀修整。当磨损严重以致铆钉头低于摩擦面不足0.5mm，或表面严重烧蚀、破裂时，应换用新的摩擦片。

在摩擦片铆接前应对从动盘钢片进行检查修理，从动盘钢片翘曲变形时应做冷压校正，要求半径为120～150mm处的轴向圆跳动不超过0.8mm。钢片与接合盘的铆钉松动时，应换用新的低碳钢铆钉，并进行热铆。当花键齿磨损，致使齿侧间隙大于0.8mm时，应换用新件。

3. 压紧弹簧及其他零件的损伤与检修

压紧弹簧的损伤有自由长度变短、弹力减弱、弯曲变形、端面不平及疲劳断裂等。压紧弹簧的检验和更换可参照有关规定进行，一般当自由长度低于标准值2～3mm时，应进行更换。一个主离合器所有压紧弹簧的技术状态应一致，压至同样长度时其压力差应不大于10N。

非常合式主离合器压爪的主要损伤是顶压圆弧部分磨损及销孔壁单边磨损。当圆弧部分磨损量超过1mm时，应用耐磨合金对圆弧部分进行堆焊，堆焊后用砂轮修磨成形。压爪销孔壁磨损，且配合间隙大于0.04mm时，可用钻铰压爪销孔、更换销轴的方法，也可用镶套的方法进行修复。销孔与销的标准配合间隙约为0.016mm。主离合器的几个压爪经修理后质量应相同，各压爪质量差一般应不超过15g，以避免在高速运转时引起振动。

主离合器分离滑套内孔壁磨损大于0.5mm时，可按修理尺寸磨修孔壁，然后用镶套法或堆焊法修理轴颈，使其恢复正确配合。

3.5.3　主离合器的装配与调整

1. 主离合器的装配

在装配主离合器前，应仔细检查各摩擦表面的清洁程度，如有油污，应用汽油彻底清洗。分离杠杆等活动部位只需涂少量润滑油脂，以免溢到摩擦片上。从动盘的长短毂具有方向性，不允许装反。离合器盖与飞轮应对正标记安装，安装完成后应进行动平衡试验。各回转零件均尽量按原件、原位装回，以保证平衡。

2. 主离合器的调整

（1）常合式主离合器的调整　常合式主离合器的调整包括分离间隙的调整和分离轴承空行程的调整。

常合式主离合器分离间隙的大小取决于分离轴承的工作行程。当分离间隙不当时，一方面可调整分离杠杆，另一方面可调整离合器踏板与离合器外摆臂间的连接长度。分离杠杆的调整原则是，要使各杠杆承压端与飞轮平面保持相同的规定距离，保证分离轴承能同时压紧和放开分离杠杆，避免分离行程不足或压盘分离后歪斜导致主离合器分离不彻底和发生抖动现象。分离轴承空行程反映到离合器踏板的自由行程，若自由行程过小甚至消失时，会引起主离合器打滑。分离轴承空行程是指主离合器处于接合状态时，分离杠杆承压端与分离轴承推力面间的距离。分离轴承空行程的调整可通过改变分离轴承外摆臂与踏板间的连接长度来实现。

（2）非常合式主离合器的调整　非常合式主离合器的调整包括操纵力的调整、操纵行程的调整及小制动器的调整。

操纵力调整的主要目的是保证离合器压盘有足够的正压力，以可靠地传递转矩。其具体调整方法为（以红旗100型推土机主离合器为例），首先将离合器处于分离状态，再把压爪支架的夹紧螺栓旋松，相对压盘转动压爪支架，压爪支架接近压盘时压力增大，反之则减小。边调边测试压力的大小。在正常情况下，施加在离合器操纵杆上的力为150～200N，超过“死点”应发出特有的响声。

操纵行程是指操纵离合器过程中，操纵杆或踏板上端移动的距离，这一移动距离直接反映了分离滑套的移动距离。主离合器操纵行程的调整一般包括总行程的调整和自由行程的调整。如上述行程不符合要求时，可通过改变离合器操纵杆与分离外摆臂间距离进行调整。

为使主离合器在分离时能迅速停转，以利于换挡，有些主离合器还装有小制动器。小制动器的作用是，当主离合器操纵杆处于分离极限位置时，离合器轴能在2～3s内停止转动。当不符合上述要求时，可通过改变操纵杆总行程的大小来进行调整。

复习与思考题

一、填空题

1. 工程机械主离合器一般由（　　　　）、（　　　　）及（　　　　）等组成。

2. 工程机械主离合器的压紧机构可分为（　　　　）和（　　　　）。

3. 弹簧压紧式主离合器平时处于接合状态，故又称为（　　　　）离合器。

4. 杠杆压紧式离合器既可以稳定地处于接合状态，又可以稳定地处于分离状态，故又称为（　　　　）离合器。

5. 常合式主离合器处于接合状态时，分离杠杆内端距分离轴承应保持约3～4mm的间隙，此间隙称为离合器的（　　　　）。

6. TY180推土机变速器的便利换挡机构是（　　　　）。

二、判断题

1. 湿式离合器比干式离合器散热性能好。（　　）

2. 主离合器摩擦片变形不是离合器打滑的原因之一。（　　）

3. 主离合器摩擦片表面有油污是离合器打滑的原因之一。（　　）

4. 主离合器工作时，分离应彻底，以保证平顺换挡；接合要柔顺，以保证工程机械起步及行驶平稳。（　　）

5. 常合式主离合器踏板行程由2部分组成，对应自由间隙的踏板行程称为离合器踏板工作行程，余下的踏板行程称为离合器踏板自由行程。（　　）

6. 弹簧压紧式离合器平时处于接合状态，故又称为非常合式主离合器。（　　）

7. 对于重型、大功率的工程机械，如重型履带推土机等，因所需传递的转矩较大，普遍采用多片湿式非常合摩擦离合器。（　　）

8. 由于双片离合器有 2 个从动盘，所以在其他条件不变的情况下，它比单片离合器所能传动的转矩增大了。（　　）

9. 如果离合器自由间隙过大，从动盘摩擦片磨损变薄后压盘将不能向前移动压紧从动盘，这将导致离合器打滑。（　　）

10. 主离合器旋转部分的平衡性要好，且从动部分的转动惯量小。（　　）

11. 离合器踏板自由行程过大，使分离轴承压在分离杠杆上，造成主离合器打滑。（　　）

12. 从动盘摩擦片、压盘或飞轮工作面磨损严重，离合器盖与飞轮的连接松动，使压紧力减小，造成主离合器打滑。（　　）

13. 主离合器液压操纵机构漏油、有空气或油量不足，会造成主离合器分离不彻底。（　　）

14. 从动盘或压盘翘曲变形，飞轮工作端面的轴向圆跳动严重会造成起步抖动现象。（　　）

三、单项选择题

1. 在工程机械底盘中，（　　）有压紧与分离机构。

A. 主减速器　B. 变速器　C. 离合器　D. 差速器

2. 对于重型、大功率的工程机械，如重型履带推土机等，因所需传递的转矩较大，普遍采用（　　）。

A. 多片湿式非常合摩擦离合器　B. 干式常合摩擦离合器

C. 单片干式常合摩擦离合器　D. 双片干式常合摩擦离合器

3. 当工程机械阻力增大，速度明显降低，而发动机转速下降不多或发动机加速时机械行驶速度不能随之增大，即表明（　　）。

A. 主离合器分离不彻底　B. 主离合器打滑

C. 主离合器抖动　D. 主离合器异响

4. 当主离合器按正常操作平缓地接合时，工程机械不是平滑的增大速度，而是间断起步甚至使工程机械产生抖动现象，并伴有机身抖动或工程机械前窜现象，直至离合器完全接合。这种现象俗称（　　）。

A. 主离合器分离不彻底　B. 主离合器打滑

C. 主离合器抖动　D. 主离合器异响

5. 主离合器操纵杆或踏板处于分离状态时，主、从动盘未完全分开，仍有部分动力传递，这种现象叫（　　）。

A. 主离合器分离不彻底　B. 主离合器打滑

C. 主离合器抖动　D. 主离合器异响

6. 主离合器摩擦片磨损后，离合器踏板自由行程（　　）。

A. 变大　B. 变小　C. 不变　D. 不定

7. 关于主离合器功能，下列说法错误的是（　　）。

A. 使发动机与传动系逐渐接合，保证工程机械平稳起步

B. 暂时切断发动机的动力传动，保证变速器换挡平顺

C. 限制所传递的转矩，防止传动系过载

D. 降速增矩

8. 关于主离合器打滑的原因，错误的说法是（　　）。

A. 离合器踏板没有自由行程，使分离轴承压在分离杠杆上

B. 离合器踏板自由行程过大

C. 从动盘摩擦片、压盘或飞轮工作面磨损严重，离合器盖与飞轮的连接松动

D. 从动盘摩擦片油污、烧蚀、表面硬化、铆钉外露或表面不平，使摩擦因数下降

9. 关于主离合器分离不彻底的原因，错误的说法是（　　）。

A. 离合器踏板自由行程过大

B. 分离杠杆调整不当，其内端不在同一平面内或内端高度太低

C. 新换的摩擦片太厚或从动盘正反装错

D. 压力弹簧疲劳或折断，膜片弹簧疲劳或开裂，使压紧力减小

10. 主离合器起步抖动的原因是（　　）。

A. 分离轴承套筒与导管油污、尘腻严重，使分离轴承不能回位

B. 从动盘或压盘翘曲变形，飞轮工作端面的轴向圆跳动严重

C. 分离轴承缺少润滑剂，造成干磨或轴承损坏

D. 新换的摩擦片太厚或从动盘正反装错

11. 主离合器分离或接合时发出不正常的响声的原因是（　　）。

A. 分离轴承缺少润滑剂，造成干磨或轴承损坏

B. 从动盘或压盘翘曲变形，飞轮工作端面的轴向圆跳动严重

C. 膜片弹簧弹力减弱

D. 分离杠杆弯曲变形，出现运动干涉，不能回位

四、简答题

1. 主离合器的作用有哪些？

2. 根据图 3-1 回答下列问题：

（1）说明摩擦离合器的 3 大组成部分，以及它们各自的组成。

（2）阐述主离合器的工作过程。

3. 主离合器打滑的主要故障现象及原因是什么？

4. 简述主离合器常见的故障原因。

5. 简述主离合器打滑的诊断方法。

6. 什么是主离合器的自由行程？其过大或过小的危害是什么？

第 4 章　液力变矩器

本章重点介绍工程机械的液力变矩器的基本结构、工作原理及特点，分析了液力变矩器的主要故障现象、原因及维护。

液力变矩器是以油液为工作介质来传递动力的，即通过油液在循环流动过程中油液动能的变化来传递动力，这种传动称为液力传动。液力变矩器是液力传动的基本形式。先进的工程机械、重型矿用自卸汽车及其他特种车辆都广泛地采用了液力传动，尤其是车辆的传动系采用液力变矩器后，车辆具备了自动增大牵引力，降低了传动系统中的动载荷，且具有无级变速等优良性能。

4.1　液力变矩器的结构及工作原理

4.1.1　液力变矩器的结构组成

最简单的液力变矩器由泵轮、涡轮和导轮等主要元件组成，如图 4-1、图 4-2 所示。导轮是一个固定不动的工作轮，通过导轮固定座与液力变矩器壳体连接。各工作轮——泵轮、涡轮及导轮的内外环构成相互衔接的封闭空腔，形成了工作液流的环流通道，工作液体就在环流通道内循环流动，此封闭的环流通道称为循环圆。为分析方便，通常用循环圆在轴面上的断面图来表示整个循环圆，并把这个断面图称为液力变矩器的循环圆（见图 4-3），它体现了液力变矩器内各工作轮的相互位置关系和几何尺寸。具体型号的液力变矩器一般用它的循环

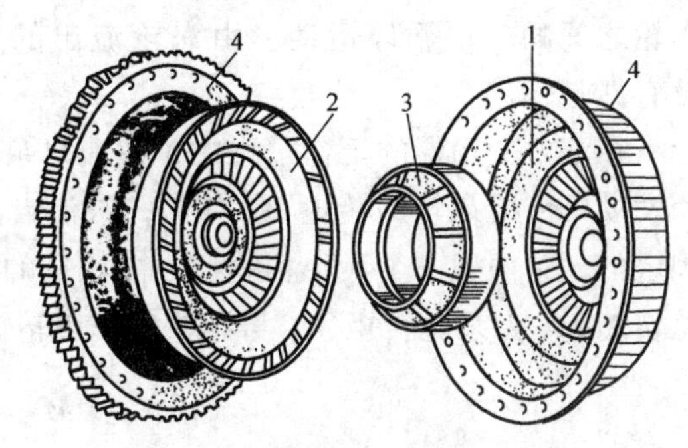

图 4-1　液力变矩器主要元件

1—泵轮　2—涡轮　3—导轮　4—变矩器壳

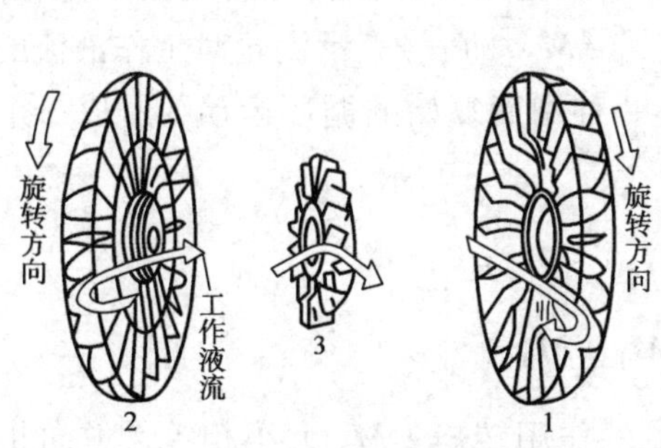

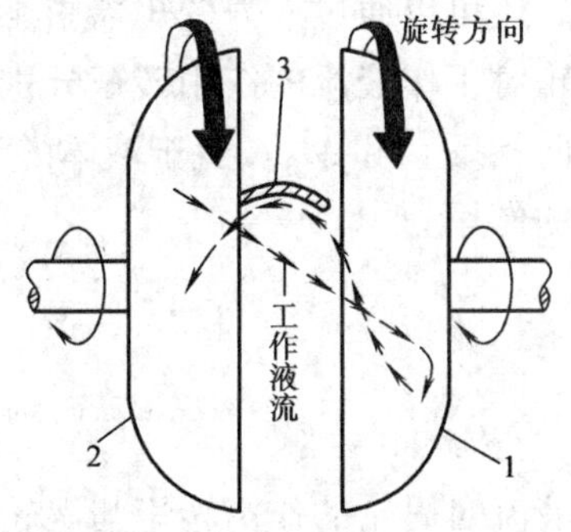

图 4-2　液力变矩器的 3 个工作轮

1—泵轮　2—涡轮　3—导轮

圆来表示，循环圆的最大直径 D 称为液力变矩器的有效直径。由于循环圆在轴面上的断面图相对于传动轴线是完全对称的，所以也常用传动轴上半部的图形来表示循环圆。

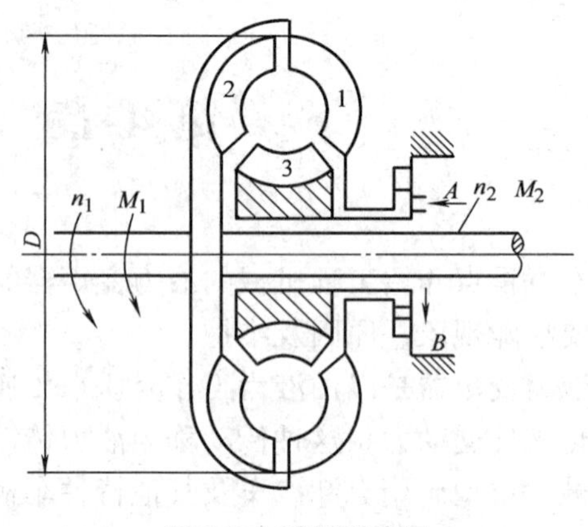

图 4-3 循环圆简图

1—泵轮 2—涡轮 3—导轮

4.1.2 液力变矩器的工作原理

液力变矩器，顾名思义，就是能够改变发动机供给的转矩值，使涡轮输出的转矩有可能超过由发动机通过泵轮所输入转矩的若干倍，从而改善主机的性能。

液力变矩器之所以能变矩，主要是由于不动的导轮能给涡轮施加一个反作用转矩。液力变矩器工作时，由发动机带动泵轮旋转，并将发动机的转矩施加于泵轮，泵轮内的叶片带动工作液体一起做牵连圆周运动，并迫使液体沿循环圆做相对运动。工作液体受泵轮叶片的作用获得一定的动能和压力能，从而将发动机的机械能变为液体的动能和压力能。从泵轮流出的高速液流进入涡轮冲击涡轮的叶片，使涡轮开始旋转，并且使涡轮输出轴获得一定的转矩去克服外部阻力做功。从涡轮流出的工作液流经导轮后重新进入泵轮。至此，工作液体完成了在各工作轮之间的 1 次循环运动。由涡轮流出的工作液体进入导轮时，由于导轮固定不转，故没有能量输出。

在液力变矩器的工作过程中，液流自泵轮冲向涡轮时使涡轮受一转矩，其大小与方向都和发动机传给泵轮的转矩 $\boldsymbol{M}_1$ 相同，液流自涡轮冲向导轮时也使导轮受一转矩，由于导轮是固定的，它便以 1 个大小相等、方向相反的作用转矩 $\boldsymbol{M}_3$ 作用于涡轮上。因此，涡轮所受的总转矩 $\boldsymbol{M}_2$ 为泵轮转矩 $\boldsymbol{M}_1$ 与导轮反作用转矩 $\boldsymbol{M}_3$ 的向量和，即

$$\boldsymbol{M}_2 = \boldsymbol{M}_1 + \boldsymbol{M}_3$$

也就是说，液力变矩器可以起增大转矩的作用，这个增加部分的转矩就是导轮的反作用转矩 $\boldsymbol{M}_3$。

另外，还可以通过液力变矩器中工作液体周而复始的环流特性说明变矩原理。设泵轮、涡轮和导轮对工作液流的作用转矩分别为 $\boldsymbol{M}_1$、$-\boldsymbol{M}_2$（负号表示涡轮对工作液流的作用转矩与泵轮转向相反）和 $\boldsymbol{M}_3$。由于液体的环流是一种周而复始的循环运动，所以 3 个工作轮对工作液流的作用为

$$\boldsymbol{M}_1 + (-\boldsymbol{M}_2) + \boldsymbol{M}_3 = 0$$

或

$$\boldsymbol{M}_2 = \boldsymbol{M}_1 + \boldsymbol{M}_3$$

因为液流对涡轮的作用转矩与涡轮对液流的作用转矩 $-\boldsymbol{M}_2$ 大小相等，方向相反（即为 $\boldsymbol{M}_2$），所以涡轮转矩 $\boldsymbol{M}_2$ 等于泵轮转矩 $\boldsymbol{M}_1$ 与导轮转矩 $\boldsymbol{M}_3$ 的向量和。可见，液力变矩器起到了增大转矩的作用。

4.2　液力变矩器的特性参数与外特性曲线

4.2.1　液力变矩器的特性参数

1. 变矩比 K

变矩比 K 是涡轮转矩 M_2 与泵轮转矩 M_1 之比，即

$$K=\frac{M_2}{M_1}$$

涡轮转速 $n_2=0$ 时的变矩比 K_0 称为起动变矩比（或失速变矩比）。K_0 越大，说明工程机械的起动性能与加速性能越好。

2. 传动比 i

传动比 i 是涡轮转速 n_2 与泵轮转速 n_1 之比，即

$$i=\frac{n_2}{n_1}$$

3. 传动效率 η

传动效率 η 是涡轮轴的输出功率 P_2 与泵轮轴的输入功率 P_1 之比，即

$$\eta=\frac{P_2}{P_1}=\frac{M_2 n_2}{M_1 n_1}=Ki$$

可见，传动效率 η 又是变矩比 K 与传动比 i 的乘积。

4.2.2　液力变矩器的外特性曲线

当泵轮转速一定时，泵轮转矩 M_1、涡轮转矩 M_2、传动效率 η 与涡轮转速 n_2 间的一组关系曲线称为液力变矩器的外特性曲线。这组曲线可通过实验测得，它反映了液力变矩器的主要特性。图 4-4所示为三元件单级单相液力变矩器外特性曲线。

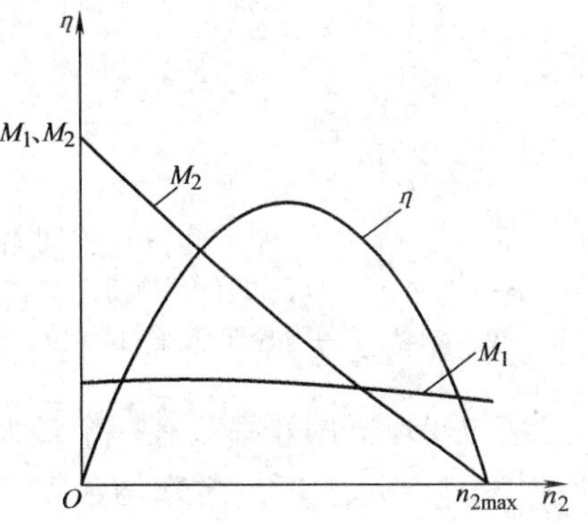

图 4-4　三元件单级单相液力变矩器外特性曲线

液力变矩器的级是指布置在其他两个工作轮（泵轮与导轮或导轮与导轮之间）的涡轮数目。如果有两个涡轮，但每个涡轮并不在其他 2 个元件之间，则仍属单级。例如，图 4-5 所示的液力变矩器即为双涡轮单级液力变矩器。

液力变矩器的相是指液力变矩器的工作状态数目。

从图 4-4 所示的外特性曲线可见，随着涡轮转速 n_2 的增大，涡轮转矩 M_2 逐渐减小；反之，当外阻力增大使涡轮转速 n_2 减小时，涡轮转矩 M_2 增大，这就是液力变矩器自动适应外阻力变化的无级变速功能。当 $n_2=0$ 时，涡轮转矩 M_2 最大，这正好符合工程机械起动时的需要。涡轮转速变化时，泵轮转矩变化不大。

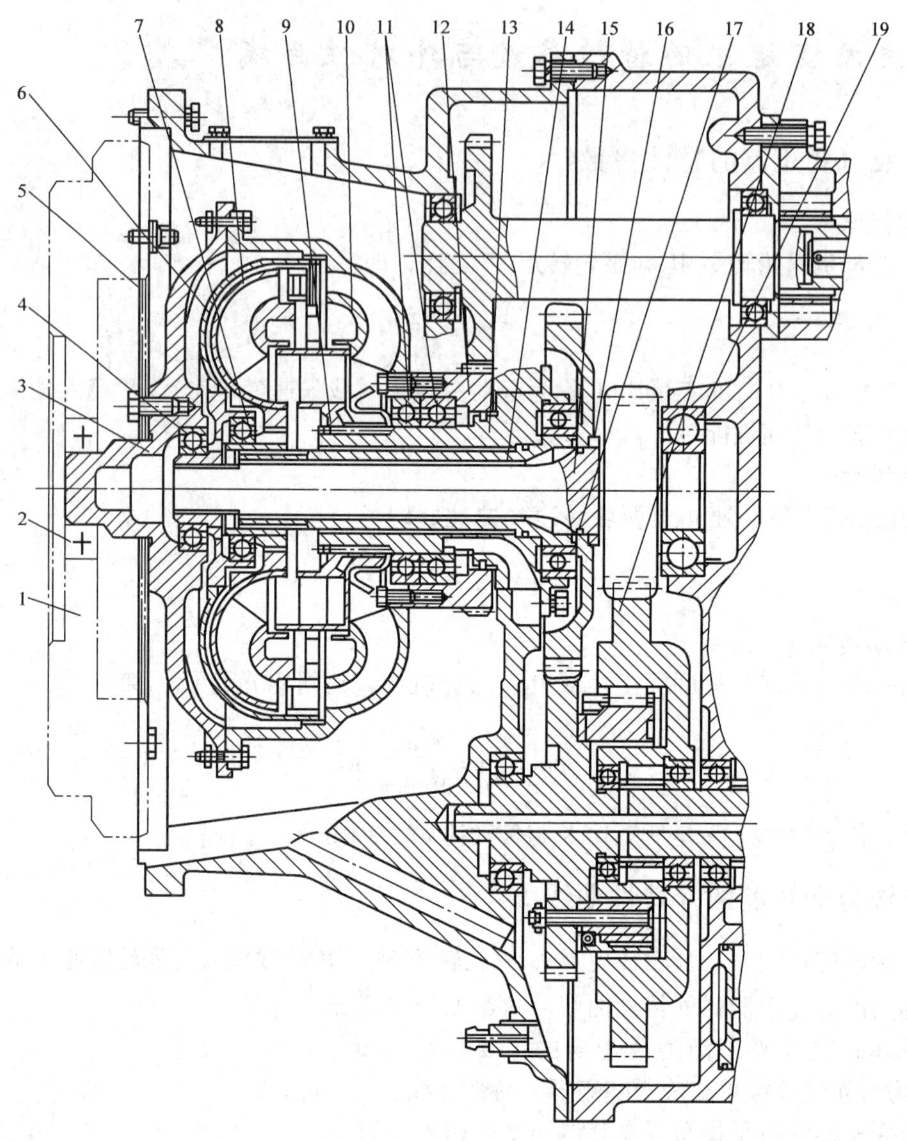

图 4-5 ZL50 装载机液力变矩器

1—飞轮 2、4、7、11、17、19—轴承 3—循环圆外壳 5—弹性板 6—第一涡轮 8—第二涡轮 9—导轮 10—泵轮 12—齿轮 13—导轮套管轴 14—第二涡轮套管轴 15—第一涡轮轴 16—隔离环 18—自由轮机构外环齿轮

液力变矩器的效率只有一个最大值，这时液力变矩器能量损失最小，称为最佳工况。当 $n_2=0$ 和 $n_2=n_{2max}$ 时，效率均为零，即这时没有功率输出。

4.3 ZL50 型装载机液力变矩器

4.3.1 ZL50 型装载机液力变矩器的结构

图 4-5 所示为 ZL50 型装载机液力变矩器结构图，该液力变矩器属于四元件单级二相液

力变矩器。它采用的是双涡轮结构，故可称为双涡轮液力变矩器。2 个涡轮分别与变速器中的 2 个齿轮相连进行动力输出，扩大了变矩高效率区的范围。

发动机的动力由弹性板 5 传给液力变矩器。弹性板 5 的外缘用螺钉与发动机的飞轮 1 相连接，内缘用螺钉与循环圆外壳 3 相连接。与齿轮 12 连接在一起的泵轮用螺钉与循环圆外壳 3 连接。以上各构件组成了液力变矩器的主动部分。它的左端用轴承 2 支承在飞轮中心孔内，右端用双排轴承 11 支承在固定的导轮套管轴 13 上。

第一涡轮 6 以花键套装在第一涡轮轴 15 上，轴 15 右端带有齿轮，第一涡轮通过这个齿轮输出动力。第一涡轮轴 15 左端以轴承 4 支承在循环圆外壳 3 内，右端经轴承 19 支承在变速器外壳上。第二涡轮 8 也以花键套装在第二涡轮管轴上，套管轴 14 与齿轮制成一体。第二涡轮套管轴 14 的左端轴承 7 支承在第一涡轮轮毂中，右端经轴承 17 支承在导轮套管轴 13 内。第二涡轮通过套管轴 14 上的齿轮输出动力。导轮 9 用花键套装在与壳体固定在一起的套管轴 13 上。

如图 4-6 所示，两涡轮动力输出齿轮分别与变速器中另外两个齿轮啮合，且两齿轮间有自由轮机构（超越离合器）相连接。此时，液力变矩器的输出动力将由这两齿轮的同一轴输入给行星齿轮变速器。

4.3.2　ZL50 型装载机液力变矩器特性曲线

图 4-7 所示为 ZL50 型装载机特性曲线。当液力变矩器在低传动比状态下工作时，自由轮机构处于楔紧状态，2 个涡轮就像一个整体涡轮一样，其特性曲线如图 4-7 中的曲线 1 所示。随着外载荷的减小，第二涡轮的转速逐渐地增大，使自由轮机构分离，动力就只通过第二涡轮输出，此时液力变矩器的特性曲线如图 4-7 中的曲线 2 所示。由此可见，双涡轮液力变矩器可在一个比较大的传动比范围内工作，传动效率比较高，比较适应装载机的工况要求。由于双涡轮液力变矩器高效区较宽，目前国产轮胎式装载机大多采用双涡轮液力变矩器。

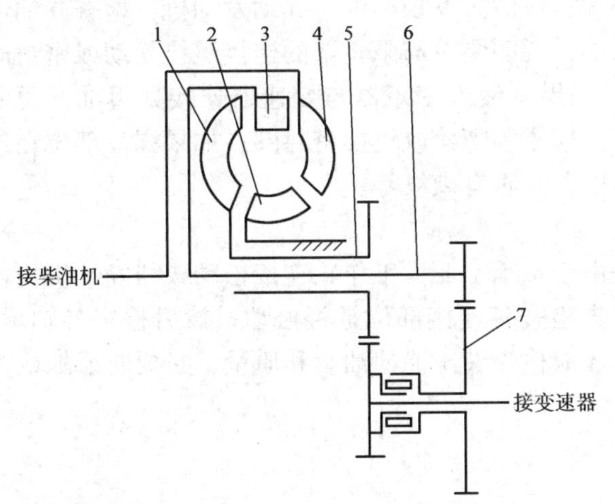

图 4-6　ZL50 型装载机液力变矩器传动简图

1—第二涡轮　2—导轮　3—第一涡轮　4—泵轮　5—第二涡轮套管轴　6—第一涡轮轴　7—自由轮机构外环齿轮

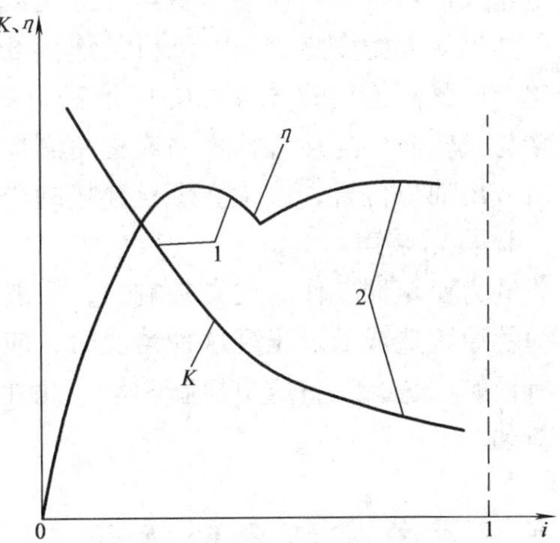

图 4-7　ZL50 装载机特性曲线

1—2 个涡轮同时输出时　2—第二涡轮输出时

4.4 液力变矩器的常见故障及其原因分析

工程机械上使用的液力变矩器种类较多，因此，在维修液力变矩器时，应在弄懂液力变矩器类型、液力变矩器结构、液力变矩器传动系统及油路系统工作原理的基础上，根据故障的现象，分析判定故障的大致范围，对系统进行初查和仪表检查，运用各种分析方法，分析出故障的原因并予以排除。

液力变矩器常见的故障主要有：油温过高、供油压力过低、漏油、工程机械行驶速度过低或行驶无力及内部异常响声等。

1. 供油压力过低

1）故障现象。当发动机油门全开时，液力变矩器进口油压小于标准值。

2）主要原因分析。供油压力过低主要由以下几种原因引起：供油量减少，油位低于吸油口平面；油管泄漏或堵塞；流到变速器的油过多；进油管或滤油网堵塞；液压泵磨损严重或损坏；吸油滤网安装不当；油液起泡沫变质；进、出口压力阀不能关闭或弹簧刚度减小等。

2. 油温过高

1）故障现象。工程机械工作时油温表超过120℃，用手触摸液力变矩器感觉烫手。

2）主要原因分析。引起液力变矩器油温过高的主要原因有：变速器油位过低；冷却系中水位过低，冷却效果不好；油管或冷却器堵塞或太脏；液力变矩器在低效率范围内工作时间太长；工作轮的紧固螺钉松动；轴承配合松旷或损坏，引起磨损；综合式液力变矩器因自由轮卡死而闭锁；导轮装配时，自由轮机构缺少零件等。

3. 漏油

1）故障现象。液力变矩器后盖与泵轮结合面、泵轮与轮毂连接处等有明显漏油痕迹。

2）主要原因分析。液力变矩器漏油主要是由于液力变矩器后盖与泵轮平面连接面、泵轮与轮毂连接处螺栓松动、密封件老化或损坏造成的。发现漏油应起动发动机，检查漏油部位。如果从液力变矩器与发动机的连接处漏油，说明泵轮与泵轮罩的连接螺栓松动或密封圈老化，应紧固连接螺栓或更换O形密封圈；如果从液力变矩器与变速器连接处甩油，说明泵轮与泵轮毂的连接螺栓松动或密封圈损坏，应紧固螺栓或更换密封圈；如果漏油部位在进油口或出油口位置，应检查螺栓连接的松紧度及是否有裂纹等。

4. 异常响声

液力变矩器工作时的异常响声，主要是由于轴承损坏，工作轮连接松动或与发动机连接松动等原因造成的。出现这种情况时，应首先检查各连接部位是否松动，然后检查各轴承，如有松旷应进行调整或更换新轴承。此外，还应检查液压油的油量和质量，必要时添加或更换新油。

4.5 液力变矩器的维护

液力变矩器的维护与变速器的维护密不可分。液力传动油作为液力变矩器、变速器的工作介质，还对整个传动装置进行润滑、冷却和操纵。在实际工作中，变速器的故障有70%

以上是油液引起的，因此，液力变矩器的维护保养主要以液力传动油为主。

1）液力传动油是液力变矩器的工作液和润滑剂，必须保持清洁，各油路系统和油箱不应有沉淀、油泥、水分或其他有害物质。

2）每天或每工班检查一次油路系统的油位，查看是否有漏油现象。在作业过程中应注意检查液力变矩器的作业温度。

3）经常检查油面。工程机械停在平地上，发动机保持运转，油应处在正常工作温度下，此时油面应在变速器量油尺上下刻线之间（如果分冷、热刻线，则以热刻线为准），不足时应及时添加。如油面下降过快，可能有漏油，应及时处理。

4）适时更换液力传动油和过滤器。按工程机械使用说明书的规定更换液力传动油和过滤器（或清洗滤网），同时拆洗变速器油底壳，并更换其密封垫。

在恶劣工况下应经常检查液力传动油是否有污物或发生变质。可根据油的颜色或气味进行初步判断，如有污物或发生变质，应及时更换。

如果发现油里出现金属颗粒（通常说明某个部件出现了故障），必须对油路系统所有部件——液力变矩器、变速器、油管、过滤器、冷却器、阀及液压泵等彻底进行清洗检查。

5）液力传动油是一种专用油品，加有染色剂，系红色或蓝色透明液体，绝不能与其他油品混用，同牌号不同厂家生产的也不宜混合使用，以免造成油品变质。

复习与思考题

一、填空题

1. 液力变矩器由（　　　　）、（　　　　）和（　　　　）及壳体等主要元件组成。

2. 液力变矩器是一个通过（　　　　）传递动力的装置。

3. 液力变矩器的功能是在一定范围内自动、连续地改变（　　　　），以适应不同行驶阻力的要求，具有（　　　　）的功能。

二、判断题

1. 液力变矩器由于采用 ATF 油传递动力，当踩下制动踏板时，发动机会熄火。　（　）

2. 液力变矩器由泵轮、涡轮和导轮及壳体等主要元件组成，变矩工况时导轮不转动。　（　）

3. 液力变矩器用油是普通液压油。　（　）

4. ZL50 型装载机的传动系没有装液力变矩器。　（　）

5. ZL50 型装载机的液力变矩器是双涡轮液力变矩器，可在一个比较大的传动比范围内工作，传动效率比较高，比较适应装载机的工况要求。　（　）

6. ZL50 型装载机液力变矩器结构属于四元件单级二相液力变矩器。　（　）

7. 涡轮位于液力变矩器的后部，与变矩器壳体连在一起。　（　）

三、单项选择题

1. 液力变矩器的作用之一是（　　）。

A. 不变矩　　B. 使力矩减小　　C. 使力矩变大和变小　　D. 使力矩变大

2. 在工程机械底盘中，（　　）中有液力变矩器。

A. 机械式传动系统　　B. 液力机械式传动系统

C. 全液压式传动系统　　D. 电传动系统

3. 液力变矩器中起增大转矩作用的元件是（　　）。

A. 泵轮　　B. 涡轮　　C. 导轮　　D. 锁止离合器

4. 当液力变矩器涡轮的转速等于泵轮转速时，液力变矩器（　　）。

A. 作用于两轮上的转矩相等　　B. 传动失效

C. 传动比等于1　　D. 传动效率最高

四、简答题

1. 什么是液力变矩器的外特性曲线？

2. 画出ZL50装载机变矩器特性曲线，并说明各参数的名称。

3. 液力变矩器的维护有哪些主要内容？

第5章　变　速　器

本章重点介绍变速器的类型、结构、工作原理及特点，分析了变速器的主要故障现象、故障原因和维修方法。

5.1　概述

变速器主要用于机械传动与液力机械传动的工程机械。液压传动工程机械的速度变化范围太大时，也要专门设计变速装置。

在当代的工程机械中，轮胎式装载机、铲运机及平地机等多采用动力换挡变速器。单斗挖掘机、履带式装载机、盾构机械及掘进机等多采用液压传动。大型工程和矿山用的汽车、履带式推土机及轮胎式推土机等多为液力传动。由此可见，人力换挡变速器用得越来越少。

5.1.1　变速器的功能

1）降速增扭。发动机的转速高，转矩小，需要变速器等部件来降低发动机传递到驱动轮的转速，同时增大驱动轮的转矩，以满足工程机械牵引力和速度的要求。

2）实现空挡。发动机需要空载起动，工程机械较长时间停车却不希望发动机熄火，这两项要求都需要变速器挂空挡，切断发动机的动力或切断工程机械的负载而实现。

3）实现工程机械的进退。不管是牵引工况，还是运输工况，工程机械随时都要变换行驶方向，而发动机不能反向旋转，故工程机械的前进、倒退都必须依靠变速器换挡来实现。

5.1.2　变速器的工作要求

1）变速器应具有足够的挡位和合适的传动比，使工程机械能在合适的牵引力和速度下工作，且具有良好的牵引性、燃料经济性及较高的生产率。

2）变速器应工作可靠，传动效率高，使用寿命长，结构简单，维修方便。

3）变速器应换挡轻便，不允许出现同时挂两个挡位或自动脱挡、跳挡现象。

4）对于动力换挡变速，还要求换挡离合器接合平稳。

5.1.3　变速器的工作原理

工程机械上的变速器结构都比较复杂，而且形式也不一样，但其变速换挡的原理相同。

1. 变速换挡原理

变速器的变速换挡原理为，借助不同齿轮的啮合传动来变换传动比，如图5-1所示。齿轮的传动比 i 是主动齿轮转速 n_1 与从动齿轮转速 n_2 之比，也等于从动齿轮的齿数 z_2（或直径 D_2）与主动齿轮齿数 z_1（或直径 D_1）之比，即

$$i = n_1/n_2 = z_2/z_1 = D_2/D_1$$

由上式可见，只要主动齿轮齿数 z_1 小于从动齿轮齿数 z_2，或从动齿轮的直径大于主动齿轮的直径，即可实现降低转速、增加转矩的作用；反之，当 z_1 大于 z_2 时，则可实现增大转速、减小转矩的作用。一般工程机械上的变速器主要是起降低转速、增加转矩的作用。

为了实现较大范围内的变速，以满足工程机械不同工况的需要，通常，变速器采用多对齿轮组成不同的传动比（即不同挡位）$i=i_1 i_2 \cdots i_n$，并通过操纵机构按需要换挡以变换传动比。

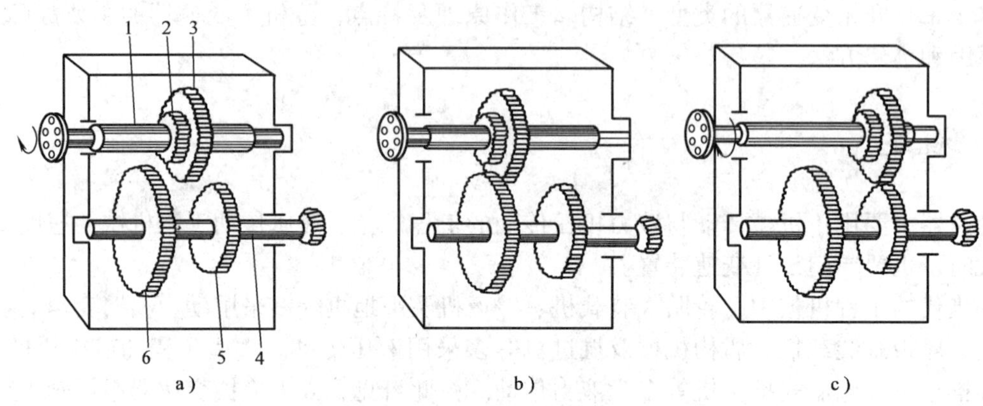

图 5-1 变速器变速换挡原理

1—主动轴 2、3—主动齿轮 4—从动轴 5、6—从动齿轮

2. 倒挡原理

在发动机飞轮旋转方向不变的情况下，工程机械的反向行驶是由变速器的倒挡实现的，其基本原理如图 5-2 所示。主动轴 1 和从动轴 4 之间经 1 对齿轮传动时（见图 5-2a），其旋转方向相反。增加一个中间齿轮 5，经 2 对齿轮副传动，其旋转方向相同（见图 5-2b）。因此，在主动轴旋转方向不变的情况下，可使从动轴有 2 种不同的旋转方向，从而实现工程机械的前进或倒退。对于行星齿轮传动，则可通过改变约束元件，实现从动轴相对于主动轴旋转方向的变化。

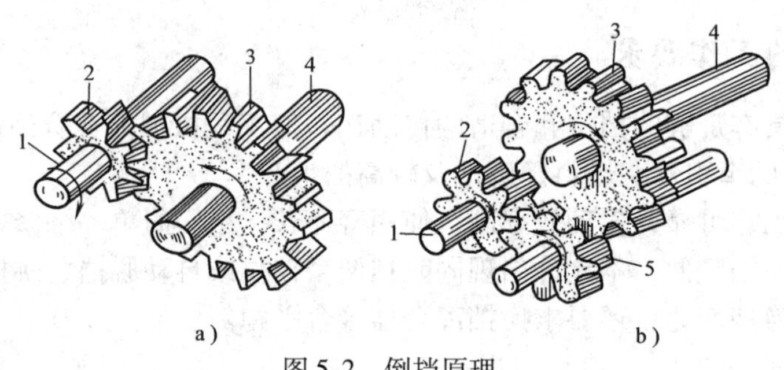

图 5-2 倒挡原理

a）1 对齿轮传动 b）2 对齿轮传动

1—主动轴 2—主动齿轮 3—从动齿轮 4—从动轴 5—中间齿轮

5.1.4 变速器的类型

变速器的分类方式很多，一般从以下 2 个方面进行分类。

1. 按换挡操纵方式的不同分类

（1）机械换挡变速器 机械换挡变速器又称人力换挡变速器，通过机械式操纵机构来移动齿轮或啮合套进行换挡。在工程机械变速器中，齿轮与轴的连接方式有如下几种：

1）固定连接（见图5-3a），齿轮与轴为固定连接。一般用键或花键将齿轮联接在轴上，并轴向定位，不能轴向移动。

2）空转连接（见图5-3b），齿轮通过轴承装在轴上，可相对轴进行转动，但不能轴向移动。

3）滑动连接（见图5-3c），齿轮通过花键与轴联接，可轴向移动，但不能相对轴进行转动。

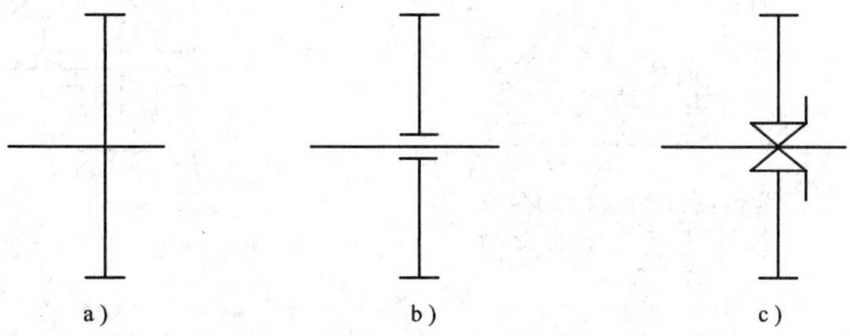

图5-3 齿轮与轴的连接方式

通过机械式操纵机构移动齿轮实现换挡的工作原理如图5-4所示。图中的Z_1、Z_3组成的双联齿轮可以在轴Ⅰ上滑动。在图示的状态下，Z_1、Z_2、Z_3及Z_4均不相互啮合，轴Ⅰ的转动与轴Ⅱ的转动没有关系，这种状态称为变速器的空挡。当双联齿轮向右移动时，Z_1与Z_2啮合实现一挡，轴Ⅰ与轴Ⅱ之间的传动比$i_1=Z_2/Z_1$；当双联齿轮向左移动时，Z_3与Z_4啮合实现二挡，轴Ⅰ与轴Ⅱ之间的传动比$i_2=Z_4/Z_3$。

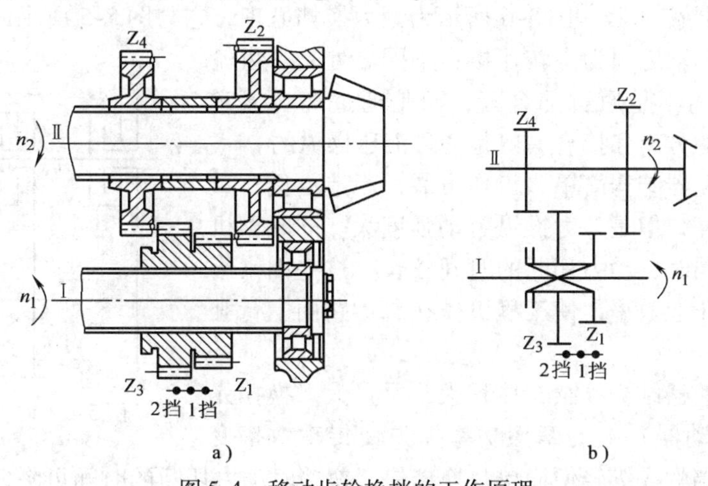

图5-4 移动齿轮换挡的工作原理

a）结构图 b）简图

移动齿轮式变速器具有零部件数量少，结构简单等优点；但它也有许多缺点，例如在行进中换挡时，由于两齿轮啮合时的线速度不同（即不同步），换挡较困难，齿轮易损坏；换挡时齿轮移动距离较长；采用斜齿轮不能换挡等。移动齿轮式换挡通常用于小型工程机械（如拖拉机）和不太常用的挡位（如倒挡）。

通过机械式操纵机构移动啮合套进行换挡的工作原理如图5-5所示。当啮合套A向右移动时，轴Ⅰ的动力通过啮合套传到齿轮Z_1实现一挡；当啮合套A向左移动时，轴Ⅰ的动力通过啮合套传到齿轮Z_3实现二挡。在图示的状态下，啮合套A仍然是随轴Ⅰ转动的，但齿轮Z_1与齿轮Z_3在轴Ⅰ上空转，变速器为空挡状态。

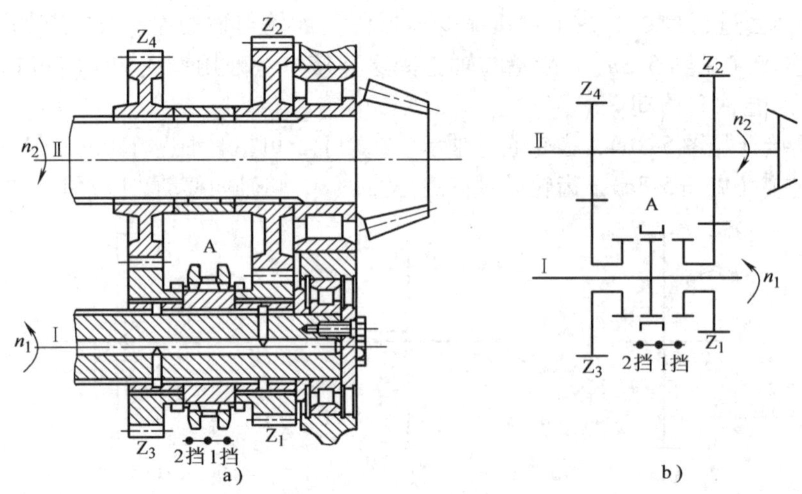

图 5-5 移动啮合套换挡的工作原理

a）结构图 b）简图

啮合套换挡时，由于啮合套的一圈内齿与齿轮旁边的一圈外齿同时啮合，传动强度比移动齿轮式大了许多，所以啮合套的移动距离比前述齿轮的移动距离小了许多，提高了换挡时的抗冲击能力。由于变速器中的齿轮始终是啮合的，故可以采用斜齿轮。啮合套换挡结构比较复杂，一般用于转矩较大、对换挡过程没有严格要求的工程机械上，如推土机等。

（2）动力换挡变速器 图 5-6 所示为动力换挡原理，它与图 5-5 所示的啮合套换挡的相同之处是，齿轮和轴之间为空转连接；不同之处是，齿轮和轴的接合或分离不是通过啮合套，而是通过离合器实现，这个离合器的分离和接合一般是通过液压操纵的。

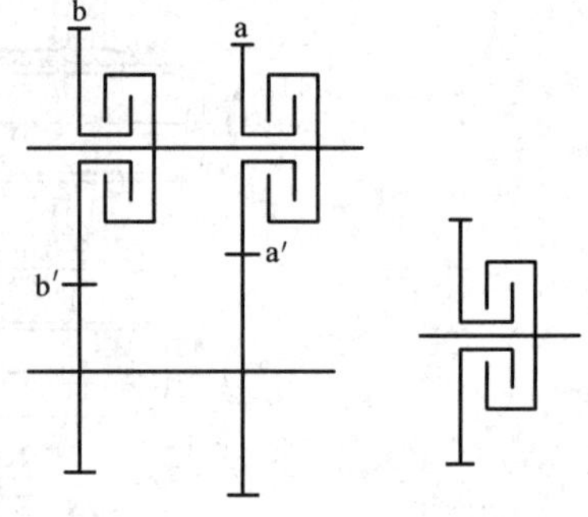

图 5-6 动力换挡示意图

机械换挡变速器结构简单，工作可靠，制造方便，重量轻，传动效率高，但是人力操纵劳动强度大。同时，机械换挡变速器换挡时，动力切断的时间较长，这些因素影响了工程机械的作业效率，使工程机械在恶劣路面上行驶时的通过性较差。

动力换挡变速器结构复杂，体积大，重量大，换挡元件（离合器或制动器）上的摩擦功率损失使传动效率变低。但是动力换挡的操纵轻便简单，换挡快，换挡时动力切断的时间可降低到最低限度，可以实现负载下不停车换挡，有利于生产率的提高。动力换挡变速器虽然结构复杂、制造困难，但随着制造水平的提高，动力换挡变速器在工程机械中已经得到了广泛的应用。

2. 按轮系形式的不同分类

1）定轴式变速器，变速器中所有齿轮都有固定的回转轴线。

2）行星式变速器。变速器中有些齿轮的轴线在空间旋转，这样的齿轮叫做行星轮，它在空间有两个运动：绕自身轴线的自转和随自身轴线在空间中绕公共轴线的公转。因此，我们称这类变速器为行星式齿轮变速器。

定轴式变速器的结构比行星式变速器简单，可用人力换挡，也可用动力换挡；行星式变速器结构复杂，只能通过动力换挡进行操纵。

5.2 机械换挡变速器的构造

5.2.1 TY120 型推土机变速器

TY120 型推土机采用机械式移动齿轮换挡变速器，具有五个前进挡和四个倒挡，其结构由变速传动机构和操纵机构组成，如图 5-7、图 5-8 所示。

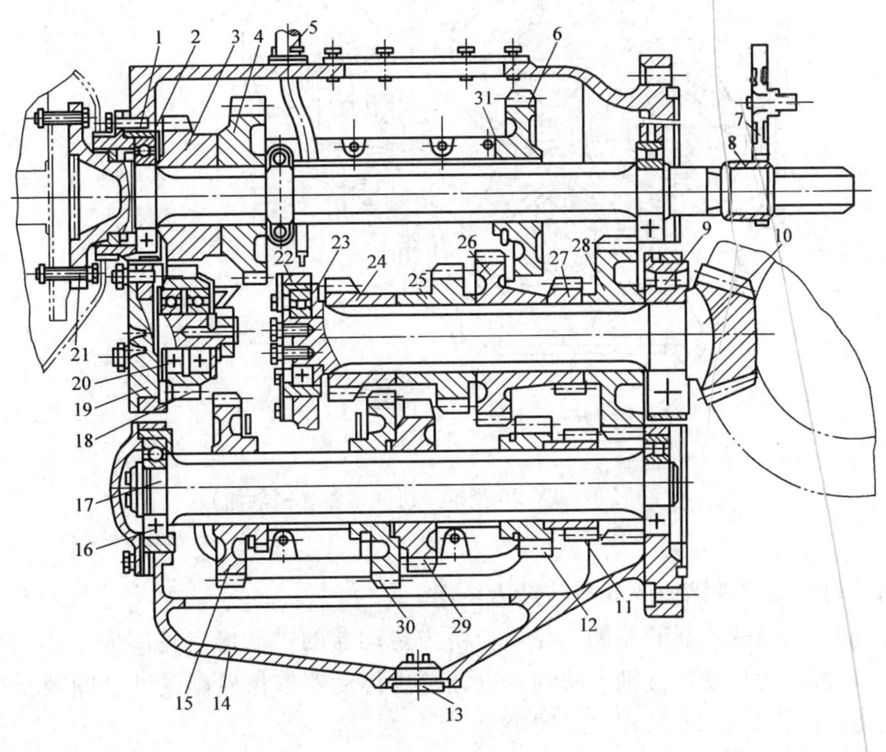

图 5-7 TY120 型推土机变速器（纵剖面）

1—滚珠轴承壳体 2、16、23—滚珠轴承 3—前进挡主动齿轮 4—倒挡主动齿轮 5—油标尺座 6—五挡主动齿轮 7—油泵从动齿轮 8—油泵主动齿轮 9、20—滚柱轴承 10—从动轴 11——挡主动齿轮 12—二挡主动齿轮 13—放油螺塞 14—变速器壳 15—换向齿轮 17—中间轴 18—前进挡中间齿轮 19—惰轮轴 21—主动轴 22—调整垫片 24—四挡从动齿轮 25—三挡从动齿轮 26—二挡从动齿轮 27—五挡从动齿轮 28——挡从动齿轮 29—三挡主动齿轮 30—四挡主动齿轮 31—拨叉

1. 变速传动机构

在图 5-7 中，动力经左端接盘传入变速器，在右端经油泵主动齿轮 8 将动力传给油泵从动齿轮 7 驱动液压油泵。在主动轴 21 上铣有花键，右边装有五挡主动齿轮 6，它除了随主动轴一起转动外，还可在拨叉 31 的作用下左右移动，以实现五挡的摘挂。变速器左边固装有前进挡主动齿轮 3 和倒挡主动齿轮 4。惰轮轴 19 悬臂支承于变速器壳体上，前进挡中间齿轮 18 用双排滚柱轴承 20 支承着。中间轴 17 上靠近花键处装有换向齿轮 15，它与三、四挡主动双联齿轮 29、30 及一、二挡主动双联齿轮 11、12 都装在中间轴上随其一起转动，并

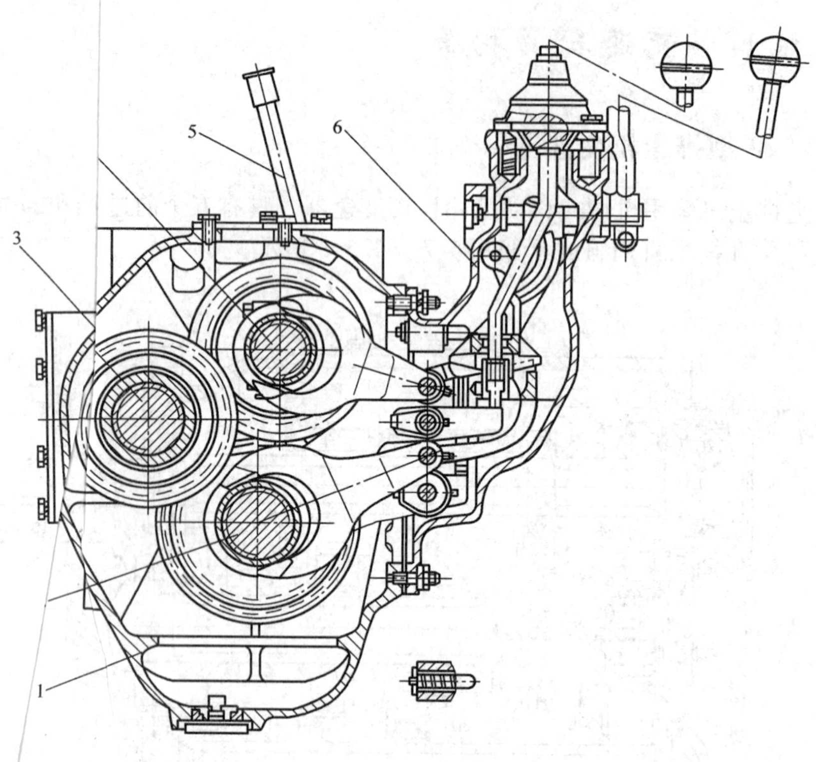

图 5-8　TY120 型推土机变速器（横剖面）
1—箱体　2—中间轴　3—输出轴　4—输入轴　5—油标尺座　6—变速操纵机构

可做轴向移，以实现挡位的变换与动力传递。

从动轴0 位于变速器的左侧，与驱动桥主传动器的主动锥齿轮制成一体，通过增、减调整垫片 可以使从动轴做轴向移动，以调整主传动器锥齿轮副的啮合间隙。在从动轴上用花键固有齿轮 24、25、26、27 和 28。

主动、中间轴及从动轴两端分别用滚珠轴承和滚柱轴承支承在变速器壳体上。滚珠轴承和滚柱承的内座圈都采取了轴向定位措施，而滚柱轴承的外座圈则未定位，允许其做微量的轴向动，以防止温度变化产生附加轴向力。

TY0型推土机变速器的变速传动机构属于组合式，它由换向机构和主变速传动机构组成。换机构的工作原理为，当换向齿轮左移与齿轮 18 啮合时，动力经三级齿轮传动，推土机向驶；当换向齿轮右移与齿轮 4 啮合时，动力经两级齿轮传递，推土机反向行驶。推土板行驶的挡位较多，这是为了适应各种作业情况及提高生产率的要求。TY120 型推土机速各挡动力传递情况如图 5-9、表 5-1 所示。

操纵机构

TY12 型推土机变速器的操纵机构如图 5-10 所示，它由变速杆、换向杆、拨叉、拨叉轴、导向、互锁机构（限制器）、五挡保险锁和联锁机构等组成。

(1) 换挡机构　换挡机构由变速杆、换向杆、拨叉和拨叉轴等组成。换挡时，操纵变速杆和换向杆通过拨叉轴和拨叉拨动相应的滑动齿轮以实现换挡。

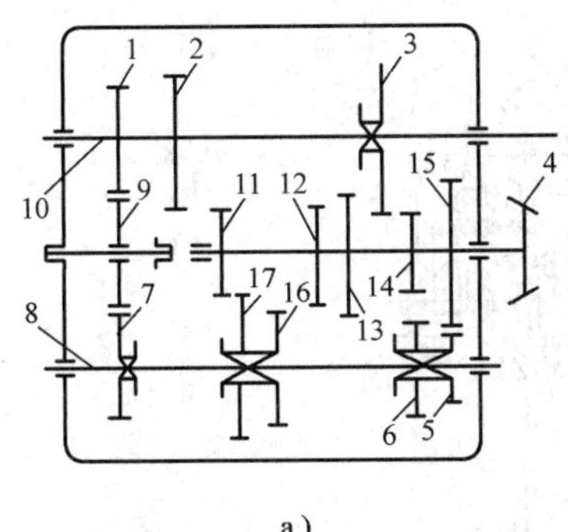

a）

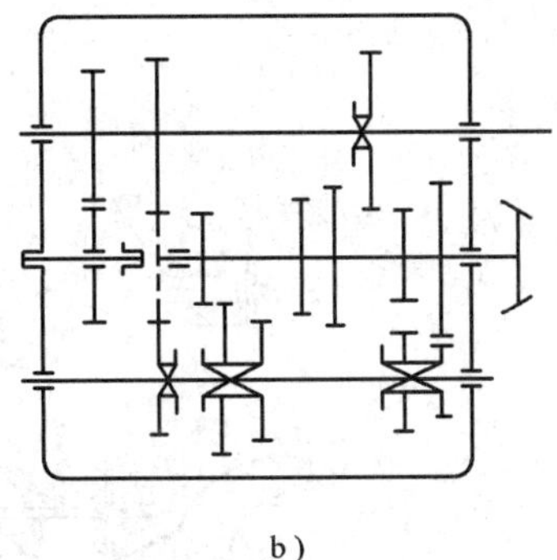

b）

图 5-9　TY120 型推土机变速器各挡传动简图

a）前进一挡　b）倒退一挡

1—前进挡主动齿轮　2—倒挡主动齿轮　3—五挡主动齿轮　4—从动轴　5——挡主动齿轮　6—二挡主动齿轮　7—换向齿轮　8—中间轴　9—前进挡中间齿轮　10—主动轴　11—四挡从动齿轮　12—三挡从动齿轮　13—二挡从动齿轮　14—五挡从动齿轮　15——挡从动齿轮　16—三挡主动齿轮　17—四挡主动齿轮

表 5-1　TY120 型推土机变速器各挡动力传递顺序

挡位	齿轮拨移方向	动力传递顺序	传动比
前进一	←7　5→	10→1→9→7→8→5→15→4	3
前进二	←7　6←	10→1→9→7→8→6→13→4	1.88
前进三	←7　16→	10→1→9→7→8→16→12→4	1.57
前进四	←7　17←	10→1→9→7→8→17→11→4	1.09
前进五	3→	10→3→14→4	0.65
倒退一	→7　5→	10→2→7→8→5→15→4	2.50
倒退二	→7　6←	10→2→7→8→6→13→4	1.56
倒退三	→7　16→	10→2→7→8→16→12→4	1.31
倒退四	→7　17←	10→2→7→8→17→11→4	0.91

（2）互锁机构　互锁机构的作用是防止同时挂上两个挡位。TY120 型推土机变速器采用了由导向板和限制器组成的摆架式互锁机构（见图 5-11），它是由一个可以摆动的铁架用轴销悬挂在操纵机构壳体内，变速杆下端置于摆架中间，可以做纵向移动。摆架两侧有卡铁 A 和 B，当变速杆下端在摆架中间移动而拨动某一根拨叉轴时，卡铁 A 和 B 卡在相邻拨叉轴的拨槽中，防止相邻拨叉轴也被同时拨动，从而避免了同时换上两个挡。

有的推土机是采用框板式互锁机构，如图 5-12 所示。它是用一块具有“王”字形导槽的铁板，每一导槽对准着一根拨叉轴。变速杆下端只能在导槽中移动，使其不会同时拨动两根拨叉轴，避免同时挂上两个挡位。

（3）自锁机构　自锁机构的作用是保证变速器内各齿轮处在正确的工作位置上，且在工作中不会自动脱挡，其结构如图 5-13 所示。在每个拨叉轴上铣有 3 个 V 形槽，具有 V 形端头的锁销在锁销弹簧的压力下曲嵌在 V 形槽中，锁定了拨叉轴的位置，避免自动脱挡。

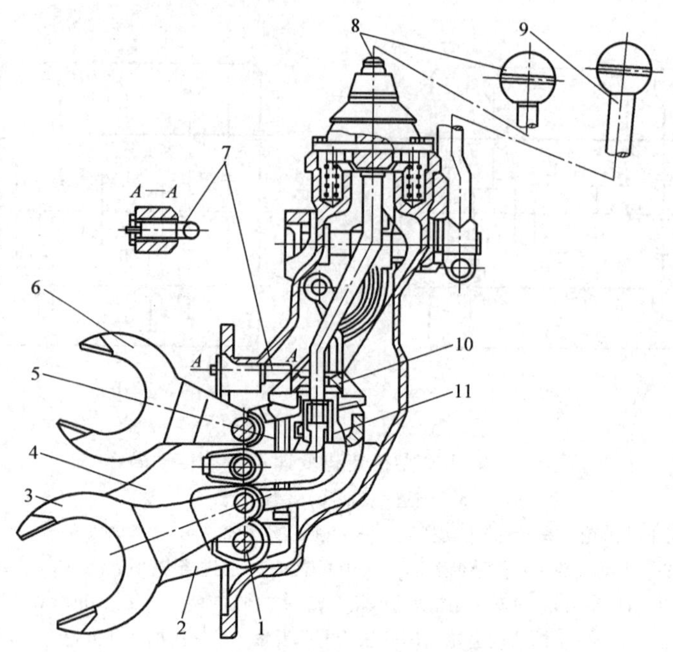

图 5-10 TY120 型推土机变速器操纵机构（横剖图）

1—第四拨叉轴 2—换向齿轮拨叉 3——、二挡拨叉 4—三、四挡拨叉 5—第一拨叉轴 6—五挡拨叉 7—弹簧挡销 8—变速杆 9—换向杆 10—限制器 11—导向板

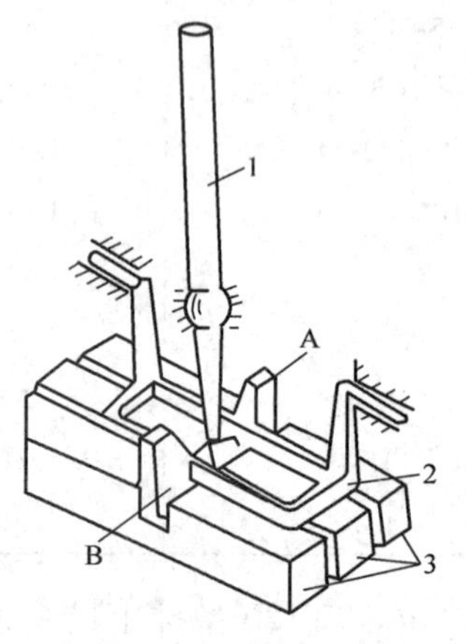

图 5-11 摆架式互锁机构

1—变速杆 2—摆架 3—拨叉轴 A、B—卡铁

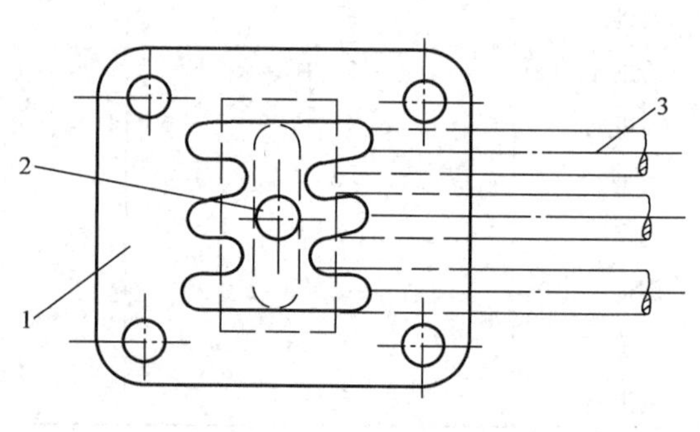

图 5-12 框板式互锁机构

1—导向框板 2—变速杆 3—拨叉轴

当拨动拨叉轴换挡时，V 形槽的斜面顶起锁销，拨叉轴移动，直至锁销再次嵌入相邻的 V 形槽中。V 形槽之间的距离保证了拨叉轴换挡移动时的距离，从而保证了工作挡齿轮的正常啮合位置。拨叉轴上的 3 个 V 形槽实现了 2 个工作挡位和 1 个空挡位。

（4）联锁机构 联锁机构的作用是防止离合器未分离时变速器挂挡，其结构如图 5-13 所示。驾驶员压下离合器操纵杆使离合器分离时，连接拉杆 3 被带动右移，经摆动杠杆 1，使联锁轴 2 逆时针转动 13°，如图 5-13b 所示，联锁轴上的凹槽正对着锁销 5。此时，变速器拨叉轴 7 可以移动，实现换挡。待换挡结束，驾驶员拉起离合器操纵杆，离合器接合，连接拉杆 3 被带动左移，经摆动杠杆 1，使联锁轴 2 顺时针转动 13°，如图 5-13a 所示，联锁

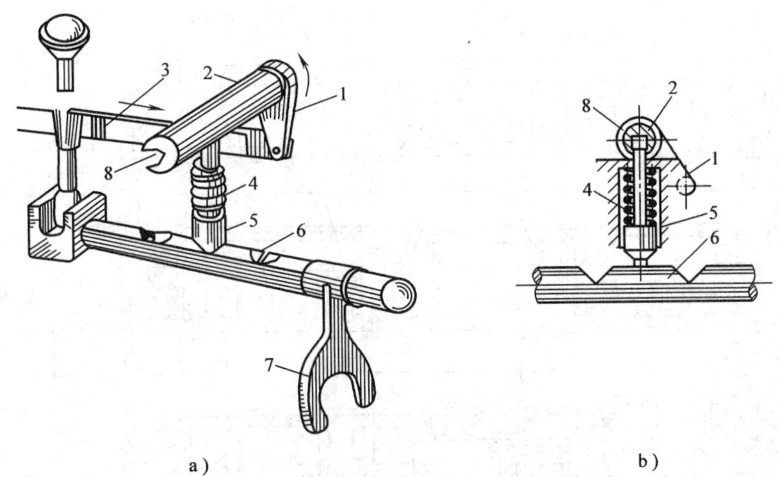

图 5-13　变速器自锁机构和联锁机构

a）离合器接合时　b）离合器分离时

1—摆动杠杆　2—联锁轴　3—连接拉杆　4—锁销弹簧　5—锁销　6—拨叉轴　7—拨叉　8—V 形槽

轴 2 以圆柱面顶住锁销 5，使锁销的另一端抵靠在拨叉轴 6 相应的 V 形槽内，拨叉轴不能移动，所以在离合器接合时不能换挡，也使已啮合的齿轮不会自动脱挡。

5.2.2　TY180 型推土机变速器

在当代的机械换挡推土机变速器中，多采用啮合套换挡，属于常啮合式变速器。由于采用啮合套和常啮合斜齿轮，其换挡操作轻便，传动平稳，噪声较小。一般采用强制润滑，效果较好，且可延长使用寿命。

TY180 型推土机变速器属于常啮合式，它有 5 个前进挡和 4 个倒退挡，换挡是通过拨动啮合套实现的。如图 5-14 所示，它主要由 3 根轴、16 个常啮合齿轮、8 个滚柱轴承和 4 个啮合套及啮合套毂组成。在这些常啮合齿轮中，2 个主动齿轮 3 和 4，以及 5 个从动齿轮 13、15、20、24 和 26 都是以其内花键装在相应的输入轴和输出轴上的。前进挡双联齿轮 32 通过 2 个滚柱轴承装在输出轴的前端，随前进挡主动齿轮 3 在轴上旋转。6 个中间齿轮 18、21、22、25、28、30 和五挡主动齿轮 7 都是通过衬套 6 装在轴上的，作为换挡齿轮。

啮合套 19、23、29 和 9 分别装在自己的啮合套毂 10 上，各啮合套毂则用花键装在轴上，并靠近相应的换挡齿轮，啮合套与啮合套毂共同组成随轴转动的接合器。在啮合套的外圆上有环槽，以放置拨叉使其轴向拨动。全部啮合套都处在啮合套毂时，变速器为空挡。如果将啮合套轴向拨移到使其内齿同时与相邻的换挡齿轮的轮毂外齿相啮合时，就可以使该齿轮随轴转动。这就是常啮合齿轮式变速器的挂挡过程。在中间轴 17 的前端装有自由常转的倒顺挡中间轴齿轮 28 与 30，它们也要经过换向啮合套 29 的拨移，才能带动中间轴做正向或反向转动。中间轴转动后，装在它上面的四个换挡齿轮 18、21、22 与 25 此时并不转动，即变速器仅处于空挡状态。因此，必须再拨移中间轴上 2 个换挡啮合套中的任意 1 个，才能使中间轴上相应的换挡齿轮随轴转动，从而将动力传递给输出轴上相应的从动齿轮。

综上可知，顺挡或倒挡的一至四挡挂挡操作时，必须同时拨动一个倒顺挡啮合套和一个换挡啮合套才行，而前进第五挡只要拨移该挡的啮合套即可。

TY180 型推土机变速器各挡动力传递顺序如图 5-15、表 5-2 所示。

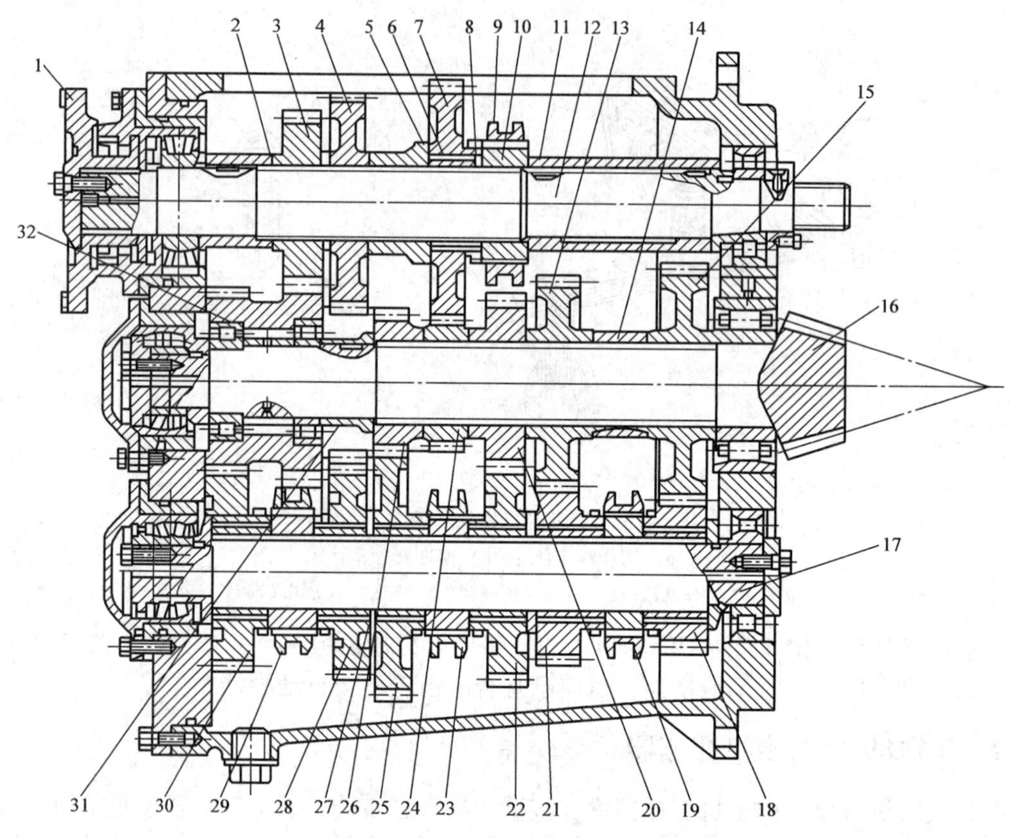

图 5-14 TY180 型推土机变速器

1—输入轴接盘 2、5、11、14、31—隔套 3—前进挡主动齿轮 4—倒挡主动齿轮 6—衬套 7—五挡主动齿轮 8—内齿套 9—五挡啮合套 10—啮合套毂 12—输入轴 13—二挡从动齿轮 15—一挡从动齿轮 16—输出轴 17—中间轴 18—一挡中间轴齿轮 19—一、二挡啮合套 20—三挡从动齿轮 21—二挡中间轴齿轮 22—三挡中间轴齿轮 23—三、四挡啮合套 24—五挡从动齿轮 25—四挡中间轴齿轮 26—四挡从动齿轮 27—隔圈 28—倒挡中间轴齿轮 29—倒顺挡啮合套 30—前进挡中间轴齿轮 32—输出轴前进挡双联齿轮

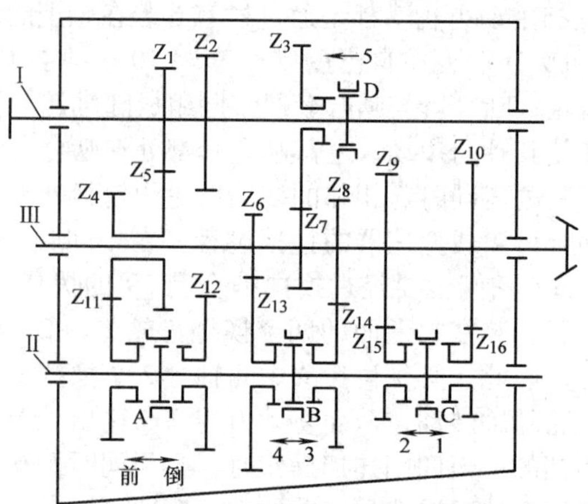

图 5-15 TY180 型推土机变速器各挡传动简图

表 5-2　TY180 型推土机变速器各挡动力传递顺序

挡位	啮合套拨动方向	动力传递顺序
前进一	←A　C→	$\mathrm{I}\to Z_1\to Z_5\to Z_4\to Z_{11}\to A\to \mathrm{II}\to C\to Z_{16}\to Z_{10}\to \mathrm{III}$
前进二	←A　C←	$\mathrm{I}\to Z_1\to Z_5\to Z_4\to Z_{11}\to A\to \mathrm{II}\to C\to Z_{15}\to Z_9\to \mathrm{III}$
前进三	←A　B→	$\mathrm{I}\to Z_1\to Z_5\to Z_4\to Z_{11}\to A\to \mathrm{II}\to B\to Z_{14}\to Z_8\to \mathrm{III}$
前进四	←A　B←	$\mathrm{I}\to Z_1\to Z_5\to Z_4\to Z_{11}\to A\to \mathrm{II}\to B\to Z_{13}\to Z_6\to \mathrm{III}$
前进五	D←	$\mathrm{I}\to D\to Z_3\to Z_7\to \mathrm{III}$
倒退一	→A　C→	$\mathrm{I}\to Z_2\to Z_{12}\to A\to \mathrm{II}\to C\to Z_{16}\to Z_{10}\to \mathrm{III}$
倒退二	→A　C←	$\mathrm{I}\to Z_2\to Z_{12}\to A\to \mathrm{II}\to C\to Z_{15}\to Z_9\to \mathrm{III}$
倒退三	→A　B→	$\mathrm{I}\to Z_2\to Z_{12}\to A\to \mathrm{II}\to B\to Z_{14}\to Z_8\to \mathrm{III}$
倒退四	→A　B←	$\mathrm{I}\to Z_2\to Z_{12}\to A\to \mathrm{II}\to B\to Z_{13}\to Z_6\to \mathrm{III}$

5.3　动力换挡变速器的构造与工作原理

动力换挡变速器按齿轮传动形式分为定轴式和行星齿轮式 2 种类型，它们属于常啮合齿轮式，依靠液压控制的离合器来进行换挡，操作轻便，可不停机换挡，有利于提高工程机械的生产率。

5.3.1　ZL35 型装载机定轴式动力换挡变速器

ZL35 型装载机定轴式动力换挡变速器是平行五轴常啮合齿轮式，如图 5-16 所示，有 4 个前进挡和 4 个倒退挡。

1. 变速传动机构

ZL35 型装载机的变速器除输出轴外，其他 4 根轴分别在轴端装有一个液压操纵多片湿式摩擦离合器。其中 2 个离合器完成变速，2 个离合器完成行驶方向的变换。高、低挡的变换则采用机械式操纵，靠拨动啮合套 12 完成。因此，变速器除了进行倒、顺挡变换需要驻车外，对 4 个液压离合器的操纵都在装载机行进中完成。从换挡方式看，该变速器是动力换挡与机械换挡（通过啮合套）的组合式，其优点是可以减少换挡离合器，结构较简单；缺点是换挡操作较麻烦。

ZL35 型装载机变速器动力传动路线如图 5-17 所示，变速器的各挡传动路线见表 5-3。ZL35 型装载机变速器的动力从 *A* 端输入后，可分 *B*、*C* 两路分别将动力传往前、后驱动桥。当只需前桥驱动时，可将后桥驱动离合套 11 松开。近年来，许多装载机上已不装后桥驱动离合套。

2. 操纵机构

ZL35 型装载机变速器是通过液压操纵多片湿式摩擦离合器进行换挡的，4 个换挡离合器的结构完全相同。多片湿式摩擦离合器换挡原理如图 5-18 所示，离合器内鼓 14 通过花键与轴相连，外鼓 4 则通过花键套与齿轮相连，来自变速操纵阀的高压油经油路进入活塞腔内，推动活塞 6，通过内压盘 8 将装在内鼓外花键上的主动摩擦片 9 压紧在从动摩擦片 10 上后，使换挡离合器接合，此时传动齿轮与轴暂时固连而传递动力。变速操纵阀切断压力油路，活塞便在回位弹簧 11 作用下恢复原位，于是主、从摩擦片分离，使松开离合器，不能传递动力。如此，通过液压系统操控相关离合器的接合与分离，即可实现某一挡位。图5-18

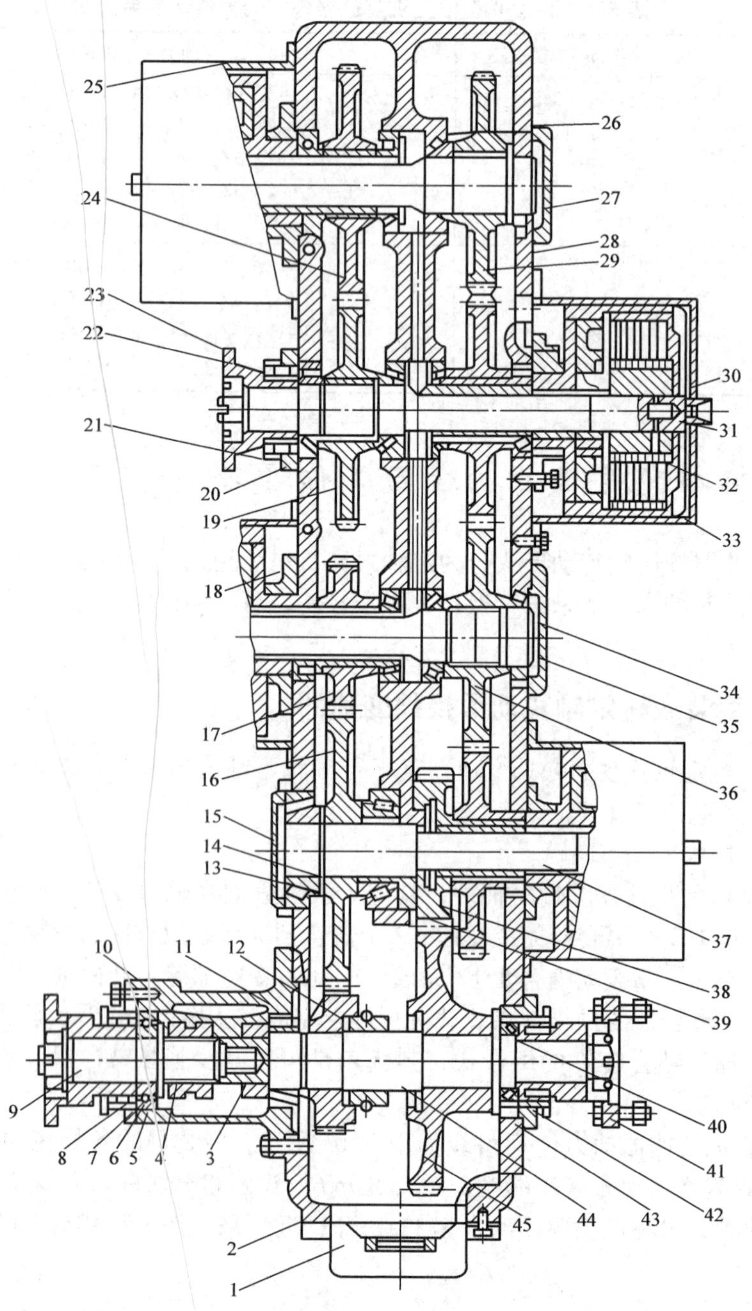

图 5-16 ZL35 型装载机定轴式动力换挡变速器

1—底壳 2、7、14—垫片 3、5、43—卡环 4—后桥驱动离合套 6、13、26、27、39、40—轴承 8、15、20、35、42—侧盖 9、34、37、44—轴 10—连接壳 11、16、17、19、24、29、36、38、45—齿轮 12—啮合套 18—中间隔盘 21—油封盖 22—油封 23、41—连接凸缘 25、30—离合器壳 28—变速器体 31—油孔 32—锁止垫片 33—离合器外鼓

所示的离合器有 7 片主动摩擦片，其表面上烧结有铜基粉末冶金；从动摩擦片有 6 片。离合器壳体上装有钢球卸压阀，其功能是在松开离合器时自动回油，使离合器片迅速分离彻底。

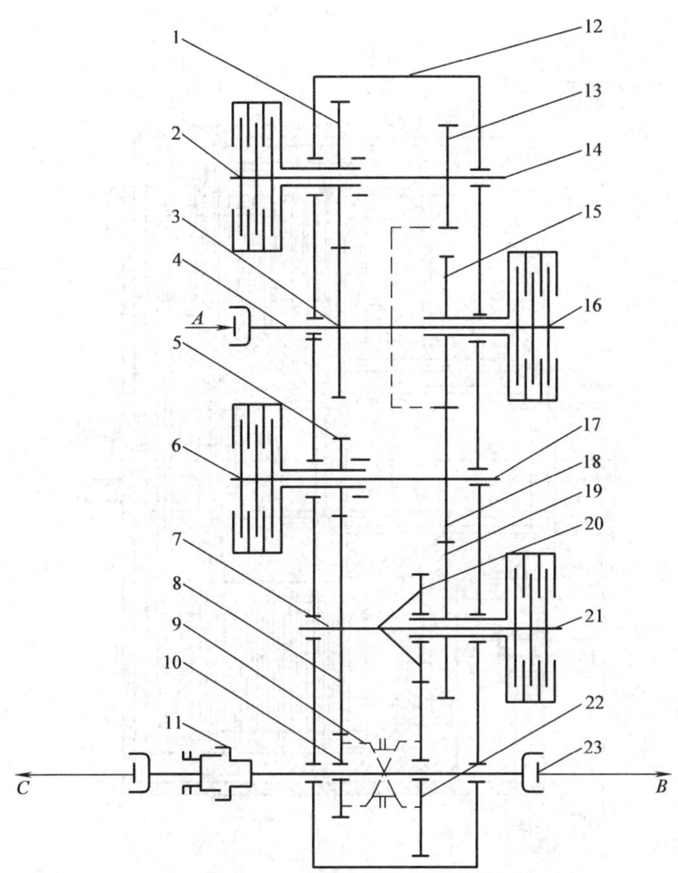

图 5-17　ZL35 型装载机变速器动力传动路线简图

1、3、5、8、10、13、15、18、19、20、22—齿轮　2—倒挡离合器　4、7、14、17、23—轴
6— 一、三挡离合器　9—啮合套　11—后桥驱动离合套　12—变速器体　16—前进挡离合器　21—二、四挡离合器

表 5-3　ZL35 型装载机变速器各挡动力传递顺序

挡位	啮合套位置	接合的离合器	动力传递顺序
前进 1	右	16、6	4→16→15→18→17→6→5→8→7→20→22→9
前进 2	右	16、21	4→16→15→18→19→21→7→20→22→9
前进 3	左	16、6	4→16→15→18→17→6→5→8→10→9
前进 4	左	16、21	4→16→15→18→19→21→7→8→10→9
倒退 1	右	2、6	4→3→1→2→14→13→18→17→6→5→8→7→20→22→9
倒退 2	右	2、21	4→3→1→2→14→13→18→19→21→7→20→22→9
倒退 3	左	2、6	4→3→1→2→14→13→18→17→6→5→8→10→9
倒退 4	左	2、21	4→3→1→2→14→13→18→19→21→7→8→10→9

变速器的操纵阀工作原理如图 5-19 所示，它是由变速阀、倒顺挡换向阀和离合器分离阀构成的组合阀，位于同一阀体内，并装在变速器盖上。压力油经离合器分离阀，流向变速阀和换向阀。变速阀与换向阀各控制 2 个离合器，它们的结构完全相同，由共用的阀体、阀杆和定位器（钢球和弹簧）3 部分组成。

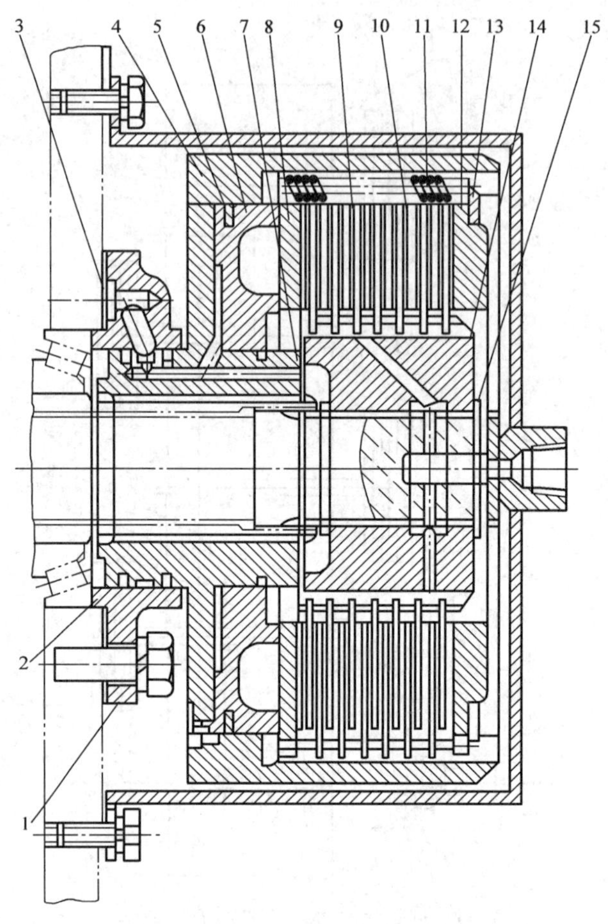

图 5-18 换挡离合器

1—轴承盖 2—油封环 3—油封圈 4—外鼓 5—活塞密封圈 6—活塞 7、13、15—卡环 8—内压盘 9—主动摩擦片 10—从动摩擦片 11—回位弹簧 12—外压盘 14—内鼓

换挡离合器处于分离状态，变速阀和换向阀的阀杆位于中间位置时，变速器在空挡位置。此时，从离合器分离阀 d 口来的压力油，经 e 口不能进入变速阀和换向阀内，故油泵 1 从变速器油底壳吸入的压力油只能经进口压力阀 10 重新返回油底壳。与此同时，变速器换挡离合器内的压力油分别经变速阀和换向阀的 f、g 口流向油底壳，从而解除了换挡离合器的压力，使其处于分离状态。

需要挂挡时，即欲使某 1 个或 2 个换挡离合器接合，只需拉动相应的变速阀或换向阀阀杆，使其处于左端或右端位置。当变速阀阀杆处于左端（见图 5-19b），此时经离合器分离阀 d 口来的压力油从 e 口进入变速阀，然后由 f 口流入相应的换挡离合器内，在此压力油作用下使该换挡离合器处于接合位置，从而实现换挡。

装载机制动时，换挡离合器自动分离，使变速器自动脱挡，以减少发动机的动力消耗。为此设一离合器分离阀，它的工作原理如下为，当装载机制动时，由制动总泵分出的一路压力油经离合器分离阀的 a 口进入阀内，推动阀芯左移（见图 5-19c），由油泵来的压力油入口 b 被堵死。同时，接通油底壳的 c 口和压力油出口 d，使换挡离合器内的压力油经变速阀

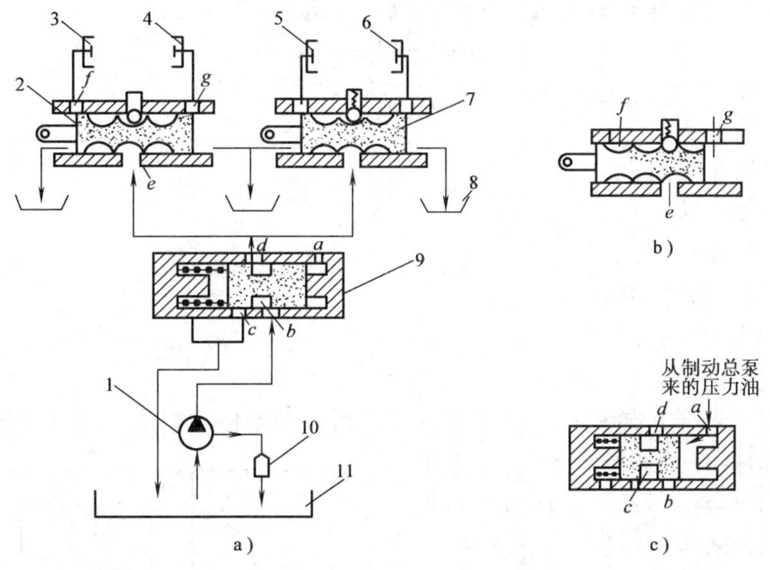

图5-19　变速操纵阀工作原理

1—油泵　2—变速阀　3—一、三挡离合器　4—二、四挡离合器　5—前进挡离合器　6—倒挡离合器　7—倒顺挡换向阀　8、11—油底壳　9—离合器分离阀　10—进口压力阀

的 f、e 口（见图5-19b）和离合器分离阀的 d、c 口（图5-19c）流向油底壳，从而使换挡离合器卸压分离，变速器脱挡。待制动结束，制动总泵卸压时，离合器分离阀阀芯在左端弹簧作用下复位，将 c 口堵死，使 b、d 口接通，由油泵来的压力油经 b 口进入阀内，再从 d 口流出，从 e 口进入变速阀内，经变速阀 f 口进入换挡离合器内，使换挡离合器重新接合，变速器恢复到制动前的挡位。

5.3.2　行星齿轮式动力换挡变速器

行星齿轮式变速器是由简单行星排组成。由于行星排中有轴线旋转的行星轮，故行星齿轮式变速器只能采用动力换挡的方式。

行星齿轮式动力换挡变速器具有结构紧凑、传动比大及传递转矩能力大等特点，在工程机械上得到了广泛的应用，如装载机、铲运机及平地机等均采用了这种形式的变速器。

1. 行星排工作原理

如图5-20所示，单排行星齿轮机构由太阳轮1、齿圈2、行星架3和行星齿轮4组成。太阳轮1、齿圈2和行星架3称为基本构件。行星齿轮同时与太阳轮和齿圈啮合，在两者之间起着中间轮的作用。行星齿轮的轴线不是固定的，它既绕本身的轴线自转，同时还随行星架绕太阳轮公转。行星齿轮机构动力的传递是通过3个基本构件实现的。因此，行星齿轮机构的传动比是指基本构件之间的传动比。在行星齿轮机构传递运动过程中，行星轮只起到传递运动的惰轮作用，与传动比无直接关系。

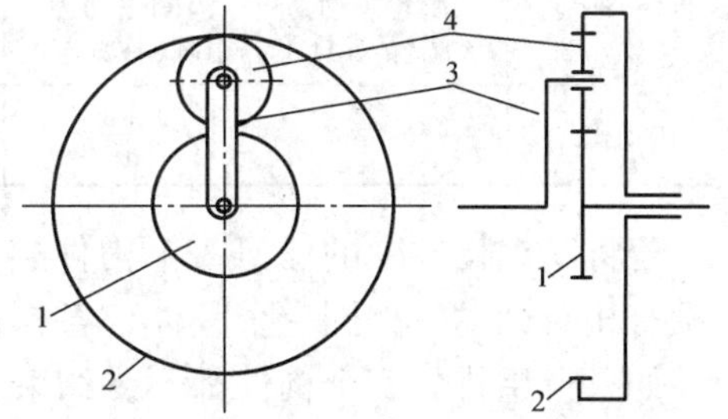

图5-20　单排行星齿轮机构简图

1—太阳轮　2—齿圈　3—行星架　4—行星齿轮

由机械原理可知，单排行星齿轮机构转速方程式为

$$n_t + \alpha n_q - (1+\alpha) n_j = 0$$

$$\alpha = \frac{Z_q}{Z_t}$$

式中 n_t——太阳轮转速；
n_q——齿圈转速；
n_j——行星架转速；
α——行星排特性参数；
Z_q——齿圈齿数；
Z_t——太阳轮齿数。

由上式可见，行星齿轮机构3个基本构件均可以根据传动要求，将其中任意一个构件固定，使另外两构件分别与传动系中的主动部件和从动部件连接。根据不同的选择可得到6种不同传动比的传动方案（见图5-21）。

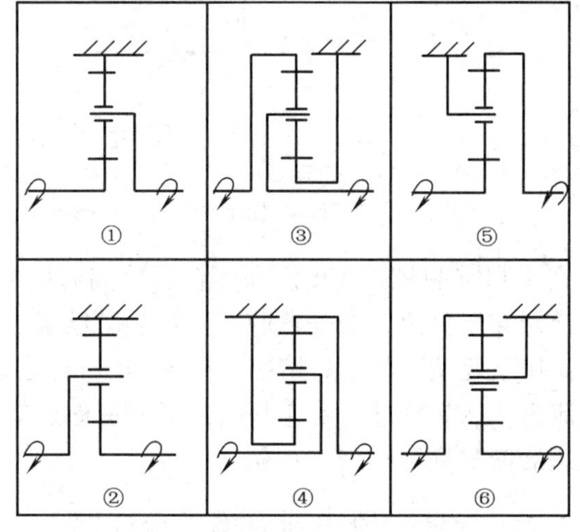

图5-21 单排行星齿轮机构的传动方案

例如，在方案①中，齿圈固定，太阳轮为主动件，行星架为从动件。此时，因齿圈转速 $n_q=0$，由单排行星齿轮机构转速方程式可得

$$n_t - (1+\alpha) n_j = 0$$

故传动比 $$i_{tj} = \frac{n_t}{n_j} = 1+\alpha$$

由于 $\alpha>1$，故 $i_{tj}>1$，即为减速运动。

在方案⑤中，行星架固定，太阳轮为主动件，齿圈为从动件，此时 $n_j=0$，故传动比 $i_{tq}=\frac{n_t}{n_q}=-\alpha$，负号表示 n_t 与 n_q 转向相反，故为倒挡减速运动。

同理可得其他方案的传动比，见表5-4。

表5-4 单排行星齿轮机构6种方案的传动比

传动类型	行星架从动为减速		行星架主动为增速		行星架固定为倒转	
	太阳轮主动为大减（方案①）	齿圈主动为小减（方案③）	太阳轮从动为大增（方案②）	齿圈从动为小增（方案④）	太阳轮主动为减速（方案⑤）	齿圈主动为增速（方案⑥）
传动比	$1+\alpha$	$\frac{1+\alpha}{\alpha}$	$\frac{1}{1+\alpha}$	$\frac{\alpha}{1+\alpha}$	$-\alpha$	$-\frac{1}{\alpha}$

若将3个构件中的任何2个构件连成一体，则行星排中所有构件（包括行星轮）之间都没有相对运动，如同一个整体，各构件以同一转速旋转，传动比为1，从而形成直接挡传动。如果行星排中3个构件都不受约束，则各构件处于运动不定的自由状态，此时行星排不能传递运动。工程机械使用的行星齿轮变速器一般都是由以上若干个单排行星齿轮机构组成的，以满足工程机械的运行要求。

2. ZL50 型装载机行星式动力换挡变速器

如图 5-22 所示，与该变速器配用的液力变矩器具有一级、二级两个涡轮（称为双涡轮液力变矩器），分别用两根相互套装在一起，并与齿轮做成一体的一级、二级输出齿轮（轴）将动力通过常啮齿轮副传给变速器。由于常啮齿轮副的速比不同，故相当于变矩器加

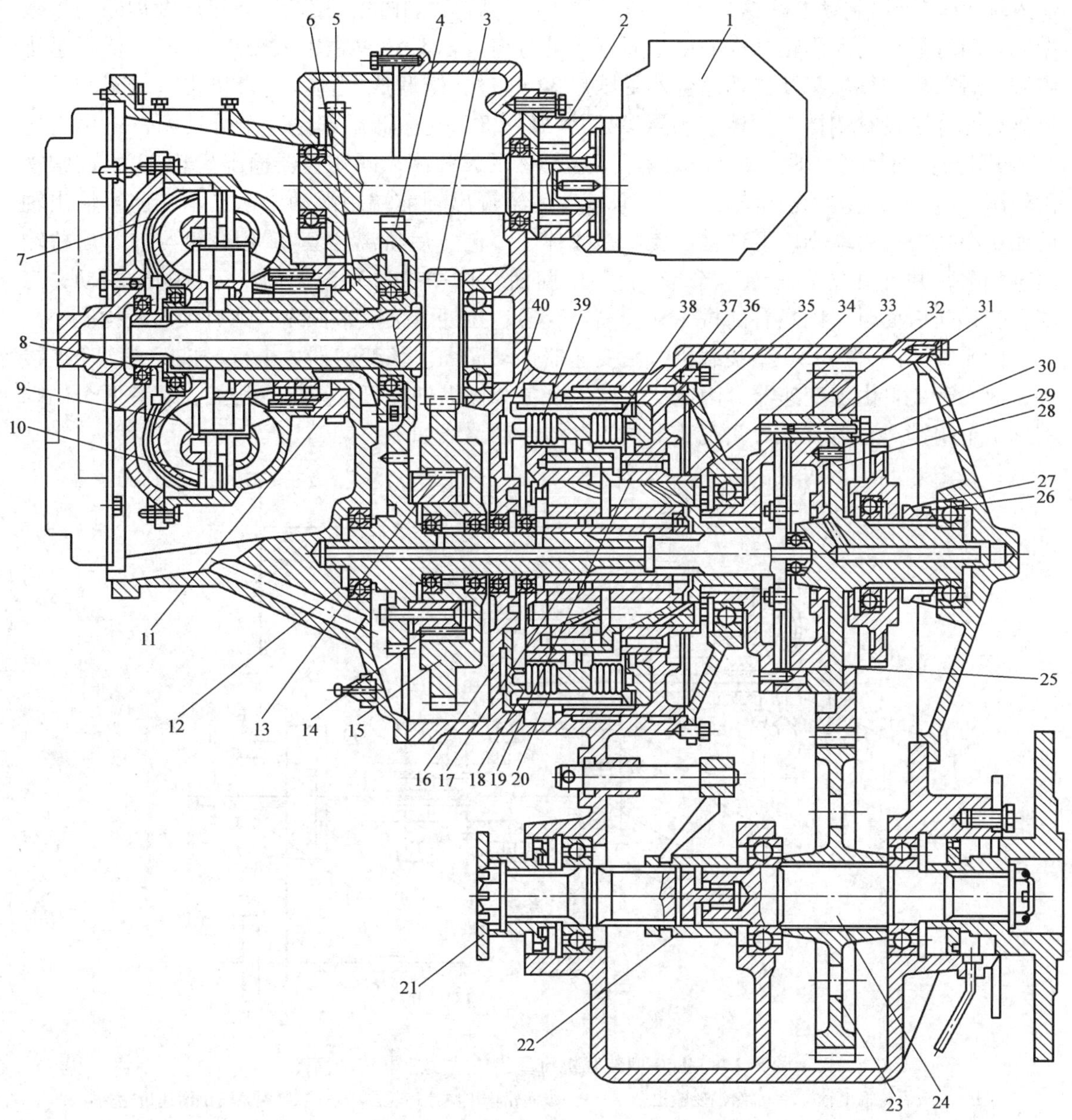

图 5-22　ZL50 型装载机液力机械传动图

1—工作油泵　2—变速油泵　3—一级涡轮输出齿轮（轴）　4—二级涡轮输出齿轮（轴）　5—变速油泵输入齿轮　6—导轮座　7—二级涡轮　8—一级涡轮　9—导轮　10—泵轮　11—分动齿轮　12—变速器输入齿（轴）　13—单向离合器滚子　14—单向离合器凸轮　15—单向离合器外环齿轮　16—太阳轮　17—倒挡行星轮　18—倒挡行星架　19—一挡行星轮　20—倒挡齿圈　21—后桥输出轴　22—前、后桥离合套　23—变速器输出齿轮　24—前桥输出轴　25—输出齿轮　26—二挡输入轴　27—离合套　28—二挡油缸　29—“三合一”机构输入齿轮　30—二挡活塞　31—二挡制动器摩擦片　32—二挡离合器受压盘　33—倒挡、一挡连接盘　34—一挡行星架　35—一挡油缸　36—一挡活塞　37—一挡齿圈　38—一挡制动器摩擦片　39—倒挡制动器摩擦片　40—倒挡活塞

上一个两挡自动变速器，它随外载荷的变化而自动换挡。双涡轮变矩器高效率范围较宽，故可相应减少变速器挡数，以简化变速器结构。

ZL50 型装载机的行星式变速器采用了结构简单的方案，由 2 个行星排组成，只有 2 个前进挡和 1 个倒挡。输入轴 12 和输入齿轮做成一体，与二级涡轮输出齿轮 4 常啮合；二挡输入轴 26 与二挡制动器摩擦片 31 连成一体。前、后行星排的太阳轮、行星轮及齿圈的齿数相同。两行星排的太阳轮制成一体，通过花键与输入轴 12、二挡输入轴 26 相联。前行星排齿圈、后行星排行星架及二挡离合器受压盘 32 通过花键联成一体。前行星排行星架和后行星排齿圈分别设有倒挡、一挡制动器摩擦片 39、38。变速器后部是一个分动箱，输出齿轮 25 用螺栓与二挡油缸 28、二挡离合器受压盘 32 联成一体，同变速器输出齿轮 23 组成常啮齿轮副，后者用花键和前桥输出轴 24 联接。后桥输出轴前端用滑动轴承支承在前桥输出轴后面中心孔内；后端则以滚珠轴承支承在壳体上。前、后桥离合套 22 用花键与前、后桥输出轴相联，并可由拨叉拨动。当离合套移向前面（图中位置）时，前、后桥同时驱动；当离合套移向后面时，则只有前桥驱动。离合套通过拉杆、拨叉来操纵，并有锁定机构。

图 5-23 所示为 ZL50 型装载机行星变速器传动简图。该变速器 2 个行星排间有 2 个连接件，故属于 2 自由度变速器。因此，只要接合 1 个操纵件即可实现 1 个排挡，现有两个制动器和 1 个闭锁离合器，共可实现 3 个挡。具体传动路线如下：

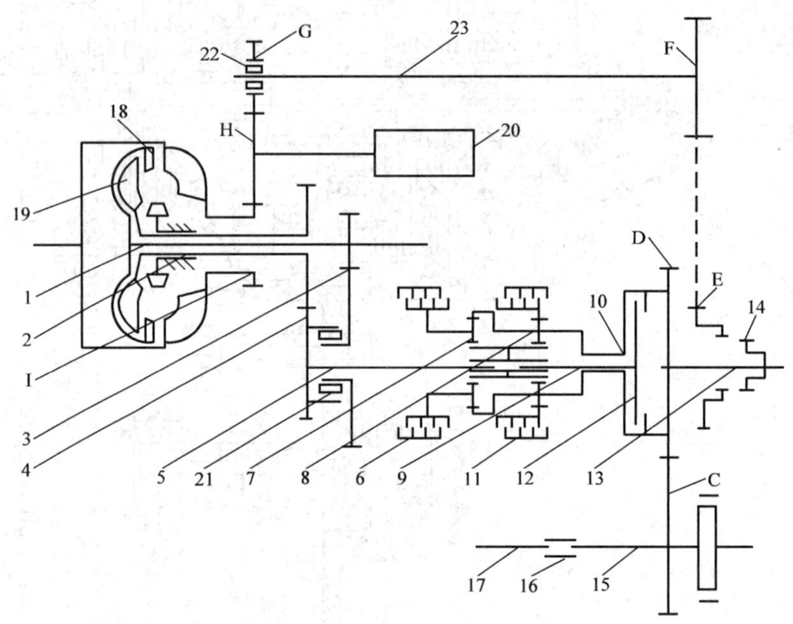

图 5-23 ZL50 型装载机行星齿轮式变速器传动简图

1—一级涡轮输出轴 2—二级涡轮输出轴 3—一级涡轮输出减速齿轮副 4—二级涡轮输出增速齿轮副 5—变速器输入轴 6、11—制动器 7、8—前、后行星排 9—二挡输入轴 10—二挡受压盘 12—闭锁离合器 13—二挡油缸轴 14—离合套 15—前桥输出轴 16—前、后桥离合器 17—后桥输出轴 18—一级涡轮 19—二级涡轮 20—转向泵 21、22—单向离合器 23—轴

1）前进一挡。当接合制动器 11 时，实现前进一挡传动。这时，制动器 11 将后行星排齿圈固定，而前行星排则处于自由状态，不传递动力，仅后行星排传动。动力由变速器输入轴 5 经太阳轮从行星架、二挡受压盘 10 传出，并经分动箱常啮齿轮副 C、D 传给前、后驱

动桥。由于只有一个行星排参与传动，故速比计算很简单。这里是齿圈固定，太阳轮主动，行星架从动，属于表 5-4 中的方案①，即得前进一挡行星排的传动比 $i_1=1+\alpha$。

2）前进二挡。当闭锁离合器 12 接合时，实现前进二挡。这时闭锁离合器将变速器输入轴 5、二挡输入轴 9 和二挡受压盘 10 直接相连，构成直接挡，此时行星排传动比 $i_2=1$。

3）倒退挡。当制动器 6 接合时实现倒退挡。这时，制动器将前行星排行架固定，后行星排空转不起作用，仅前行星排传动。因为行星架固定，太阳轮主动，齿圈从动，属于表 5-4 中的方案⑤，即得倒退挡行星排的传动比 $i_{倒}=-\alpha$。

下面介绍“三合一”机构的功能。

液力机械传动的液压操纵油泵和转向油泵都由发动机直接带动。当发动机熄火时，这些油泵也不转动，因而不能产生压力油。这时变速器换挡制动器与离合器就无法接合而处于空挡位置，转向操纵也无法进行。因此，采用了这类传动系统的装载机不能拖起动（即挂上挡，用牵引车辆拖动工程机械，从而起动发动机）；当发动机熄火后，不能转向；不能利用发动机进行排气制动（即当工程机械运行时，不松开离合器，并挂上挡，利用发动机转动时的摩擦阻力和气缸内的压缩阻力，使工程机械速度降低，起到制动作用）。

为了解决上述问题，ZL50 型装载机传动系统中设有“三合一”机构。

如图 5-23 所示，“三合一”机构是由二挡油缸轴 13，离合套 14，齿轮 E、F、G、H、I 以及单向离合器 22 等组成。

当司机操纵离合套 14 与齿轮 E 的内齿圈啮合后，“三合一”机构接通。这时，车轮的转动通过齿轮 C、D 带动了轴 13，并经离合套 14 将动力传给齿轮 E，经齿轮 F、轴 23 及单向离合器 22 传给齿轮 G，再经过齿轮 H、I 带动转向泵 20，并经变矩器带动发动机转动，从而解决了发动机熄火后，不能拖起动、不能转向和不能利用柴油机排气制动这 3 个问题。

当发动机起动后，转速很快提高，动力传到不能反向传动的单向离合器 22 后，便被切断，以防止“三合一”机构被损坏。

5.4　机械换挡变速器的维修

5.4.1　机械换挡变速器的常见故障及其原因分析

1. 自动脱挡

（1）故障现象及危害

1）现象。自动脱挡也叫跳挡，指工程机械在正常工作情况下，未经人力操纵，变速杆连同齿轮（或啮合套）自动跳回空挡位置，使动力传递中断。

2）危害。自动脱挡对工程机械安全使用危害很大，尤其在坡道上行驶时，自动脱挡后不易重新挂挡，易造成溜车，引起严重事故。

（2）主要原因分析

1）齿轮（或啮合套）轴向分力过大。

① 变速器壳体变形过大。变速器壳体变形会使变速器各轴线间的平行度误差过大，使齿轮产生很大的轴向分力，当此轴向分力的方向与齿轮自动脱挡力方向一致时，即会造成自动脱挡。

② 齿面偏磨。变速器齿轮在频繁地换挡与传力过程中会使齿面偏磨，从而使齿面形成斜度，使啮合齿之间的相互作用力产生较大的轴向分力。齿轮磨损越严重、外负荷越大，则轴向分力越大。当轴向分力超过锁定力及摩擦力时即自动脱挡。变速器使用时间过长、缺油、油质较差及强行换挡等都会加剧齿面的偏磨。

③ 其他原因。变速器轴刚度差、齿轮与花键轴配合间隙过大、齿侧间隙过大等，也会使齿轮歪斜，传动中出现冲击等，从而产生较大的轴向推力。

2）锁定机构失效。汽车变速器自锁机构多为弹簧顶压钢球或锁定销结构。当弹簧变软或折断、钢球（或锁定销）与滑轨锁定槽边缘磨损较大时，其自锁力将大大减小，在较大齿轮轴向力作用下容易自动脱挡。推土机等工程机械变速器除自锁机构外，大多数设有与主离合器联动的刚性联锁机构，锁定力很大，因此一般不会自动脱挡。但当联锁机构损坏（如锁定销折断或锁定销与滑轨锁定槽边缘磨损过大）或联锁操纵失效（如联锁轴相对于摆动杠杆产生自由转动）时，会使锁定力减小，在主离合器接合状态下仍有可能自动脱挡。

3）滑轨未被锁定或齿轮啮合位置不当。变速杆变形、拨叉变形、拨叉与拨叉槽轴向间隙过大、拨叉与滑轨连接松动等，均可使变速杆在相应挡位下齿轮或滑轨未进入正常啮合位置或锁定位置，或滑轨虽被锁定，而齿轮轴向旷动量较大，在较大动载荷作用下，轴向力易超过锁定力而跳回空挡。

2. 挡位错乱

（1）故障现象及危害

1）现象。挡位错乱亦称乱挡，挂不上欲挂的挡位、实挂挡位与欲挂挡位不符、同时挂入两个挡位、只能挂入某一挡位、挂挡后不能退出均称为变速器乱挡。

2）危害。变速器乱挡后，工程机械无法正常工作。当同时挂入两个挡位时，轻则使发动机熄火，重则损坏齿轮，使轴变形，造成严重工程机械事故。

（2）主要原因分析　变速器乱挡的根本原因是变速齿轮或滑轨与变速杆间位置不正确，或两者间运动不协调。具体分析如下：

1）变速杆变形或拨头过度磨损。若变速杆侧向变形，当变速手柄位于某一挡位时，变速杆下端拨头可能位于另一挡位变速滑轨凹槽中，引起乱挡。当拨头磨损严重或沿变速方向变形时，变速手柄移至极限位置后，变速拨头可能脱出滑轨拨槽，形成挂不上挡，或挂上某一挡后，摘不下挡。当变速杆中间球铰磨损使变速杆上移时，会加速这种故障的发生。

2）滑轨互锁机构失效。为了防止同时挂入两个挡，一般变速器都设有互锁机构。长期使用后，互锁机构零件会产生磨损，如 CA1091 型汽车及 EQ1090 型汽车互锁钢球与滑轨间磨损、互锁销磨损、滑轨与导孔配合松旷等，即变速滑轨内边间的距离大于两钢球直径之和，造成互锁失灵。T120 型、TY180 型等推土机变速器均采用摆架式互锁装置，不易产生同时移动两个齿轮的故障。

3）变速拔叉与滑轨连接松脱。变速拨叉与变速滑轨连接松脱时，变速齿轮不受变速杆及滑轨的控制，容易出现窜位、脱挡，或同时挂入两个挡位。

3. 换挡困难

（1）故障现象及危害

1）现象。换挡困难主要表现为挂不上挡，或挂上挡后摘不下挡。

2）危害。变速器出现该故障将使工程机械无法正常工作。

（2）主要原因分析　换挡困难的原因除乱挡所述的内容以外，还可能有以下原因：

1）滑轨弯曲、锈死或为杂物所阻，移动不灵。

2）联锁机构调整不当，离合器分离时变速滑轨处于锁定位置。

3）离合器分离不彻底，小制动器失效，离合器轴不能停止转动，使挂挡困难。

4）锁定销或钢球、互锁机构等被脏物所阻而移动不灵时，也会造成换挡困难。

4. 变速器异响

（1）故障现象　变速器在正常情况下会有均匀的响声，这是由于传动件的传动、齿轮间摩擦及轴承转动等引起的，变速器磨合后此响声会变小。当响声不均匀，响声较大、尖刺、断续、沉重时，即为变速器异响。异响往往也是其他故障的表征。

（2）主要原因分析

1）轴承异响。变速器滚动轴承长期使用后，轴向间隙和径向间隙会因磨损而增大，滚动体与滚道表面易产生疲劳点蚀，缺油时易产生烧伤，故在高速下会因滚动体与滚道间的冲撞而产生细碎、连续的“哗哗”响声。变速器内缺油或润滑油过稀、过稠、品质不好等，也会造成轴承异响。空挡时响，而分离离合器后响声消失，一般为第一轴前、后轴承或常啮合齿轮响。如挂入任何挡都响，多为第二轴后轴承响。轴承异响是轴承间隙增大的表征，除会加速轴承、齿轮、变速轴的损坏外，高速回转时还容易使齿轮轴产生摇摆和扭振。

2）齿轮异响。齿轮异响的原因包括：齿轮加工精度低或牙齿磨损过大，间隙过大，啮合不良，啮合位置不正确；维修时未成对更换齿轮，使齿轮不能正确啮合：齿面硬度不足，刚度差，粗糙度值 Ra 较大，有疲劳剥落或个别轮齿损坏折断；齿轮与轴配合松旷，齿轮轴向间隙过大；箱体形位误差超限，齿轮轴刚度不足，变形过大；轴承松旷等引起齿轮啮合间隙改变，增大了齿轮噪声。

5. 变速器发热和漏油

（1）故障现象及危害　变速器发热是指其温度超过 60℃ 以上。变速器温度过高是其他故障的表征，且会缩短润滑油的使用寿命。变速器漏油是指其周围出现润滑油，而其箱内油量减少。

（2）主要原因分析

1）变速器发热的原因。当变速器轴承安装过紧、转动不灵或内外圈转动、保持架损坏等会使轴承发热增加；齿轮啮合间隙过小，啮合位置不正确，齿面滑移增大，挤压力增大，会使齿轮摩擦热增加；润滑油不足或品质不好时，运动件的润滑条件变坏，摩擦热增加，从而使变速器温度过高。

2）变速器漏油的原因。变速器漏油一般是由于润滑油选用不当、侧盖太松、密封垫损坏或遗失、油封损坏或遗失及箱体破裂等原因引起的。

5.4.2　机械换挡变速器的维护

1. 变速器内润滑油的检查和更换

定期检查变速器内润滑油的油量和质量。公路工程机械和汽车的变速器内润滑油面高度均以溢油口或油尺刻度为准。天气较热时，油面可与溢油口齐平；较冷时可低于溢油口10～15mm。工作中，因润滑油消耗使油面高度低于标准油面高度时，应及时添加。当季节变化和润滑油脏污时，应更换。换油应在工程机械工作结束后，润滑油尚未冷却时进行，以保证润滑油放得快而彻底，且可以使箱壁及底面上沉积的杂质放出，以减少清洗时的消耗。放油后，将相当于变速器充量1/3的清洗油（混合5%润滑油的煤油）加入变速器内进行清洗。为了清洗彻底，可使变速器在各挡下工作1~2min，然后放出清洗油液，并清除磁性螺塞上的铁屑和污垢，然后注入规定的润滑油至标准油面高度。

2. 变速器漏油的检查

变速器常发生漏油的部位是轴与轴承的动配合处，多由于油封状态不良（老化、磨损及破裂）或箱体破裂而引起。而放油塞处漏油则是由于垫片（过厚、过薄、破裂）或螺纹损坏。检查时应擦净外壳进行仔细观察。

3. 变速器的紧固

维护时，应擦拭变速器各部，检查变速器外壳与飞轮室的连接是否牢固；检查各拉杆连接是否牢固；轴承盖、变速器盖及输出轴凸缘等处的螺栓、螺母及弹簧垫圈应该完整，联接不应松动；如有松动应及时紧固。

4. 变速器的检查与调整排挡位置

根据工程机械的维护周期，按工程机械的维护说明书检查变速器的调整排挡位置、自锁装置和联锁装置等工作情况。如果不能正常工作，按照工程机械的维护说明书的规定进行调整。

5.4.3 机械换挡变速器主要零件的检修

1. 变速器箱体的损伤与检修

（1）箱体变形的检修　箱体变形后将破坏孔与孔、孔与平面间的位置精度。其中最主要的是影响同一根轴前后轴承孔的同轴度及各轴之间的平行度。其次是破坏箱体端面与孔的轴线的垂直度。

上平面的平面度误差较小时，可将其倒置于研磨平台上，用气门砂研磨修整。平面度误差较大时，应以孔的轴线定位进行磨削修整，以保证磨修后两者间的平行度。当孔心距及孔的轴线间平行度超限时，可用镗削加工法进行修整。镗削后镶套，再机加工，以恢复各孔间的位置精度。

（2）轴承座孔磨损的检修　一般轴承座孔配合间隙超过0.1mm时应予修复，否则会影响齿轮轴工作的稳定性。轴承座孔磨损较小时，可用机加工法去除不均匀磨损，用刷镀法恢复配合。孔的磨损较大时，可用镶套法修复孔径。镶套时，过盈量可取0.005~0.025mm。为安全起见，应在套与基体接缝处钻孔攻螺纹，旋入止动螺钉。

（3）箱体裂纹及螺纹孔损伤的检修　箱体裂纹多为制造缺陷，有时亦为工作时受力过大或维修操作不当所致。检验裂纹可用探伤法或敲击法。箱体裂纹发生在箱壁但不连通轴承座孔时，可用焊接法修复。当裂纹连通轴承或轴承座安装孔时，为安全起见，应更换新件。

螺纹孔损坏一般是由于拆卸、装配不当造成的。检验螺纹孔是否损坏一般用感觉法。螺纹孔损坏后，可采用维修尺寸法或镶套法修复。

2. 齿轮的损伤与检修

齿轮的主要损伤有齿面磨损、疲劳点蚀与拉伤及轮齿的裂纹与断裂。齿轮的检验除用目测法外，还可用测齿卡尺、公法线千分尺或普通游标卡尺进行测量。当齿面有轻微麻点，其面积不超过15%，边缘略有破损时，可用油石或小砂轮修整后继续使用。若齿厚磨损超过允许极限，麻点面积超过15%，轮齿有裂纹或断裂，应予以更换。

3. 轴承的损伤与检修

变速器滚动轴承的损伤包括滚动体与滚道表面磨损与疲劳点蚀、隔离圈损坏及轴承烧毁等。当滚动轴承径向间隙大于0.2～0.3mm、轴向间隙大于0.3～0.4mm，或产生严重疲劳点蚀时，应更换轴承。

4. 拨叉的损伤与检修

拨叉变形时，可用虎钳等进行冷压校正。拨叉脚侧面磨损使其与滑槽配合间隙大于1～1.5mm时，应用堆焊法修复叉脚，焊后磨修成形。拨叉脚与齿轮滑槽配合间隙为0.10～0.80mm。拨叉脚修磨后需要进行热处理，以保证其硬度。

5.5　动力换挡变速器的维修

5.5.1　动力换挡变速器的常见故障及其原因分析

1. 离合器摩擦片烧蚀

换挡离合器片发生烧结、粘着时，挡位不能解除。出现这种故障的原因是离合器接合时长期滑转或分离不清而引起主、从动摩擦片烧蚀，严重时烧结成一体，即使换挡阀在空挡位置，工程机械也会行驶。摩擦片烧蚀与操作有密切的关系。工程机械在使用中应严格遵守操作规程。起步挂挡前，发动机转速过高或不按挡位顺序换挡，则在换挡后，由于工程机械惯性的影响，使离合器主、从动摩擦片达到同步的时间延长，从而使主、从动摩擦片处于滑转状态的时间也延长，摩擦片极易烧蚀。离合器摩擦片烧蚀后，应该将其更换。

2. 自动脱挡

1）故障原因。换挡操纵阀的定位钢球磨损严重或弹簧失效，将导致换向操纵阀定位装置失灵而自动脱挡。

2）排除方法。检查是否为定位装置引起的故障，可用手扳动变速杆在前进、后退及空挡等几个位置时的感觉。如果变换挡位时，手上无明显阻力感觉，即为失效，应拆下检查；如果有明显的阻力感觉，则为正常。

3. 乱挡

1）故障原因。由于长期使用，换挡操纵杆的位置及长度发生变化，杆件比例不准确，使操作位置产生偏差，导致乱挡。

2）排除方法。检查是否为换挡操纵杆引起的故障。先拆去换挡阀杆与换挡操纵杆的联接销，用手拉动换挡滑阀，使滑阀处于空挡位置，再把操纵杆扳到空挡位置，调整合适后再将其连接。

4. 挂不上挡

1）故障原因：换挡位置不准确、离合器活塞漏油、变速压力低及箱体油路堵塞等。

2）排除方法。重新挂挡或检查变速器操纵阀；拆检更换离合器活塞矩形密封圈；拆洗疏通箱体油路。

5. 变速压力低

1）故障原因：主调压阀调整不当或弹簧折断失效；变速器油面过低；滤网或油道堵

塞；离合器漏油；变速油泵失效。

2）排除方法：重新调整或更换主调压阀弹簧；加油至油标位置；清洗或疏通过滤网或油道；更换矩形密封圈；检修或更换变速油泵。

6. 油温过高

1）故障原因：作业时间长；油箱内油量不足或过多；离合器摩擦片打滑；离合器脱不开。

2）排除方法：停车或怠速运转一段时间；加油至溢流孔位置；检查油压及密封环；检查离合器控制油路或操纵杆位置。

7. 某一挡变速油压低

1）故障原因：该挡活塞矩形密封圈损坏；该油路密封环损坏；该油路漏油或堵塞。

2）排除方法：更换活塞矩形密封圈；更换油路密封环；检查油路是否漏油或堵塞，并排除故障。

8. 系统漏油

1）故障原因：接头松动；密封圈损坏。

2）排除方法：拧紧接头；更换密封圈。

5.5.2 动力换挡变速器的维护

1. 液力传动油

严格按照生产厂家的工程机械使用说明书选用液力传动油，不同牌号的液力传动油不得混用。油箱油面必须在油尺指示范围内。用油必须清洁，加油时需防止杂质进入油液中。

2. 油温油压

动力换挡变速器工作时，油温一般应在 80～110℃，短时间不要超过 120℃，否则要停车冷却或检查有无故障，以免损坏密封件，引起漏油。变矩器补偿油压，出口油压、操纵阀油压、变速器润滑油压均必须在规定范围内。

3. 清洗换油

新变速器初期使用 50h 后更换全部液力传动油，并清洗变速器油底壳、过滤网及磁性放油螺塞。注意观察有无铝屑、铁屑出现，以便分析箱内传动件的磨损情况，并及时采取措施。以后每工作 600h 清洗、换油一次。

复习与思考题

一、填空题

1. 变速器一般位于汽车的（　　）与（　　）之间。

2. 普通齿轮变速器是利用不同齿数的齿轮啮合传动来实现（　　）和（　　）的改变。

3. 人力换挡变速器又称机械换挡变速器，通过机械式操纵机构来移动（　　）或（　　）进行换挡；而动力换挡变速器是通过（　　）进行换挡。

4. 人力换挡变速器包括（　　）机构和（　　）机构 2 大部分。

5. 为了保证变速器在任何情况下都能准确、安全、可靠地工作，变速器操纵机构一般都具有换挡锁止装置，包括（　　）装置、（　　）装置和（　　）装置。

6.（　　）是指工程机械在正常使用情况下，未经人力操纵，变速杆连同齿轮（　　）自动跳回空挡位置，使动力传递中断。

7. 挂不上欲挂的挡位、实挂挡位与欲挂挡位不符、同时挂入两个挡位、只能挂入某一挡位及挂挡后不能退出均称为变速器（　　）。

8.（　　）主要表现为挂不上挡，或挂上挡后摘不下挡。变速器出现该故障后使工程机械无法正常工作。

二、判断题

1. 变速器的变速换挡原理是借助不同齿轮的啮合传动来变换传动比。（　　）

2. 动力换挡变速器可以在运行中换挡，换挡平稳。（　　）

3. 工程机械变速器自锁装置可防止自动脱挡。（　　）

4. 变速器的自锁装置有防止自动脱挡和保证全齿轮长度啮合的作用。（　　）

5. 变速器的互锁装置有保证不能同时挂上两个挡的作用。（　　）

6. ZL50 装载机的变速器是机械式换挡变速器。（　　）

7. 工程机械变速器互锁装置可防止误挂倒挡。（　　）

三、单项选择题

1. 在工程机械底盘中，（　　）装置有互锁装置。

A. 减速器　B. 变速器　C. 离合器　D. 差速器

2. 在工程机械底盘中，（　　）装置有同步器。

A. 主减速器　B. 变速器　C. 离合器　D. 差速器

3. ZL50 装载机的变速器有（　　）。

A. 1 个前进挡和 2 个倒挡　B. 2 个前进挡和 2 个倒挡

C. 3 个前进挡和 1 个倒挡　D. 2 个前进挡和 1 个倒挡

4. 工程机械由低速挡换入高速挡，变速器输出轴的转速和转矩变化情况是（　　）。

A. 转速增大、转矩减小　B. 转速减小、转矩增大

C. 转速增大、转矩增大　D. 转速减小、转矩减小

5. 5 个前进挡手动机械式变速器中，传动比最小的挡位是（　　）

A. 一挡　B. 二挡　C. 四挡　D. 五挡

6. 变速器自锁装置的作用是（　　）。

A. 防止跳挡　B. 防止同时挂上 2 个挡　C. 防止误挂倒挡　D. 防止互锁

7. 齿轮沿齿长方向磨损成锥形会造成（　　）。

A. 跳挡　B. 乱挡

C. 挂挡困难　D. 换挡时齿轮相撞击而发响

8. 关于乱挡原因，下列说法错误的是（　　）。

A. 互锁装置失效，如拨叉轴、互锁销或互锁钢球磨损过大

B. 变速杆下端弧形工作面磨损过大或拨叉轴上拨块的凹槽磨损过大

C. 变速杆球头定位销折断或球孔、球头磨损后过于松旷

D. 自锁装置的钢球或凹槽磨损严重，自锁弹簧疲劳失效或折断

四、简答题

1. 简述变速器的功能。

2. 简述轮式工程机械变速器有哪几种锁止装置？各自的作用是什么？

3. 图 5-24 所示为 ZL50 装载机的变速器简图。已知：$Z_7=60$、$Z_2=22$。请回答下列问题。

1）写出标号 1、2、3、4、5、6、7 的名称。

2）此变速器能实现哪些挡位？计算各挡的传动比。

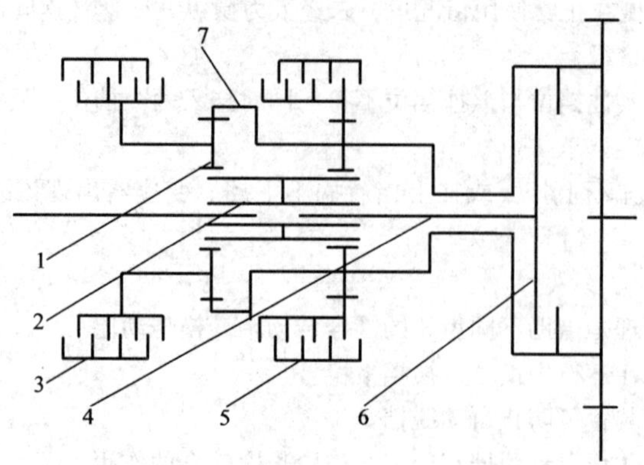

图 5-24　ZL50 装载机变速器简图

4. 简述机械换挡变速器的维护内容。

第 6 章　万向传动装置

本章重点介绍万向传动装置的应用，基本组成，以及等角速万向节和不等角速万向节的类型、结构、工作原理及特点，分析了万向传动装置的主要故障现象、故障原因和检修方法。

6.1　概述

6.1.1　万向传动装置的组成与功能

由于工程机械总体布置的需要和工程机械行驶的实际情况，在工程机械的传动系统中的主离合器与变速器之间或变速器与驱动桥之间设置了万向传动装置。万向传动装置一般由万向节和传动轴组成，用于 2 根不同心或有一定夹角的轴间，以及工作中相对位置不断变化的 2 轴间传递动力。

6.1.2　万向传动装置在工程机械中的应用

在发动机前置后轮驱动工程机械上（见图 6-1a），常将发动机、离合器和变速器连成一体安装在车架上，而驱动桥则通过具有弹性的悬架与车架连接。在车辆行驶过程中，由于不平路面引起悬架系统中弹性元件变形，使驱动桥的输入轴与变速器输出轴相对位置经常变化。因此，在变速器与驱动桥之间必须采用万向传动装置。在二者距离较远的情况下，一般将传动轴分成 2 段，并加设中间支承。

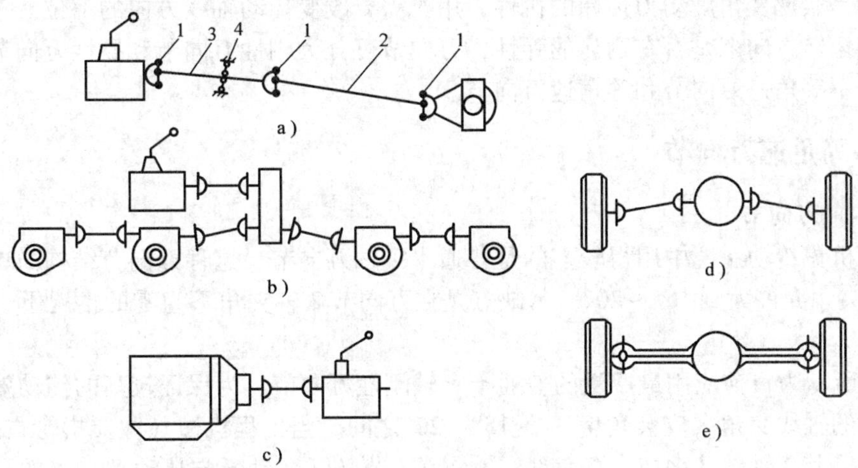

图 6-1　万向传动装置的应用

1—万向节　2—传动轴　3—前传动轴　4—中间支承

在多轴驱动的工程机械上，在分动器与驱动桥之间或驱动桥与驱动桥之间也需要采用万向传动装置（见图 6-1b）。

车架的变形也会造成2个传动部件轴线间相互位置的变化，图6-1c所示为在发动机与变速器之间安装的万向传动装置。

在采用独立悬架的车辆上，车轮与差速器之间的位置经常变化，故必须采用万向传动装置（见图6-1d）。

对于既驱动又转向的车桥，需要解决经常偏转的车轮的传动问题。因此，转向驱动桥的半轴要分段，在转向节处用万向节连接，以适应工程机械行驶时半轴各段的交角不断变化的需要（见图6-1e）。

6.1.3 万向传动装置的要求

万向传动装置应满足下列条件：

1）用万向节连接的2根轴夹角在预定范围内变化时，能够保证可靠地传递动力。一般来说，传动轴之间的夹角越小越好，夹角过大将会导致传动效率降低、使用寿命缩短。

2）保证万向节连接的2根轴转速均匀。

3）应具有一定的动平衡精度，保证万向节连接的2根轴在旋转过程中产生的附加弯矩在允许范围之内。

4）能够自动补偿由于各连接部件的相对运动引起的长度变化。

5）在扭转刚度足够大的同时，应结构简单，质量小，维修方便，传动效率高，使用寿命长。

6.2 万向节

6.2.1 万向节的分类

万向节是实现变角度动力传递的机件，用于需要改变传动轴线方向的部位。

根据在扭转方向上是否有明显的弹性，万向节可分为刚性万向节和挠性万向节。刚性万向节可分为不等角速万向节和等角速万向节。

6.2.2 不等角速万向节

1. 十字轴万向节

在工程机械传动系统中用得较多的是普通十字轴万向节，这种万向节结构简单，工作可靠，2轴间夹角允许大到15°~20°。其缺点是在万向节2轴夹角不为零的情况下，不能传递等角速转动。

图6-2所示为目前应用最广泛的普通十字轴刚性万向节。为保证较高的传动效率，它允许相邻2轴的轴线交角（安装角度）在15°~20°之间。当工程机械（主要指轮式运输车辆）重载行驶时，其2轴线几乎成1条直线。2个万向节叉（主动叉与从动叉）上的孔分别套装在十字轴的2对轴颈上。当主动叉转动时，从动叉既可随主动叉一起旋转，又可绕十字轴中心在任意方向上摆动。为减少摩擦损失，提高传动效率，在十字轴颈和万向节叉孔之间装有滚针与套筒组成的滚针轴承。为防止轴承在离心力作用下从万向节叉孔内脱出，套筒用轴承盖和螺钉固定在万向节叉上，并用锁片将螺钉锁紧。为了润滑轴承，十字轴做成中空以贮存

润滑油，并由油孔通向各轴颈，润滑油从油嘴注入十字轴内腔。为防止润滑油流出及尘土进入轴承，在十字轴的轴颈上套装着毛毡油封。在十字轴中部还装有安全阀，如果十字轴内腔润滑油压力大于允许值，安全阀即被顶开，润滑油外溢，使油封不致损坏。这种万向节结构简单，传动效率高，但单个万向节用于 2 个轴线不重合的传动轴之间时，不能等速传递运动。虽然主动轴转过 1 周从动轴也随之转过 1 周，但在主动轴等速旋转 1 周时，从动轴的角速度出现 2 次超前及滞后变化，故称其为不等角速万向节。

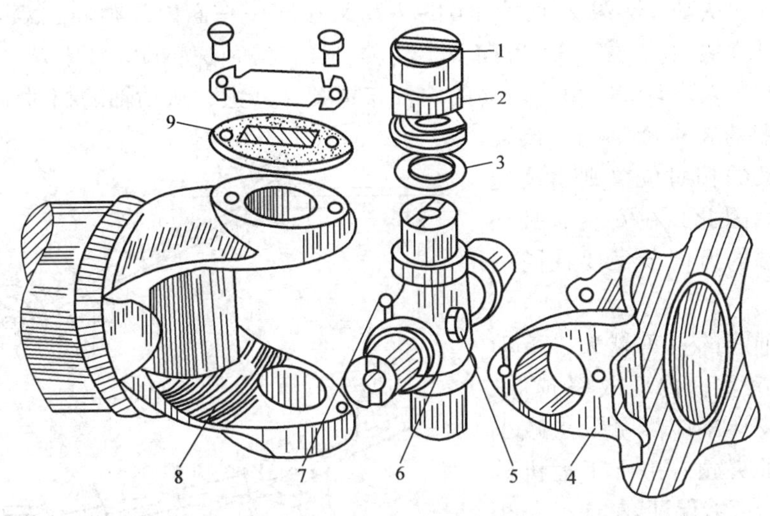

图 6-2　普通十字轴刚性万向节

1—套筒　2—滚针　3—油封　4、8—万向节叉　5—安全阀　6—十字轴　7—油嘴　9—轴承盖

十字轴式万向节的损坏是以十字轴轴颈和滚针轴承的磨损为标志的，因此，润滑与密封的好坏直接影响万向节的使用寿命。为了提高密封性能，在十字轴式万向节中多采用图 6-3 所示的密封性能远优于毛毡或软木垫油封的橡胶油封。当用注油枪通过注油嘴 4 向十字轴的内腔注入润滑油而使内腔油压大于允许值时，多余的润滑油便从橡胶油封内圆表面与十字轴轴颈接触处溢出，所以在十字轴上无须安装溢流阀，并且防尘、防水效果好。

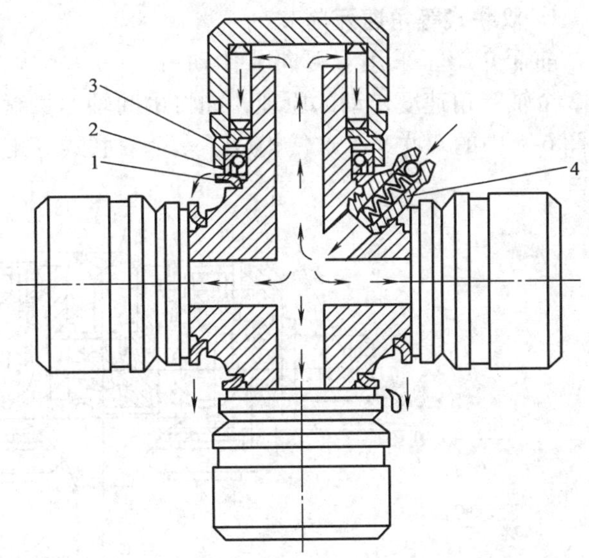

图 6-3　十字轴的润滑油道及密封装置

1—油封挡盘　2—橡胶油封　3—油封座　4—注油嘴

2. 双十字轴万向节传动装置

由机械原理的相关知识可知，在十字轴万向节 2 轴夹角不为零的情况下，如果主动轴等角速度转动，从动轴则会时快时慢，这就是普通十字轴万向节传动的不等速性。必须注意的是，所谓“传动的不等速性”是指从动轴旋转 1 周过程中的瞬时角速度不均匀。而主、从动轴的平均

转速是相等的，即主动轴转过 1 周，从动轴也转过 1 周。

普通十字轴万向节传动的不等速性将使从动轴及与它相连的传动件产生扭转振动，从而产生附加的反复载荷，影响部件寿命。因此，人们在实践中探索了如何实现等速万向传动。

从 1 个万向节传动的不等速性很容易联想到，如果再加 1 个万向节，和第 1 个万向节相对安装，则第 2 个万向节的主动轴将是不等速的，而它的从动轴是否等角速度转动呢？实践和理论分析表明：只要第 1 个万向节两轴间夹角 α_1 与第 2 个万向节两轴间夹角 α_2 相等，并且第 1 个万向节的从动叉与第 2 个万向节的主动叉在同一平面内，则经过双万向节传动后，可使第 2 个万向节从动轴与第一个万向节主动轴一样作等角速转动。

图 6-4 所示为双万向节等角速传动的两种布置图，其主、从动轴的相对位置是由整机的总布置和总装配的要求确定的；传动轴两端万向节叉的相对位置则由装配传动轴时保证。因此，在安装时必须注意传动轴两端的万向节叉要在同一平面上。

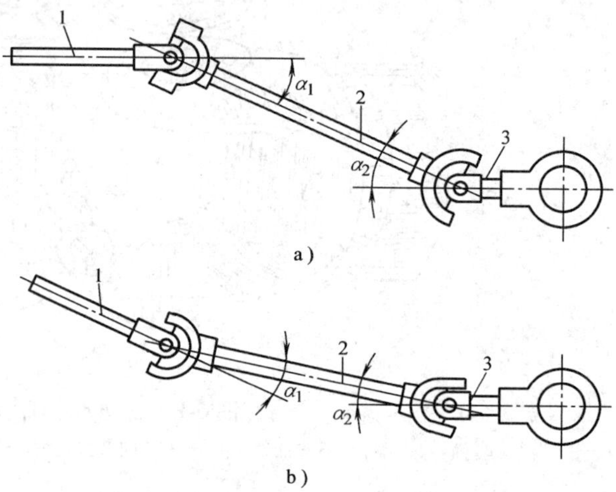

图 6-4 双万向节等角速传动布置图
1—主动轴 2—传动轴 3—从动轴

万向节两轴间的夹角越大，传动的不等速性越严重，传动效率越低。因此，在总体设计中应尽量设法减小万向节 2 轴间的夹角。由于工程机械在运行过程中不可能保证 α_1 与 α_2 总相等，故只能近似地看作等速运动。

6.2.3 等角速万向节

1. 双联式等角速万向节

前面介绍了采用双万向节传动可使 2 个轴等角速度传动的原理，如将中间轴尽量缩短，使其上的 2 个叉连成为一个，即形成了图 6-5 中的双联叉，这便构成了一个双联式等角速万向节。

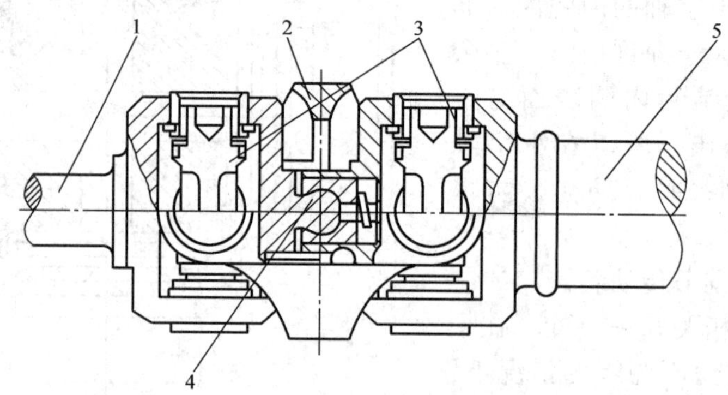

图 6-5 双联式等角速万向节
1、5—轴 2—双联叉 3—十字轴 4—球销

双联式等角速万向节结构简单，允许主、从动轴间有较大的夹角（最大可达 50°）。其缺点是，外形尺寸较大，在转向驱动桥上布置很困难。

2. 球叉式等角速万向节

图 6-6 所示为球叉式等角速万向节的工作原理。万向节的工作情况与 1 对大小相同的锥齿轮传动相似，其传力点永远位于 2 轴夹角的平分面上。图 6-6a 表示 1 对大小相同的锥齿轮传动情况，2 个齿轮接触点 P 位于 2 个齿轮轴线夹角 γ 的平分面上；由 P 点到 2 条轴线的距离都等于 r。由于 2 个齿轮在 P 点处的线速度是相等的，所以其角速度也相等。

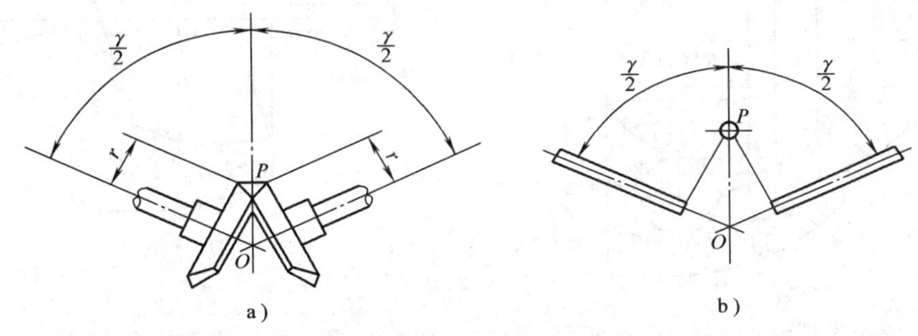

图 6-6　球叉式等角速万向节工作原理

球叉式等角速万向节的构造如图 6-7 所示。主动叉 2 与从动叉 3 分别与内、外半轴 1、4 制成一体。在主、从动叉上，各有 4 个曲面凹槽，装合后形成两个相交的环形槽，作为钢球滚道。4 个传动钢球 5 放在槽中，中心钢球 6 放在两叉中心的凹槽内，以确定中心。

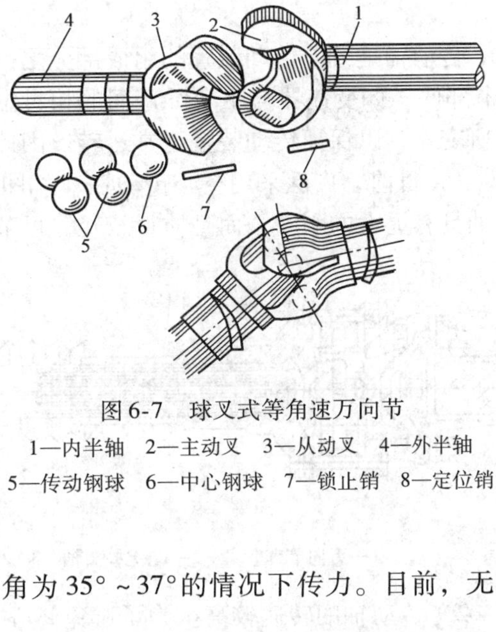

球叉式等角速万向节正转时，只有 2 个钢球参与传力。反转时，则是另外 2 个钢球参与传力。因此，钢球与曲面凹槽之间的压力较大，易磨损。此外，使用时钢球易脱落，曲面凹槽加工较复杂。其优点是结构紧凑、简单。

球叉式等角速万向节的主、从动轴的夹角可达 32° ~ 33°，较好地满足了转向驱动桥的要求，使用较广泛。

图 6-7　球叉式等角速万向节

1—内半轴　2—主动叉　3—从动叉　4—外半轴　5—传动钢球　6—中心钢球　7—锁止销　8—定位销

3. 球笼式等角速万向节

球笼式等角速万向节用 6 个钢球传力，磨损小，寿命比球叉式等角速万向节长，且能在夹角为 35° ~ 37°的情况下传力。目前，无分配杆球笼式等角速万向节用得较多。

如图 6-8 所示，无分配杆球笼式等角速万向节是由外星轮 1、内星轮 3、球笼 4 和钢球 2、5（共 6 个）组成。外星轮 1 与从动轴制成一体；内星轮 3 通过花键与主动轴相联。外星轮 1 的内滚道的曲率半径为 R_1，圆心在 O_1 点；内星轮 3 的外滚道的曲率半径为 R_2，圆心在 O_2 点；球笼 4 的半径为 R，圆心在 O 点。钢球受内外滚道和球笼的共同控制。当 2 轴产生夹角 α 后（见图 6-9），内星轮迫使钢球 2 向外滚动，钢球 2 则推动球笼 4 绕 O 点转动，从而迫使钢球 5 向内滚动。适当选择滚道尺寸，可使钢球近似地位于 2 轴夹角 α 平分面上，从而实现等角速度传动的要求。

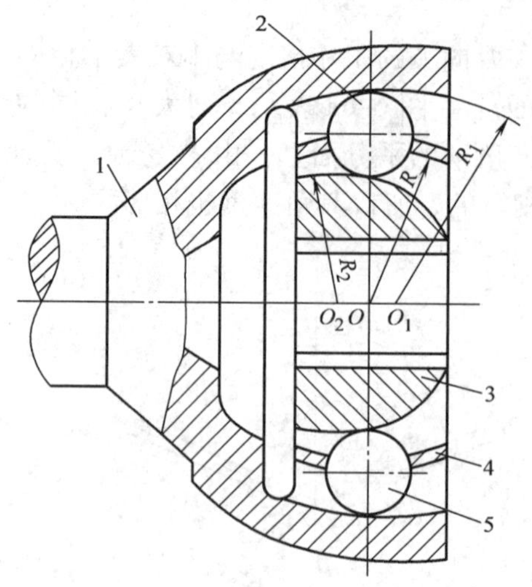

图 6-8 无分配杆球笼式等角速万向节
1—外星轮 2、5—钢球 3—内星轮 4—球笼

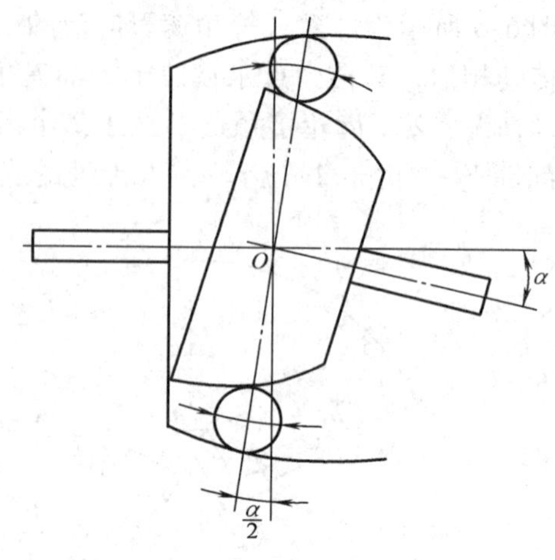

图 6-9 无分配杆球笼式等角速万向节工作原理

6.3 传动轴

传动轴是万向传动装置的组成部分之一。传动轴一般比较长，转速较高。由于所连接的2个部件（如变速器与驱动桥）间的相对位置经常变化，所以要求传动轴的长度也要相应地有所变化，以保证传动装置正常运转。因此，传动轴结构一般具有以下特点：

1）目前，广泛采用空心传动轴（见图 6-10 中的件 4）。在传递相同转矩的情况下，空心轴具有更大的刚度，而且质量较轻，可节省钢材。

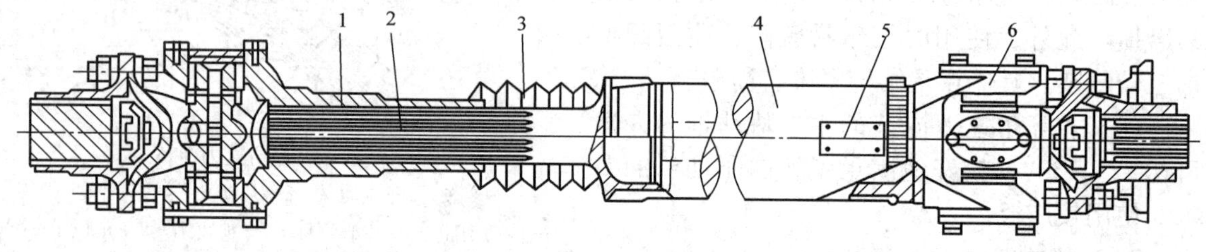

图 6-10 传动轴
1—万向节套管叉 2—花键接头轴 3—保护套 4—传动轴 5—平衡钢片 6—万向节叉

2）传动轴的转速较高。为了避免离心力引起剧烈振动，要求传动轴的质量沿圆周均匀分布。因此，通常不用无缝钢管，而是用钢板卷制，并对焊成圆管轴（因为无缝钢管壁厚，不易保证均匀；而钢板厚度均匀）。

此外，在传动轴与万向节装配以后，要进行平衡检测。用加焊小块钢片（见图 6-10 中的件 5）的方法调整平衡。平衡后，应在叉和轴上刻上记号，以便拆装时保持原来二者的相对位置。

3）传动轴上通常有花键联接部分，如图 6-10 所示。传动轴的一端焊有花键接头轴 2，使之与万向节套管叉 1 的花键套管联接，以使传动轴总长度允许有伸缩变化。花键长度应能保证传动轴在各种工况下，既不脱开，也不顶死。为了润滑花键，通过油嘴注入润滑脂，用油封和油封盖防止润滑脂外流。有时还加保护套，以防止尘土进入。传动轴另一端则与万向节叉焊成一体。

4）铰接式工程机械转向时，需要传动轴的长度随时发生相应的变化。因此，万向节传动轴必须制成可伸缩式的。当采用滑动花键传动轴时，不仅花键的滑动阻力大，磨损快，传动轴的临界转速急剧减小，而且传动轴支承轴承的推力大，使变速器轴承承受时拉、时压的交变载荷，导致轴承的使用寿命缩短。鉴于滑动花键传动轴的一系列缺点，目前已有滚动花键传动轴（见图 6-11）用于工程机械，从而减小了传动轴的伸缩阻力，减小了对轴承的推力，延长了传动轴和轴承的使用寿命。

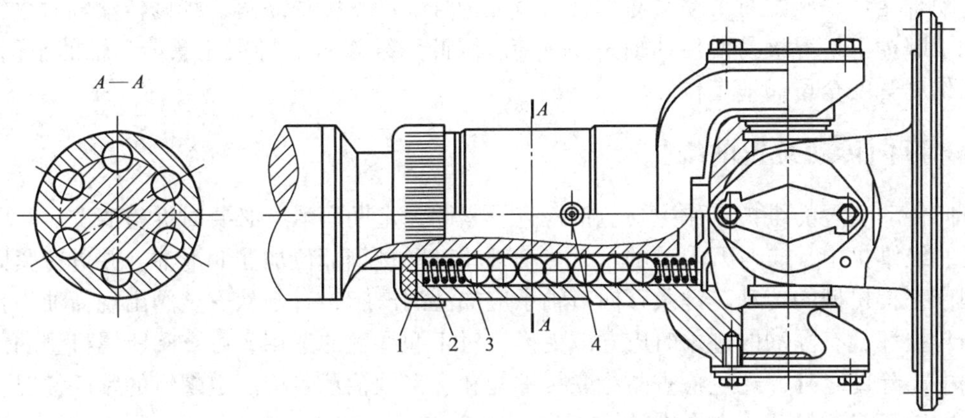

图 6-11　滚动花键传动轴

1—油封　2—弹簧　3—钢球　4—油嘴

6.4　万向传动装置的维修

在工作条件恶劣，润滑条件差，以及在不良的道路上行驶等情况下，冲击载荷的峰值往往会超过正常值的一倍以上，万向传动装置不仅要承受较大的阻力转矩和冲击负荷，还要适应工程机械行驶中的悬架变形、传动轴与变速器输入轴及主减速器输出轴之间的夹角的不断变化；传动轴的长度也会随着悬架的变形而变化，使伸缩节不断滑磨；万向传动装置在工程机械的底部，泥土、灰尘极易侵入各个机件。在这些情况下，万向传动装置会出现各种耗损，造成传动轴弯曲、扭转和磨损超限，产生振动、异响等故障，破坏万向传动装置的动平衡特性和速度特性，传动效率降低，万向传动装置技术状况变坏，从而影响工程机械的动力性和经济性。

6.4.1　万向传动装置常见故障及其原因分析

1. 万向节异响

万向节异响，在车速变化时尤为明显。造成这种故障的原因主要是润滑不良导致十字轴、滚针轴承、万向节叉轴承孔严重磨损、配合松旷或滚针折断等。

滚针轴承工作时，滚针只能原地自转，不能沿轴承壳内圆公转，润滑条件较差会使磨损加剧。一旦十字轴颈或轴承壳内圆磨损出现凹痕，滚针逐渐失去了在轴颈上转动的可能性而陷在凹坑内，使接触面恶化，磨损更加严重，造成十字轴早期损坏，万向节产生异响。因此，加强维护，使万向节轴承处于良好润滑状态，是预防轴承早期损坏的重要措施之一。

2. 花键松旷异响

轮式机械行驶时，由于悬架变形，传动轴长度会经常变化，使滑动叉和传动轴轴管花键槽磨损而松旷。磨损的传动轴花键在工程机械行驶速度发生变化时便会产生异响。

3. 传动轴抖振

传动轴的结构特点是细而长，如果不平衡，旋转时由于离心力的作用会产生抖振。严重时，会使传动轴零件迅速损坏，并影响变速器和主传动器的正常工作。

传动轴变形，装配时滑动叉与轴管未对准记号，动平衡块脱落，焊修传动轴时歪斜，十字轴轴承磨损等情况极易使传动轴失去平衡。因此，维修时应特别注意传动轴的平衡检查，以保证传动轴安全可靠地工作。

6.4.2 万向传动装置的维护

万向传动装置的维护工作主要包括检查及紧固，定期润滑，必要时拆检清洗。

在一级维护中，应对万向节轴承、传动轴花键联接等部位加注润滑油，并进行紧固。大部分国产工程机械的传动花键及万向节轴承应加注润滑脂，直至从安全阀出现新油为止。如发现油封损坏，有漏油的迹象时应立即更换。对于润滑剂的选用，可查阅所属机型的使用维护说明书。除此之外，还应检查凸缘联接螺栓和十字轴轴承盖板固定螺钉的紧固情况，锁紧装置应牢固可靠，锁片应齐全有效。

二级维护时，应检查传动轴花键联接，以及传动轴、十字轴轴颈和端面对滚针轴承之间的间隙，该间隙超过标准规定时应修复或更换。

拆卸传动轴时，应从传动轴前端与驱动桥连接处开始，先把与后桥凸缘联接的螺栓拧松取下，然后将与中间传动轴凸缘联接的螺栓拧下，拆下传动轴总成。接着，松开中间支承支架与车架的联接螺栓，最后松下前端凸缘盘，拆下中间传动轴。同时应做好标记，以确保原位装配，避免破坏传动轴的动平衡性。

6.4.3 万向传动装置的检修

1. 传动轴

传动轴轴管的损伤形式有裂纹、严重的凹瘪等。

传动轴轴管全长上的径向圆跳动公差应符合表6-1的规定。

表6-1 传动轴轴管的径向圆跳动公差

轴长/mm	≤600	600~1000	>1000
径向圆跳动公差/mm	0.6	0.8	1.0

传动轴花键与滑动叉花键、凸缘叉与所配合花键的侧隙一般不大于0.3mm，装配后应能滑动自如。

2. 万向节叉、十字轴及轴承

万向节叉和十字轴的损伤形式有裂纹、磨损等。当十字轴轴颈表面有疲劳剥落、磨损沟槽或滚针压痕深度在0.1mm以上时，应进行更换。当滚针轴承的油封失效，滚针断裂或轴承内圈有疲劳剥落时，应进行更换。十字轴与轴承的最小配合间隙应符合原厂规定，最大配合间隙应符合表 6-2 的规定。

表 6-2　十字轴轴承的配合间隙

十字轴轴颈直径/mm	≤18	18~23	>23
最大配合间隙/mm	符合原厂规定	0.10	0.14

3. 中间支承

中间支承的常见损伤形式是橡胶老化，轴承磨损所引起的振动和异响等。

中间支承的橡胶垫环开裂、油封磨损过大而失效、轴承松旷或内孔磨损严重时，均应更换新的中间支承。

中间支承轴承经使用磨损后，需及时检查、调整或更换，以保证其良好的技术状况。

4. 传动轴管焊接组合件

传动轴管焊接组合件经修理后，原有的动平衡已不复存在。因此，传动轴管焊接组合件（包括滑动套）应重新进行动平衡试验，可在轴管的两端加焊平衡片，每端最多不得多于 3 片。

5. 等速万向节

等速万向节常见的损伤形式是球形壳、球笼、星形套，以及钢球的凹陷、磨损、裂纹、麻点等，如有上述损伤，则应进行更换。

检查防护罩是否有刺破、撕裂等损坏现象，如有则应进行更换。

复习与思考题

一、填空题

1. 万向传动装置在工程机械上有很多应用，结构也稍有不同，但其功用都是一样的，即在（　　　　　　　　）、（　　　　　　　　）的 2 个转轴之间传递动力。

2. 关于十字轴式万向节，为保证等角速度传递动力，传动轴两端的万向节节叉必须在（　　），动力输入轴、动力输出轴相对于传动轴的（　　）。

3. 本课程讲述过不等角速万向节为（　　），等角速万向节有（　　）、球笼式等角速万向节。

4. 万向传动装置包括（　　）和（　　）。

5. 十字轴式刚性万向节，它允许相邻两轴的最大交角为（　　），主要由（　　）、（　　）等组成。

6. 单个十字轴式刚性万向节在主动叉是等角速转动时，从动叉是不等角速的，且 2 个转轴之间的夹角越（　　），不等速性就越大。

7. 等速万向节的基本原理是传力点永远位于（　　　　　）上。

8. 球笼式万向节工作时（　　）个钢球都参与传力，故承载能力强、磨损小、寿命长。

二、判断题

1. 普通十字轴万向节是等速万向节。（　　）

2. 传动轴两端的连接件装好后，只做静平衡试验，不用做动平衡试验。（　　）

3. 传动轴的质量分布要求沿圆周分布越均匀越好。（　　）

4. 造成万向节异响的原因主要是由于润滑不良而使万向节十字轴、滚针轴承、万向节叉轴承孔严重磨损松旷或滚针折断等。（　　）

5. 在二级维护时，应检查万向传动装置的传动轴花键连接及传动轴、十字轴轴颈和端面对滚针轴承之间的间隙。该间隙超过标准规定时应修复或更换。（　　）

6. 传动轴发生抖振的原因是传动轴变形，装配时滑动叉与轴管未对准记号，动平衡块脱落，焊修传动轴时歪斜，十字轴轴承磨损等原因，使传动轴很容易失去平衡。（ ）

三、单项选择题

1. 在下列万向节中，（ ）是不等速万向节。

A. 普通十字轴刚性万向节　B. 双联式万向节
C. 球叉式万向节　D. 三销轴式万向节

2. 在万向传动装置中，传动轴在结构上设计成（ ）。

A. 可以伸缩　B. 不可以伸缩　C. 伸缩或不伸缩均可以　D. 没有要求

3. 球叉式万向节是由主动叉、从动叉、（ ）个传动钢球、中心钢球、定位销、锁止销组成。

A. 2 个　B. 3 个　C. 4 个　D. 6 个

4. 关于引起传动轴动不平衡的原因，以下说法错误的是（ ）。

A. 传动轴上的平衡块脱落　B. 传动轴弯曲或传动轴管凹陷
C. 伸缩叉安装错位　D. 中间支承安装方法不当

5. 关于引起万向节松旷的原因，以下说法错误的是（ ）。

A. 凸缘盘连接螺栓松动　B. 传动轴上的平衡块脱落
C. 万向节主、从动部分游动角度太大　D. 万向节十字轴磨损严重

6. 普通十字轴万向节等速传动条件是（ ）。

A. 等角速输入
B. 第一万向节两轴夹角与第二万向节两轴夹角相等
C. 传动轴两端的万向节叉在同一平面内
D. 同时具备 B、C 两条件

四、简答题

1. 简述普通十字轴刚性万向节传动装置的等速传动条件。
2. 简述万向传动装置的常见故障及其原因。
3. 简述万向传动装置的维护内容。

第7章 驱 动 桥

本章重点介绍轮式工程机械和履带式工程机械驱动桥的功能、基本组成和工作原理，主减速器、差速器等重要装置的典型结构、工作原理及特点，分析了驱动桥的主要故障现象、故障原因和检修方法。

7.1 概述

工程机械驱动桥是传动系统中最后一个大总成，它是位于变速器或传动轴之后，驱动轮之前的动力传动装置的总称。根据工程机械行驶系的不同，驱动桥可分为轮式机械驱动桥和履带式机械驱动桥。

7.1.1 轮式机械驱动桥的组成及功能

轮式机械驱动桥如图7-1所示，它由主减速器、差速器、半轴、最终传动装置（轮边减速器）及桥壳等部件组成。其功能是将传动轴（或变速器）传来的动力经主减速器锥齿轮1、2传到差速器壳上，进行减速增矩，并将动力改变90°方向后传给差速器，再经差速器的十字轴、行星齿轮3、半轴齿轮4和半轴5传到最终传动装置，又经最终传动装置的太阳轮7、行星齿轮8和行星架最后传到驱动轮9上，驱动工程机械行驶。差速器可解决两侧车轮的差速问题，减小轮胎磨损和转向阻力，从而协助转向。另外，驱动桥壳还起支承和传力作用。

最终传动装置一般包括普通圆柱齿轮传动和行星齿轮传动2种类型。

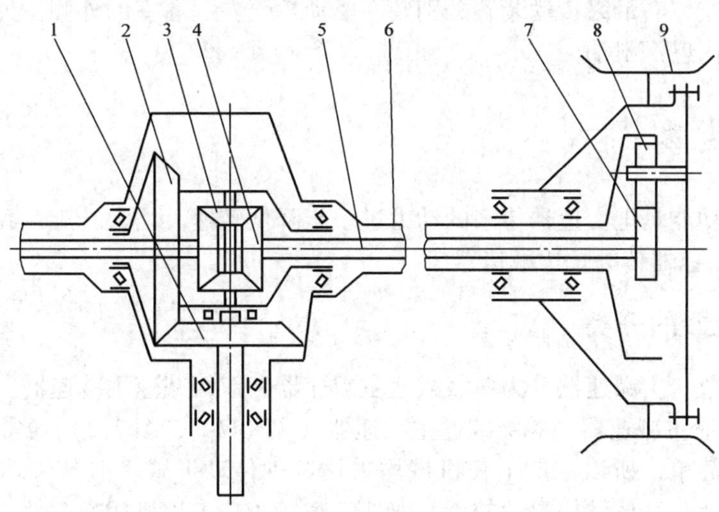

图7-1 轮式机械驱动桥示意图

1、2—主减速器锥齿轮 3—行星齿轮 4—半轴齿轮 5—半轴 6—驱动桥壳 7—太阳轮 8—行星齿轮 9—驱动轮

7.1.2 履带式机械驱动桥的组成及功能

履带式机械驱动桥如图7-2所示，它由主减速器、转向装置（多采用转向离合器和制动器）、最终传动装置和桥壳等部件组成。

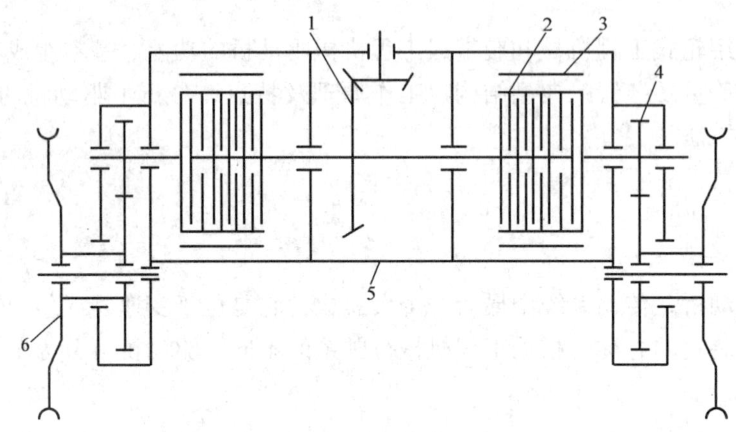

图7-2 履带式机械驱动桥示意图

1—主减速器 2—转向离合器 3—制动器 4—最终传动装置 5—桥壳 6—驱动链轮

动力由变速器输出轴首先输入主减速器1，经主减速器减速和增大转矩，并使转矩方向旋转90°后，又经横轴分别传给左、右转向装置2，最后由转向传动装置再传给最终传动装置4。动力在最终传动装置中再作最后一次减速和增大转矩后传给行驶系。

履带式机械的驱动桥壳一般都分隔成相互隔绝的3个室。中室内安装主减速器1，内盛润滑油，此室与变速器内部相通。左、右两室安装左、右转向装置2，此装置由转向离合器和制动器组成。当采用干式转向离合器时，左、右室内是干的；当采用湿式转向离合器时，左、右室内则盛有工作油（机油）。3个室的隔板上都装有油封或密封圈。3个室的底部各有1个放油塞。左、右最终传动装置分别装在驱动桥壳左、右室的外侧，另有壳盖和侧壁组成最终传动室，内盛润滑油。

7.2 主减速器

主减速器的功能是把变速器传来的动力进一步降低转速、增大转矩，并将动力的传递方向改变90°后经差速器传给轮边减速器。

7.2.1 主减速器的分类

根据减速级数，主减速器分为单级减速主减速器和双级减速主减速器。

（1）单级减速主减速器 单级减速主减速器（见图7-1、图7-2）通常由1对锥齿轮副组成。由于结构简单，所以一般工程机械均采用这种传动形式。但其传动比不能太大，否则，从动锥齿轮及其壳体结构尺寸较大，离地间隙较小，工程机械通过性能差。

（2）双级减速主减速器 双级减速主减速器通常由1对锥齿轮副和1对圆柱齿轮副组成，它可以获得较大的传动比和离地间隙，但结构复杂，采用较少。在贯通式驱动桥上，为解决轴的贯通问题，通常采用双级主减速器。

主减速器的锥齿轮一般采用直齿锥齿轮、零度圆弧锥齿轮、螺旋锥齿轮和双曲线齿轮。主动锥齿轮的支承形式可分为悬臂式支承和跨置式支承。前者结构简单，容易布置，但承载能力受限制；后者支承刚度好，故在大、中型轮式装载机上采用较多，如ZL50型装载机等，但结构复杂。

7.2.2　主减速器的构造

1. 轮式机械主减速器

ZL50装载机主减速器结构如图7-3所示，主要由主、从动螺旋锥齿轮和支承装置组成。

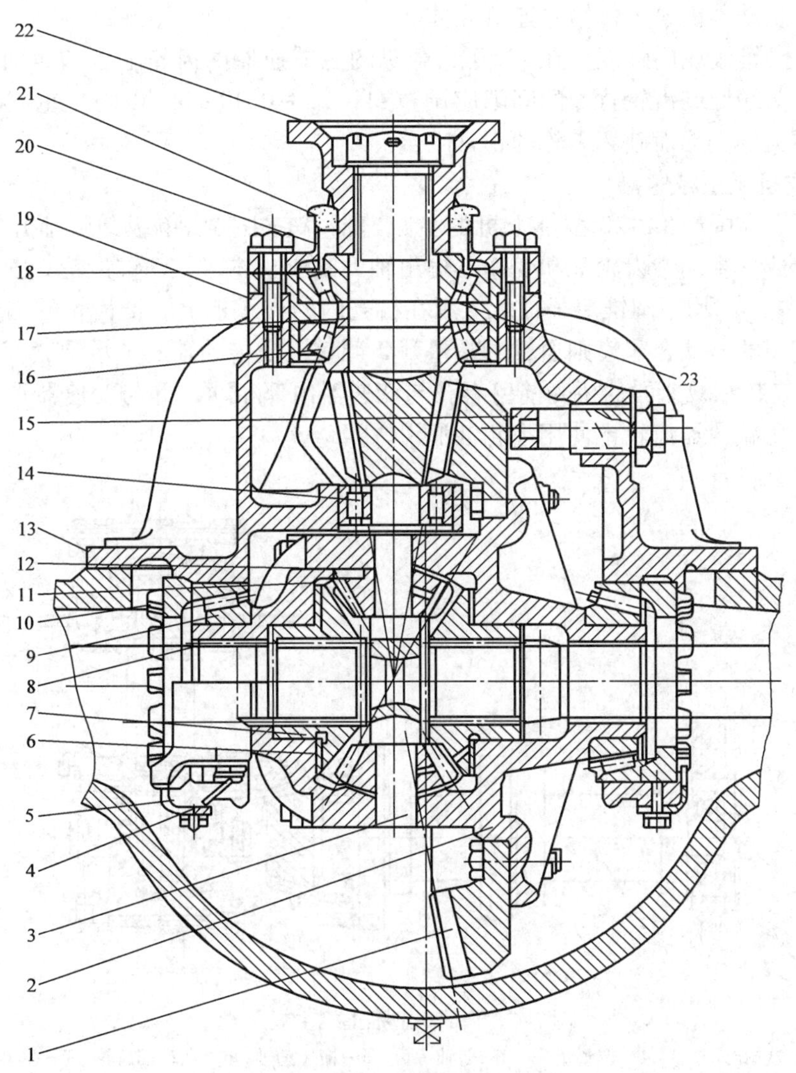

图7-3　ZL50装载机主减速器

1—从动螺旋锥齿轮　2—差速器右壳　3—十字轴　4—锁紧片　5—轴承座　6—半轴齿轮垫片　7—半轴齿轮　8—差速器左壳　9、16—圆锥滚子轴承　10—调整螺母　11—行星齿轮　12—行星齿轮垫片　13—托架　14—圆柱滚子轴承　15—止推螺栓　17—轴承套　18—主动螺旋锥齿轮　19—调整垫片　20—密封盖　21—油封　22—输入凸缘　23—垫片

主动锥齿轮与轴制为一体，通过3个轴承以跨置式支承在主传动装置的壳体上。轴的小端压装有圆柱滚子轴承，装在壳体的支承孔内；大端用2个直径大小不同的圆锥滚子轴承支承在主传动轴承壳内，在两轴承间装有隔套和用以调整两轴承紧度的调整垫片。轴的花键部分装着与传动轴相连接的凸缘，并用挡板和螺母固定。

轴承壳和端盖用螺钉固定在壳体上。轴承壳和壳体之间装有调整垫片，用于调整主、从动齿轮的啮合间隙和啮合印痕。为防止润滑油泄漏，在轴承壳外端的垫圈和接盘轴颈处装有油封，并用端盖固定。

从动锥齿轮用螺栓固定在差速器壳体上，差速器壳体通过轴承支承在桥壳的轴承座上，两侧有调整螺母，用以调整轴承的松紧度。主、从动锥齿轮常啮合，由传动轴传来的动力经主动锥齿轮、从动锥齿轮可传给差速器壳体。

为加强从动锥齿轮的强度，在ZL50装载机的主减速器两齿轮啮合的背面壳体上装有1个止推螺栓，其端面到齿轮背面的间隙应调整到0.25~0.40mm，以防止重载工作时，从动锥齿轮产生过大的变形而破坏齿轮的正常啮合。

2. 履带式机械主减速器

图7-4所示为国产TY120型推土机的主减速器，它主要由单级圆弧渐开线锥齿轮副及横传动轴等组成。主动锥齿轮7和变速器输出轴1制成一体，从动锥齿轮6固装在横传动轴5上。横传动轴左右均用圆锥滚子轴承支承在桥壳内的支承板上。锥齿轮的啮合间隙是通过调整垫片4实现的，啮合印痕则通过调整垫片2调整，横传动轴的轴承预紧度是用调整垫片4来保证的。安装主减速器的桥壳前壁有孔与变速器内部相通，并与变速器形成一个共同的油池。因此，主减速器齿轮也使用齿轮油润滑。

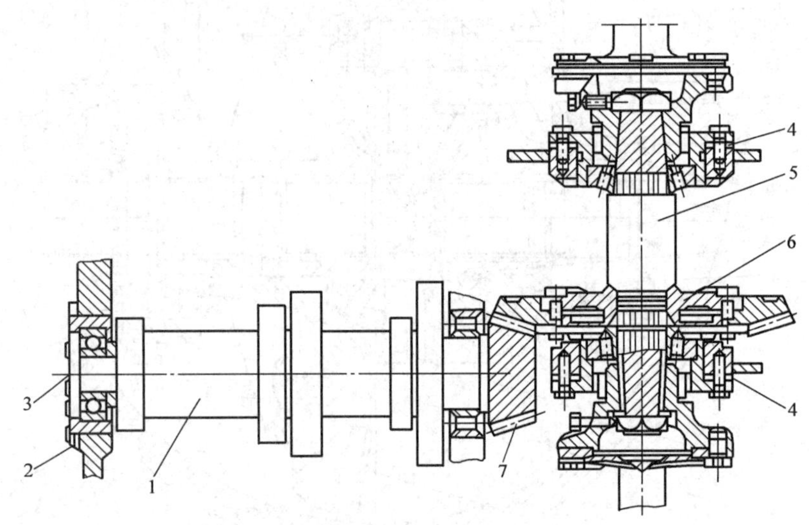

图7-4 TY120型推土机主减速器

1—变速器输出轴 2、4—调整垫片 3—前轴承盖 5—横传动轴 6—从动锥齿轮 7—主动锥齿轮

图7-5所示为国产PY160型平地机的主减速器，它采用双级减速，其特点是主动锥齿轮轴线由于总体布置上的需要而与水平轴线成30°角。

与双级减速主减速器相比，单级减速主减速器可省掉一对齿轮和相应的支承装置，所以

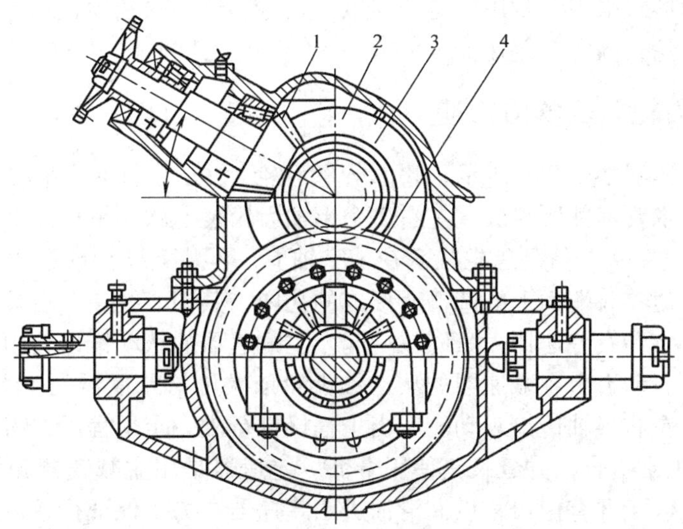

图 7-5　PY160 型平地机的主减速器

1—主动锥齿轮　2—从动锥齿轮　3—主动圆柱齿轮　4—从动圆柱齿轮

结构简单，质量小，轴向尺寸小，成本低，传动效率高，装配调整方便；缺点是径向尺寸大，使桥壳的离地间隙小，影响工程机械的通过性，对齿轮的支承刚度要求较高，设计时传动比的调整范围小。工程机械多采用单级减速主减速器。

7.3　差速器

7.3.1　差速器的功能

轮式机械在行驶过程中，为了避免两侧驱动轮在滚动方向上产生滑动，经常要求它们能够分别以不同的角速度旋转，这是因为：

1）转弯时，外侧车轮走过的距离要比内侧车轮走过的距离大。

2）在高低不平的道路上行驶时，左右车轮接触地面所走过的实际路程必然是不相等的。

3）即使在平路上直线行驶，由于轮胎气压不等，胎面磨损程度不同，或左右两侧载荷不等，实际上车轮的滚动半径不等。

在上述情况下，若左、右两侧车轮用同一根轴驱动，则势必使车轮不能做纯滚动，而是边滚动边滑动，即产生了驱动轮的滑磨现象。滑磨将导致轮胎磨损加快，转动困难，功率消耗增加，同时减小了转向时工程机械的抗侧滑能力，机器稳定性被破坏。

为了使车轮相对地面的滑磨尽量减小，在驱动桥中安装了差速器，并通过两侧半轴分别驱动车轮，使两侧驱动轮能够以不同的转速旋转，尽可能地接近纯滚动。

在多桥驱动的装载机上，各驱动桥之间若无轴间差速器，也会产生上述类似情况，造成驱动桥间的功率循环，导致传动系统中增加附加载荷，损伤传动零件，增大功率消耗和轮胎磨损。因此，这些工程机械的驱动桥间也安装了轴间差速器。

差速器的结构形式很多，常用的有普通锥齿轮差速器、强制锁止式差速器、牙嵌式自由轮差速器和滑块凸轮式高摩擦差速器等。

7.3.2 普通锥齿轮差速器的构造

普通锥齿轮差速器如图7-6所示，它由行星齿轮4、十字轴8、左右半轴齿轮3及左右差速器壳1和5等主要零件所组成。左右2个半轴齿轮装上软钢平垫片2后，装入差速器壳上相应的左右座孔中，4个行星齿轮松套在十字轴上，再装上软钢或铜质球形垫片7后，将十字轴嵌入左右差速器壳端面上的凹槽所形成的孔内，其中心线在左右差速器壳体的分界面上。然后用螺栓6将左右差速器壳紧固在一起。主减速器的从动锥齿轮用铆钉或螺栓固定在差速器壳的凸缘上。动力由主减速器的从动锥齿轮依次传给差速器壳、十字轴、行星齿轮、半轴齿轮，最后经左右半轴传给驱动轮。当工程机械行驶一定里程后，需换上新的垫片2和7，以保持齿轮的正常啮合，并延长其使用寿命。差速器是用主减速器壳体中的润滑油来润滑的，在差速器壳体上开有窗口，供润滑油进出差速器。为了保证行星齿轮和十字轴颈之间润滑良好，在十字轴颈上铣一平面，并在行星齿轮的齿间钻有小孔作为油道。

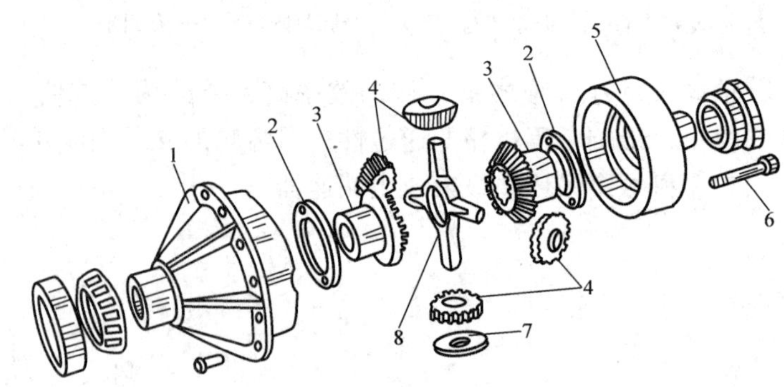

图7-6 普通锥齿轮差速器

1—差速器左壳 2—半轴齿轮止推垫片 3—半轴齿轮 4—行星齿轮 5—差速器右壳 6—螺栓 7—行星齿轮球形垫片 8—十字轴（行星齿轮轴）

7.3.3 普通锥齿轮差速器的工作原理

1. 差速器的差速原理

图7-7所示为差速器的工作原理。设左、右半轴齿轮的角速度分别为ω_1和ω_2，差速器壳的角速度为ω。当工程机械直线行驶时，两侧车轮以相同的角速度转动，行星齿轮无自转，仅随十字轴一起公转，即

$$\omega_1 = \omega_2 = \omega$$

当工程机械在弯道上行驶（如右转弯），作用在左右车轮上的不同阻力传到差速器时，行星齿轮除了公转外还进行自转，左右半轴齿轮的角速度不等，即

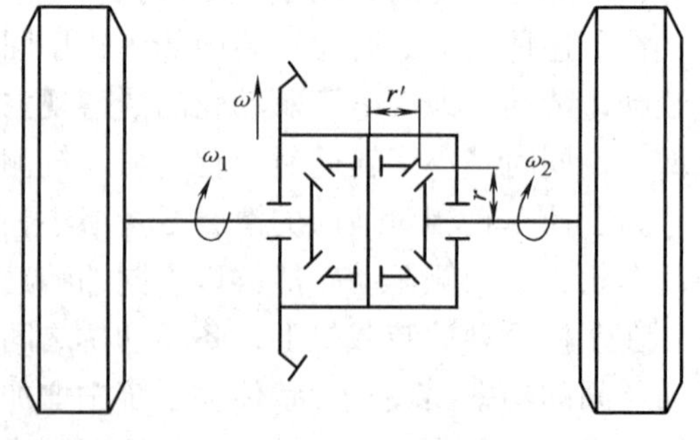

图7-7 差速器工作原理

$$\omega_1=\omega+\frac{r'}{r}\omega_x$$

$$\omega_2=\omega-\frac{r'}{r}\omega_x$$

$$\omega_1+\omega_2=2\omega$$

式中　r——半轴齿轮半径，单位为 mm；

r'——行星齿轮半径，单位为 mm；

ω_x——行星齿轮自转角速度，单位为 rad/s。

如果以转速表示，则

$$n_1+n_2=2n$$

此式称为差速器运动特性方程，它说明左右两半轴齿轮转速之和等于差速器壳转速的 2 倍。

若工程机械的一侧车轮悬空或陷入泥坑而高速旋转，而另一侧车轮静止不动，则

$$n_1=0\qquad n_2=2n$$

若 $n_1=n_2=n$，即左右两半轴转速和差速器壳转速相等，此时差速器不起作用，两侧车轮转速相同，工程机械直线行驶。

2. 差速器的转矩分配

工程机械直线行驶时，差速器壳上的转矩 M 平均分配给左、右半轴齿轮，即 $M_1=M_2=M/2$。工程机械在弯道上行驶时，行星齿轮开始自转，故存在一个摩擦损失力矩，但其数值很小可忽略不计，此时 $M_1=M_2=M/2$ 仍然成立。$M_1=M_2=M/2$ 称为差速器传力特性方程。

7.3.4　强制锁住式差速器

可以把差速器的运动特性和传力特性归纳为“差速不差矩”。差速器的这个特点在某些情况下是不利于工程机械正常行驶的，例如，当工程机械的左驱动轮在附着条件差的路面上（如泥泞或冰雪路面等），尽管右驱动轮在附着条件好的路面上，但工程机械仍不能前进，即左侧车轮高速旋转，右侧车轮不动。在这种情况下，欲使工程机械继续行驶，在某些工程机械的差速器上装一差速锁组成强制锁住式差速器，如图 7-8 所示。带牙嵌的滑动套 3 与半轴通过滑动花键联接，图示位置为差速锁不起作用的位置，差速器正常工作。当一侧车轮滑转使工程机械不能前进时，驾驶员可通过操纵杆将滑动套左移，与固装在差速器壳上的牙嵌 2 嵌合，使差速器壳、十字轴、半轴齿轮连为一体，行星齿轮不能自转，差速器失去差速作用，两半轴被刚性地

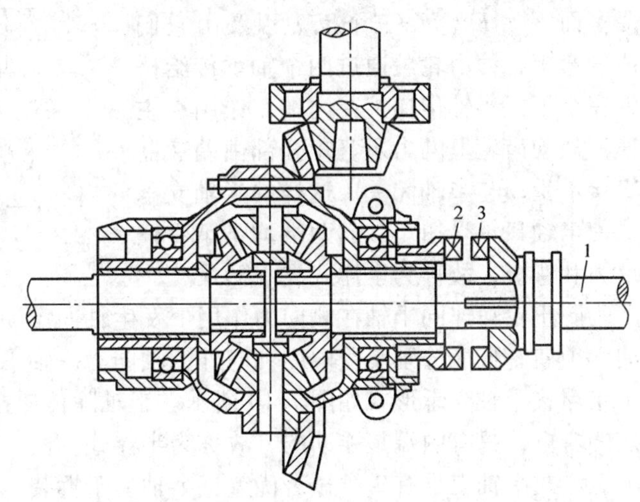

图 7-8　强制锁住式差速器

1—半轴　2—差速器壳上的固定牙嵌　3—带牙嵌的滑动套

连为一体，附着条件好的一侧车轮就可用主减速器传来的全部转矩使工程机械继续行驶。当工程机械进入良好路段时，应及时脱开差速锁，使差速器重新恢复工作。需要注意的是，操纵差速锁应在工程机械停止时进行。在使用差速锁的过程中，应尽可能地保持工程机械直线行驶，以免损坏机件。

7.4 半轴、驱动桥壳及最终传动装置

7.4.1 半轴

半轴装在差速器与轮边减速器之间，用于将差速器传来的动力经轮边减速器传递给车轮。半轴是在差速器与驱动轮之间传递动力的实心轴，其内端与差速器的半轴齿轮连接，而外端则与驱动轮的轮毂相连。半轴与驱动轮的轮毂在桥壳上的支承形式决定了半轴的受力状况。现代汽车和工程机械基本上用全浮式半轴和半浮式半轴这 2 种半轴支承形式。全浮式半轴是一根两端制有花键的实心轴，其内端花键与半轴齿轮的花键套接，外端与轮边减速器太阳轮的花键套接，并用挡板和弹簧卡圈固定，轮毂通过 2 个圆锥滚子轴承支承在桥壳上，半轴与桥壳没有直接接触。若没有轮边减速器，半轴的支承形式如图 7-9 所示，机械的重力及作用在车轮上的反作用力和弯矩，均由轮毂通过轴承直接传给桥壳。

全浮式半轴支承的受力如图 7-9 所示，图上标出了路面对驱动轮的作用力：垂直反力 F_z、切向反力 F_x 和侧向反力 F_y。垂直反力 F_z 和侧向反力 F_y，将造成使驱动桥在横向面（垂直于机械纵轴线的平面）内弯曲的力矩（弯矩）；切向反力 F_x，一方面造成对半轴的反扭矩，另一方面也造成使驱动桥在水平面内弯曲的弯矩，反扭矩直接由半轴承受。而 F_x、F_y、F_z 三个反力以及由它们形成的弯矩，便由轮毂通过两个轴承传给桥壳，完全不经半轴传递。在内端，作用在主减速器从动齿轮上的力及弯矩全部由差速器壳直接承受，与半轴无关。这样的半轴支承形式使半轴只承受扭矩，而两端均不承受任何反力和弯矩，故称为全浮式支承形式。

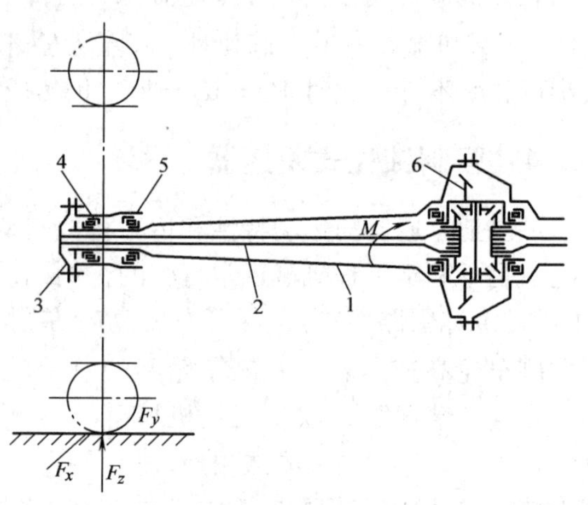

图 7-9 半轴的全浮式支承受力示意图
1—桥壳 2—半轴 3—半轴凸缘 4—轮毂
5—轴承 6—主减速器从动齿轮

为防止轮毂连同半轴在侧向力作用下发生轴向窜动，轮毂内的 2 个圆锥滚子轴承的安装方向必须使它们能分别承受向内和向外的轴向力。轴承的松紧度通过调整螺母调整。

半浮式半轴支承形式如图 7-10 所示。半轴除传递扭矩外，其外端还承受垂直反力 F_z 所形成的弯矩，只有内端是浮动的，故称为半浮式。

全浮式半轴支承有 2 个显著优点：半轴易于拆装，只需拧下半轴凸缘上的螺钉，便可将半轴从半轴套管中抽出；受力简单，有利于提高半轴使用的可靠性。因此，半轴的全浮式支承结构被轮式工程机械广泛地采用。半浮式半轴支承结构简单，质量小，主要应用于承受弯

矩较小的轻型轮式车辆上。

7.4.2　驱动桥壳

驱动桥壳的功能是支承并保护主减速器、差速器和半轴等，使左右驱动车轮的轴向相对位置固定；支承车架及其上的各总成重量；工程机械行驶时，承受由车轮传来的路面反作用力和力矩，并经悬架传给车架。

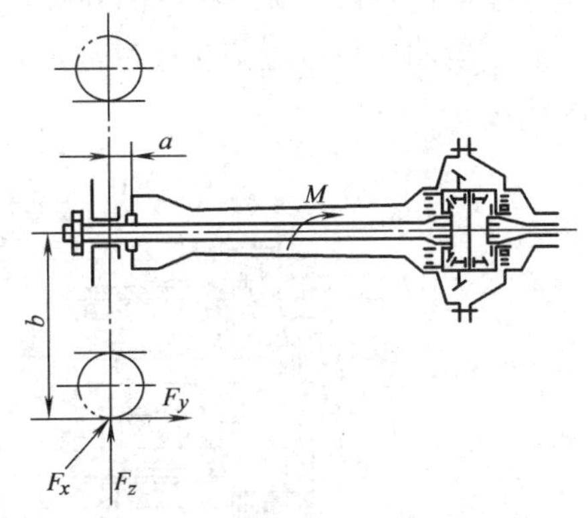

图 7-10　半浮式半轴支承受力示意图

驱动桥壳应有足够的强度和刚度，重量轻，并便于主减速器的拆装和调整。由于桥壳的尺寸比较大，制造较困难，故其结构形式在满足使用要求的前提下，要尽可能简单，以便于制造。

驱动桥壳可分为整体式桥壳和分段式桥壳。整体式桥壳具有较大的强度和刚度，且便于主减速器的装配、调整和维修，普遍应用于各类工程机械上。

74 式Ⅲ挖掘机的桥壳即为整体式桥壳（见图 7-11）。桥壳的两边各用螺栓与车架支承座固定。桥壳上的凸缘盘用于固定制动器底板；两端花键用来安装轮边减速器齿圈支架。主传动装置和差速器装在桥壳内，并用螺钉将主减速器壳体固定在桥壳上。桥壳上设有加检油孔，平时用螺塞封闭。上面有通气孔，底部装有放油螺塞。

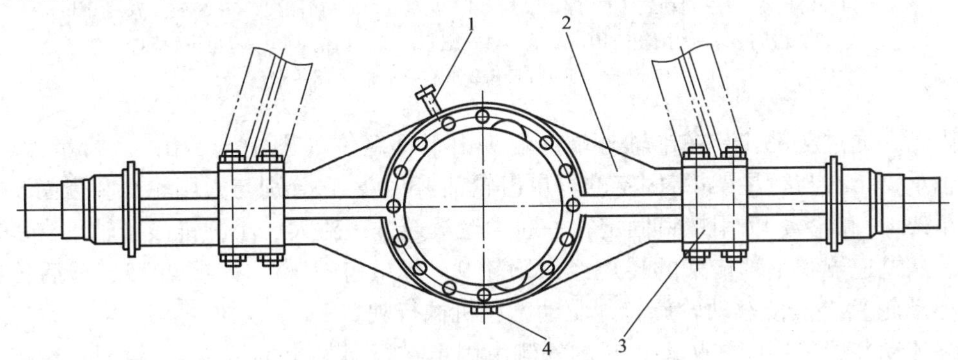

图 7-11　74 式Ⅲ挖掘机后桥壳

1—通气塞　2—后桥壳　3—压板　4—螺塞

有些工程机械使用刚度更大的全封闭式整体铸造桥壳。ZL50 装载机的桥壳是分左、中、右 3 段制造的，3 段装配在一起后再焊接成一个整体。分段式桥壳便于制造，检修时不需将整个驱动桥拆下，维修方便。

7.4.3　最终传动装置

最终传动装置是传动系统中最后一个减速增矩装置，它可以加大传动系统总的减速比，满足整机的行驶和作业要求；另外，最终传动装置可以相应减小主减速器和变速器的速比，降低了这些零部件传递的转矩，减小了它们的结构尺寸。

1. 轮式机械最终传动装置

图 7-12 所示为 966D 型装载机的行星齿轮式最终传动装置的结构。在驱动桥壳两端分别

由螺钉固定住花键套4，在它的外圆花键上安装着齿圈架5，二者由挡圈7通过螺钉6联接在一起。齿圈8与齿圈架5通过齿形花键联接，并用卡环18限制齿圈轴向移动，因此齿圈8是固定件。

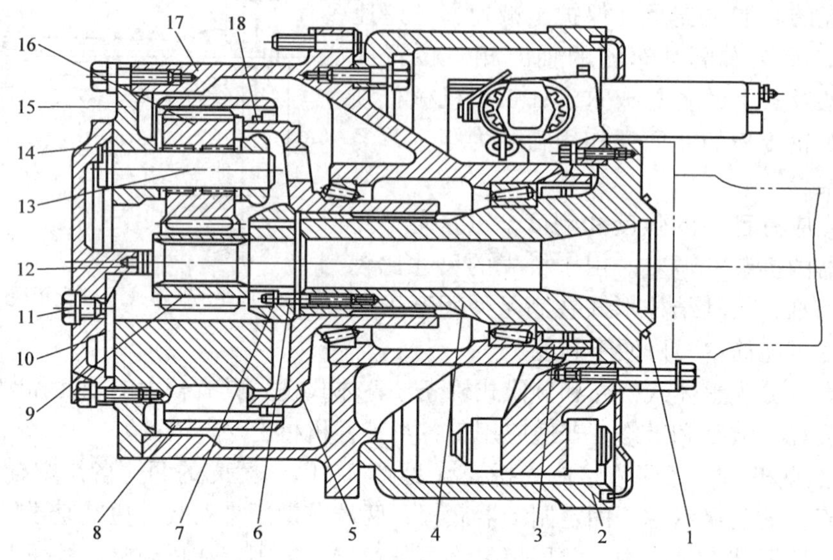

图7-12 966D型装载机的最终传动装置

1、14—密封圈 2—制动鼓 3—浮动油封 4—花键套 5—齿圈架 6—螺钉 7—挡圈 8—齿圈 9—太阳轮 10—端盖 11—螺塞 12—挡销 13—行星齿轮轴 15—行星架 16—行星齿轮 17—轮毂 18—卡环

太阳轮9通过花键安装在半轴外端，端头由卡环定位（图中未示出）。行星齿轮16通过滚针轴承支承在与行星架15固定的行星齿轮轴13上，它分别与太阳轮9和齿圈8啮合。

行星架15和轮毂17用螺钉固定在一起，轮毂通过一对大、小圆锥滚子轴承支承在花键套4上。从差速器和半轴传来的转矩经太阳轮9、行星齿轮16、行星架15，最后传到轮毂17（即驱动轮）上，使驱动轮旋转，驱动工程机械行驶。

最终传动装置采用闭式传动，它的外侧由固定在行星架上的端盖10封闭。端盖上安装有挡销12，防止半轴向外窜动；还加工有螺塞孔，用来加注润滑油并控制油面高度，平时由螺塞11封堵。轮毂内侧与花键套之间安装着浮动油封3，防止润滑油漏入制动器中。

2. 履带式机械最终传动装置

履带式机械最终传动装置有平行轴式圆柱齿轮传动和行星齿轮传动2种形式。

图7-13所示为国产TY120型推土机采用的双级平行轴式圆柱齿轮最终传动装置。动力经接盘27输入，经主动齿轮24、双联中间齿轮23、从动齿轮37两级齿轮传递后由驱动链轮1输出，驱动履带转动，从而使推土机行驶。

半轴32的右端支承在驱动桥壳上的座孔内，并用半轴锁母30和锁母箍31锁定，其左端通过外轴承8及外轴承座16支承在台车架上。因此，半轴在此仅起支承作用，不传递动力。从动齿轮37用螺栓36安装于滑套在半轴上的轮毂33上，而驱动链轮1则压装在轮毂的锥形长花键上，并用螺母5紧固，因而保证了从动齿轮37与驱动轮同心。轮毂是用圆锥滚子轴承34、17支承在驱动桥壳的侧壁与半轴外轴承壳6上，这就保证了轮毂在固定的半

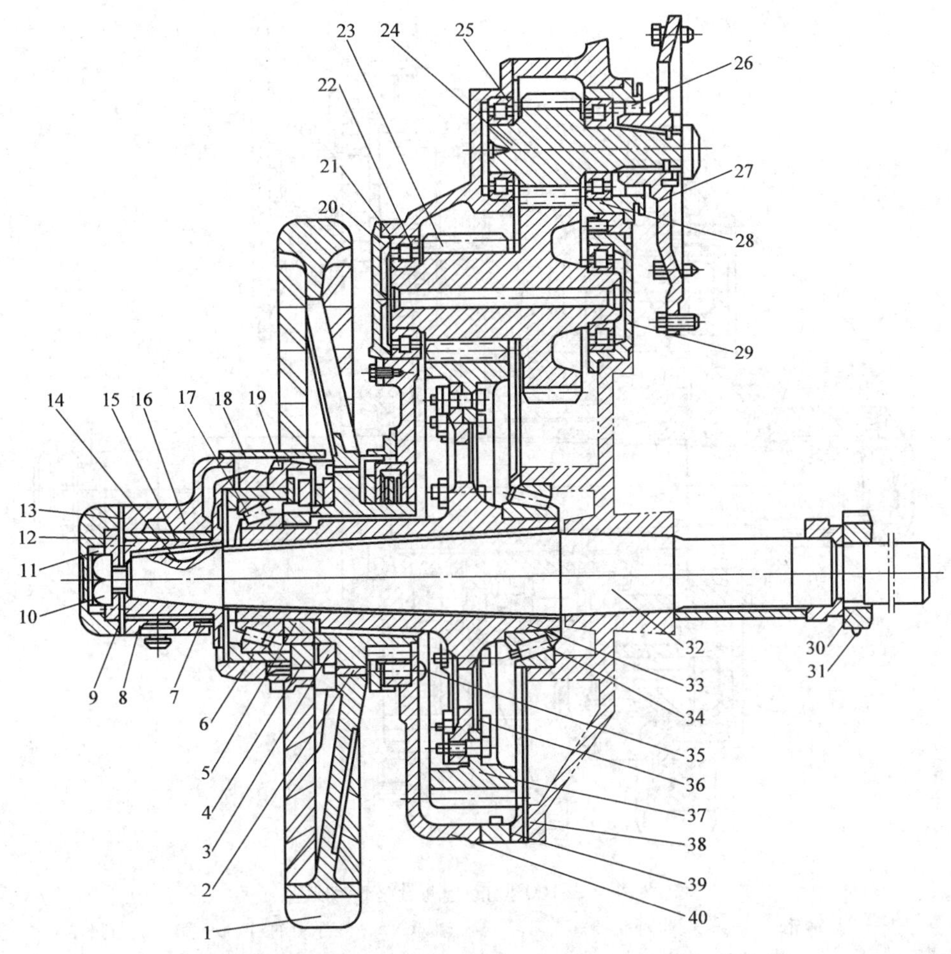

图 7-13　TY120 型推土机终传动装置

1—驱动链轮　2—定位销　3—油封垫圈　4—自紧式端面油封　5—轮毂螺母　6—轴承壳　7—油封　8—半轴外轴承　9、13—调整垫片　10—固定螺母　11—锁圈　12—止推片　14—半圆键　15—外轴承衬套　16—外轴承座　17、34—圆锥滚子轴承　18—挡泥板　19—调整螺母　20—双联齿轮外盖　21—衬垫　22、25—圆柱滚子轴承　23—双联中间齿轮　24—主动齿轮　26—油封　27—接盘　28、29—圆柱轴承座　30—半轴锁母　31—锁母箍　32—半轴　33—轮毂　35—油封垫　36—螺栓　37—从动齿轮　38—外壳盖垫　39—放油塞　40—外壳盖

轴上旋转。

圆锥滚子轴承 34、17 应保证轮毂有 0. 125mm 的轴向间隙，以防止齿轮、轴承及油封产生磨损，它的调整是通过拧在轴承壳 6 上的调整螺母来完成的。

图 7-14 所示为 TY160 型推土机双级行星齿轮式最终传动装置。该传动装置的第一级减速仍为外啮合齿轮减速，第二级为行星齿轮减速。行星齿轮机构由太阳轮、行星轮、行星架及齿圈等组成。

太阳轮固定在第一级减速齿轮的从动轴上。3 个行星齿轮通过轴承、行星齿轮轴装在行星架上，行星架固定在驱动链轮的轮毂上。齿圈与壳体固定在一起。动力经一级减速齿轮 8、10 传给太阳轮 3，经行星齿轮 6 带动行星架和驱动链轮 1 转动。

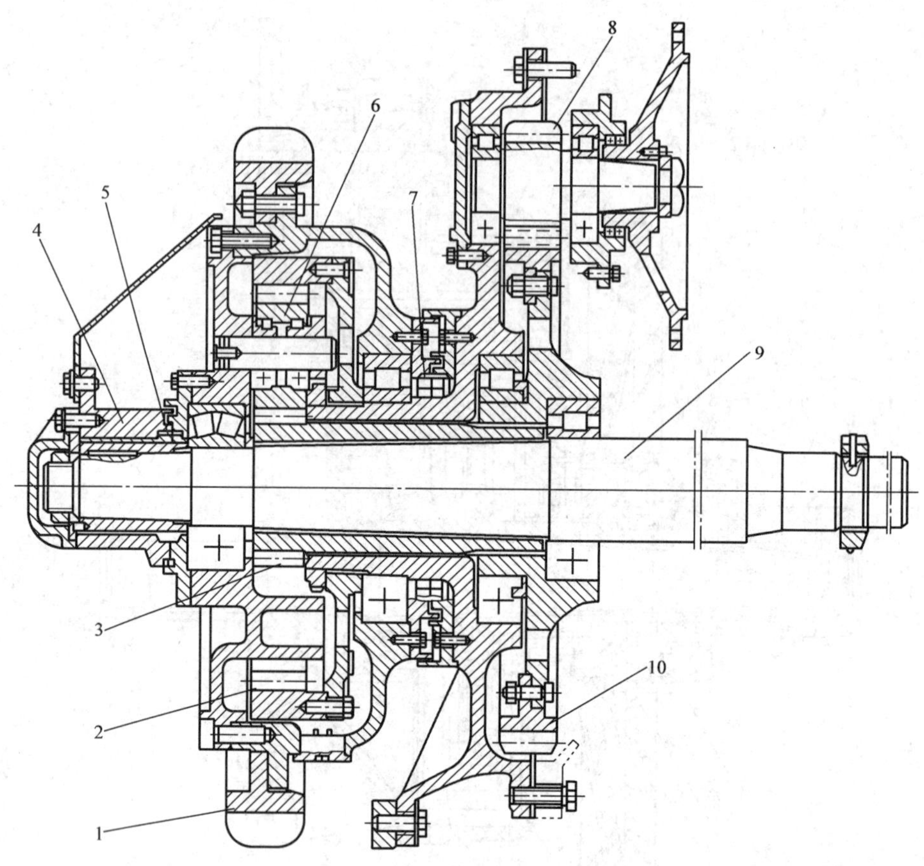

图 7-14 TY160 型推土机最终传动装置

1—驱动链轮 2—第二级齿圈 3—太阳轮 4—轴承 5—外浮动油封 6—第二级行星轮 7—内浮动油封 8—第一级小齿轮 9—半轴 10—第一级大齿轮

7.5 ZL50 装载机驱动桥

图 7-15 所示为 ZL50 装载机驱动桥。由于装载机需要较大的牵引力，所以轮式装载机前、后桥均为驱动桥。前桥直接固定在前车架上，后桥为摆动桥，通过副车架与后车架相连。轮式装载机基本上都采用铰接式转向，故前、后驱动桥除主传动螺旋锥齿轮中的旋向不同外，其他件全部通用。第三代装载机出现了后桥中心摆动式，不再用副车架，而用摆动架与后车架相连，后桥壳体与主传动托架和前桥不通用，其余件仍然与前桥完全通用。

目前，我国轮式装载机的驱动桥基本上都采用整体桥壳，全浮式半轴，具有主传动及轮边两级减速的驱动桥。主传动一般都采用一级螺旋锥齿轮减速，轮边一般都采用行星式轮边减速。

第三代 ZL50 轮式装载机驱动桥出现了带内藏湿式多片式制动器及防滑差速器的驱动桥，改善了制动性能，恶劣作业条件下的通过性能及作业性能。还有一种桥壳为三节式，最终传动装置及内藏湿式多片式制动器都集中在桥的中部，紧靠主传动的两边。这种结构性能好，但制造难度较大，卡特彼勒的 950B 型，小松的 WA380-3 型驱动桥都是这样的结构。

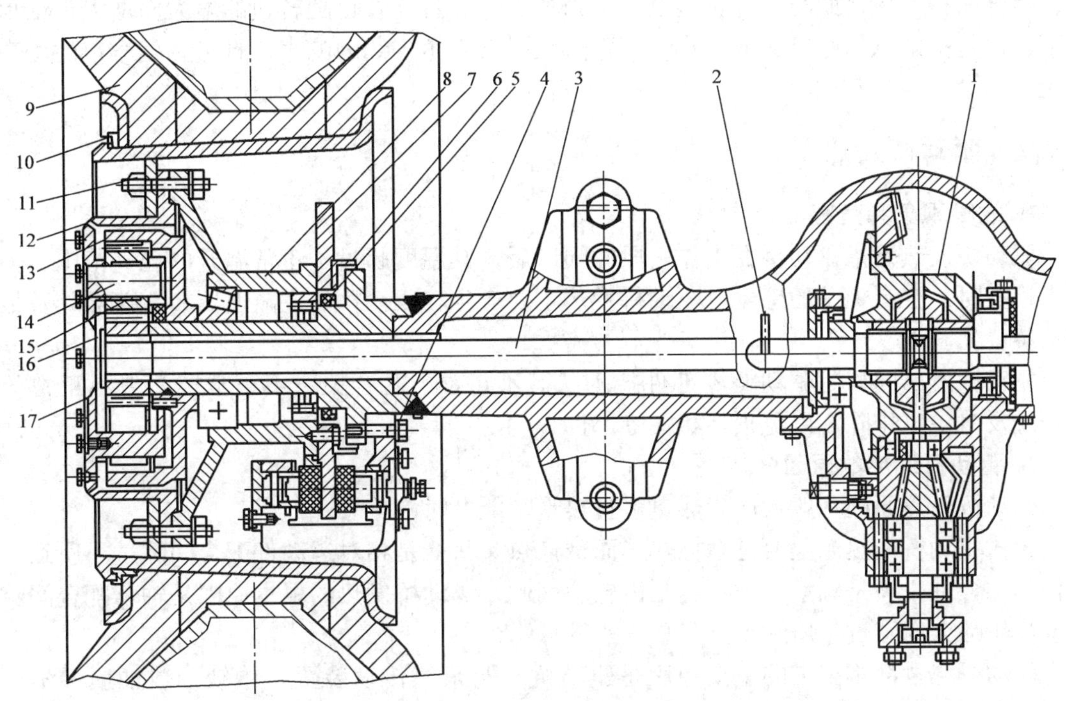

图 7-15　ZL50 装载机驱动桥

1—主减速器　2—透气管　3—半轴　4—桥壳　5—油封　6—轴承　7—制动盘　8—轮毂　9—轮胎　10—轮辋　11—垫片　12—行星架　13—内齿圈　14—行星轮轴　15—行星齿轮　16—太阳轮　17—端盖

7.6　轮式机械驱动桥的常见故障及其原因分析

7.6.1　驱动桥异响

1. 故障现象及危害

轮式驱动桥的异响有多种表现，有的连续响，有的间断响；有的车速改变时响，有的正常行驶时响；有的上坡时响，有的下坡时响；有的响声沉闷，有的响声清脆。

驱动桥响声大多来自主减速器及差速器，也有的发生在最终传动装置处。

驱动桥异响是驱动桥零部件间技术状态不正常的反映，应及时查明原因并排除，否则可能引起更大的故障甚至事故。

2. 驱动桥异响的原因分析

驱动桥异响多是由于后桥（包括最终传动装置）中某些零件产生碰撞或干涉所致。由于不同零件在不同状态下产生响声的强度、性质不同，所以可根据异响产生的条件、部位来判断异响的声源，查明异响的原因。

从异响产生的原因看，异响可分为 2 大类：一是由于零件间连接松动、零件损坏引发的响声，此种异响多属零件间不正常的摩擦与碰撞，故响声比较清晰；二是由于轴承配合不正常、齿轮啮合不正常产生的响声。齿轮啮合不正常是指啮合间隙过小或过大，啮合部位不正确，啮合面积不足，此时会产生连续、清晰的响声，且声音也随转速的增大而增大；轴承配合不正常是指轴承间隙过大或过小，间隙过大时会产生连续的响声，且声音随车速的增高而增大。

7.6.2 驱动桥发热

1. 故障现象和危害

驱动桥发热是指驱动桥在工作一段时间以后，其温度超过了正常温升的允许范围，一般手摸检查时，会有烫手的感觉。驱动桥发热主要产生在驱动桥的主减速器、差速器处及最终传动装置处。

驱动桥发热同样是驱动桥零部件技术状态不正常，配合关系不正常或润滑不正常的表现，应及时予以排除，以免损坏相关零部件。

2. 驱动桥发热的原因分析

驱动桥发热原因一般为产生热量多且热量不能及时散出去。

轮式驱动桥的热源主要是摩擦热，而摩擦热又只能是相对运动件配合间隙过小所致。驱动桥的配合件一类是轴承，另一类是齿轮。因此，驱动桥发热的根本原因是轴承配合间隙过小或齿轮啮合间隙过小所致。

驱动桥热量散不出去的主要原因是驱动桥（与最终传动装置）中缺油或油质低劣。缺油或油质低劣不仅使驱动桥产生的摩擦热不能及时散出，而且会使相对运动件处于干摩擦状态，使摩擦热大大增加。

驱动桥发热可根据发热的部位判明发热的原因，如轴承处过热时，可判明是轴承引起的；整个驱动桥壳体发热时，可能是齿轮啮合不正常或因缺油引起的，要及时加注符合标准的润滑油。

7.6.3 驱动桥漏油

（1）故障现象和危害

驱动桥漏油大多发生在桥包处及最终传动装置处，且大多在密封处与接合面处外漏。

（2）驱动桥漏油的原因分析

驱动桥漏油，主要是由于密封件或密封垫损坏所致，前者如最终传动装置油封损坏引起的漏油等，后者如后桥壳、最终传动装置接合面的漏油等。

7.7 轮式机械驱动桥的维护

1. 润滑油的添加与更换

添加或更换润滑油时，应根据季节和主减速器的齿轮形式正确选用齿轮油。更换新油时，趁机械走热时放净旧油，然后加入粘度较小的机油或柴油，顶起后桥，挂空挡运转数分钟，以冲洗内部，再放出清洗油，加入新润滑油。整体式驱动桥也可拆下桥壳盖清洗。

车轮轴承应定期更换润滑脂。目前，车轮轴承多用锂基或钙基润滑脂。

2. 主传动器轴承的调整

驱动桥轴承调整工作的目的是保证轴承的正常间隙。轴承过紧，则其表面压力过大，不易形成油膜，加剧轴承磨损；轴承过松，间隙过大，齿轮轴向旷量增大，影响齿轮啮合。主减速器主动锥齿轮 2 个轴承的间隙可用百分表检查。检查时将百分表固定在后桥壳上，百分表触头顶在主动锥齿轮外端，然后撬动传动轴凸缘，百分表的读数差即为轴承间隙。间隙不符合技术要求时，改变两轴承间垫片或垫圈的厚度进行调整。维护时，后桥拆洗装配后，主动锥齿轮轴承预紧度用拉力弹簧或用手转动检查。当轴承间隙正常时，转动力矩为 1 ~ 3.5 N · m。间隙小加垫或增厚垫圈，间隙大则相反。

双级减速主减速器中间轴的轴承间隙为 0.20 ~ 0.25mm，不合适时，用轴承盖下的垫片进行调整。在左右任意一侧增加垫片时，轴承间隙增大，相反则减小。差速器壳轴承松紧度采用旋转螺母进行调整。调整时，先将螺母拧紧，然后退回 1/6 ~ 1/10 圈，使最近的一个调整螺母缺口与锁止片对正，以便锁止。

3. 锥齿轮啮合的调整

主减速器的使用寿命和传动效率在很大程度上取决于齿轮啮合是否正确。检查主动锥齿轮和从动锥齿轮的啮合印痕时，在齿面上涂上红铅油，然后转动齿轮，检查齿面上的印痕。齿轮啮合印痕应符合相关尺寸规定（见图 7-16）。齿轮啮合印痕不正确时，应调整两边轴承座下的垫片，即从一边轴承座下取出垫片，装入另一边。

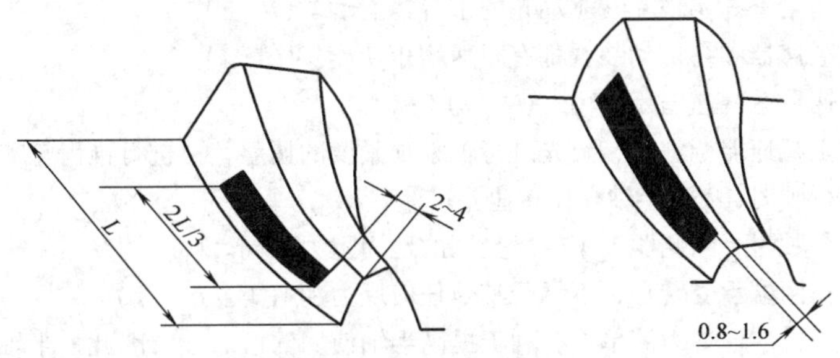

图 7-16　啮合印痕的正确位置

调整主动锥齿轮位置也可通过增加或减少调整片的厚度实现。调整后齿轮啮合间隙约为 0.15 ~ 0.40mm。

有些单级主减速器（如 ZL50 型装载机）的从动锥齿轮背面有止推螺栓，防止负荷过大或轴承松动时，从动齿轮产生过大偏差或变形。此时，调整主动锥齿轮和从动锥齿轮后，应重新调整止推螺栓，使其与从动锥齿轮背面保持 0.25 ~ 0.40mm 的间隙。

4. 后桥车轮轴承的调整

车轮轴承过紧将增大转动阻力，摩擦损失增大，容易磨损；轴承过松，将使车轮歪斜，甚至在运行时产生摇摆，同样会损坏轴承及驱动桥其他零件。因此，在维护时，应检查车轮轴承的松紧度，并及时进行调整。

在装配轮毂轴承前，首先检查轴承油封、轴承、后轴管螺纹及螺母等机件的技术状况，后轮轮毂轴承松紧度的一般调整方法是，先装上轮毂内轴承，再装制动鼓与轮毂外轴承，在旋紧调整螺母的同时旋转制动鼓（使安装位置准确），直到感觉微有转动阻力为止。将调整螺母反方向旋松 1/8 ~ 1/6 圈（约 2 个孔），最后紧固锁紧螺母。调整完成的后轮轮毂轴承不应有可察觉的轴向松动感觉，并且转动自如无摆动。调整后进行路试，行驶 10km 左右，然后用手摸试轮毂的温度，如有发热现象，则为轴承过紧所致，必须重新调整。

后桥的维护除上述内容外，还应检查油封、轴承盖、螺塞及各总成密封垫，并按规定进行必要的清洗、调整和紧固等。

复习与思考题

一、填空题

1. 轮式工程机械驱动桥一般是由（　　）、（　　）、（　　）、（　　）及（　　）等组成。

2. 轮式工程机械驱动桥的功能是将由万向传动装置传来的发动机转矩传给驱动车轮，并经（　　）、改变（　　）方向，使机械行驶，而且允许左右驱动车轮以不同的转速旋转。

3. 主减速器的功能是（　　），并改变发动机输出动力的旋转方向。

4. 轮式工程机械的主减速器从动锥齿轮的调整包括从动锥齿轮（　　）的调整和主、从动锥齿轮之间的（　　）的调整。

5. 根据半轴承受弯矩的情况，半轴分为（　　）和（　　）。

6. 为了提高轮式工程机械通过坏路面的能力，可采用（　　）差速器。

7. 轮式机械驱动桥的常见故障有（　　）、（　　）和（　　）3 大类。

8. ZL50 装载机的主减速器从动锥齿轮用螺栓固定在（　　）壳体。

二、判断题

1. 主减速器的作用之一是实现左右驱动轮的不等速运动。（　　）

2. 工程机械的主减速器和终传动装置都有减速增矩功能。（　　）

3. 工程机械的差速器有减速增矩作用。（　　）

4. 轮式工程机械主减速器调整中，要先进行轴承预紧度的调整，再进行锥齿轮啮合的调整。（　　）

5. 工程机械直线行驶时，2 个半轴存在转速差。（　　）

6. 工程机械转向行驶时，两侧驱动车轮所受到的地面阻力相同。（　　）

7. 全浮式半轴只在两端承受转矩，不承受其他任何反力和弯矩。（　　）

8. 全浮式半轴易于拆装，受力简单，有利于提高半轴使用的可靠性。因此，半轴的全浮式支承结构被轮式工程机械广泛采用。（　　）

9. 半浮式半轴只在两端承受转矩，不承受其他任何反力和弯矩。（　　）

10. ZL50 装载机的主减速器从动锥齿轮通过轴承支承在差速器壳体。（　　）

三、单项选择题

1. 在工程机械传动系统中，（　　）将动力分配给左右驱动轮。

A. 主减速器　B. 变速器　C. 离合器　D. 差速器

2. 行星齿轮差速器的运动特性和动力特性可以归纳为（　　）。

A. 差速不差矩　B. 不差速不差矩　C. 不差速差矩　D. 差速也差矩

3. 全浮式半轴支承承受（　　）。

A. 弯矩　B. 两端的反力　C. 扭矩　D. 弯矩、两端的反力、弯矩和扭矩

4. 轮式工程机械直线行驶时无异响，当转弯时驱动桥处有异响说明（　　）。

A. 主、从动锥齿轮啮合不良　B. 差速器行星齿轮与半轴齿轮不匹配，使其啮合不良

C. 制动鼓内有异物　D. 齿轮油加注过多

5. 装用普通锥齿轮差速器的工程机械，当 1 个驱动轮陷入泥坑时，机械难于驶出的原因是（　　）。

A. 该轮无转矩作用　B. 好路面上的车轮得到与该轮相同的小转矩

C. 此时的两车轮转向相反　D. 差速器不工作

6. 驱动桥发热的原因（　　）。

A. 驱动桥（与最终传动装置）中缺油或油质低劣

B. 轴承配合间隙过小

C. 齿轮啮合间隙过小

D. 驱动桥（与最终传动装置）中缺油或油质低劣、轴承配合间隙过小或齿轮啮合间隙过小

四、简答题

1. 分别写出行星齿轮式差速器的运动特性方程和传力特性方程，并加以说明。

2. 简述主减速器的作用和行星齿轮式差速器的组成。

3. 根据图 7-2 回答下列问题：

1）写出图中各个标号的名称。

2）简述直线行驶的动力传动过程。

3）简述左转弯行驶的原理。

4. 根据图 7-1 回答下列问题：

1）说明轮式驱动桥的组成及工作过程，并且写出图中各个标号的名称。

2）标号 2 装置和标号 3 装置的主要作用是什么？

5. 简述轮式机械驱动桥的常见故障及其原因。

6. 怎样调整主减速器轴承的间隙？

第8章　行　驶　系

本章重点介绍行驶系的功能、基本组成和工作原理，主要装置的典型结构、工作原理及特点。分析了行驶系的主要故障现象、故障原因和检修方法。

8.1　概述

8.1.1　行驶系的功能

行驶系是工程机械底盘的重要组成部分之一，它的主要功能是将工程机械各组成部分构成一个整体，支承全机质量；承受并传递各种力和力矩，保证工程机械正确行驶或作业；吸收振动、缓和冲击；将发动机传来的转矩转化为使工程机械行驶（或作业）的牵引力；轮式行驶系还要与转向系配合，实现工程机械的正确转向。

8.1.2　行驶系的分类及特点

目前，工程机械的行驶系主要分为轮式机械行驶系和履带式机械行驶系。

轮式机械行驶系采用了弹性较好的充气橡胶轮胎，且应用了悬架，因而具有良好的缓冲、减振性能，而且行驶阻力小，行驶速度高，机动性好。尤其随着轮胎性能的提高和超宽基超低压轮胎的应用，工程机械的通过性能和牵引力都比过去有了较大的提高。轮式机械行驶系与履带式行驶系相比，它的主要缺点是附着力小，通过性能较差。

履带式机械行驶系与轮式机械行驶系相比，它的接地面积大，接地比压小，履带所支承的全部重量都是附着重量，而且大多数履带板上都制有履带齿，可以深入土壤内，抓地能力强，越障碍物能力强，所以比轮式机械行驶系的牵引性能和通过性能都好得多。但是，履带式机械行驶系的结构复杂，质量大，运动惯性大，运行速度受限制，而且没有像轮胎那样的缓冲作用，易使零部件磨损，维修量大，所以它的机动性较差，一般行驶速度较低，并且易损坏路面，转移作业场地困难。

由于轮式机械行驶系和履带式机械行驶系各自都有比较突出的优点，所以两种行驶系在工程机械上的应用都比较广泛。

8.2　轮式机械行驶系

8.2.1　轮式机械行驶系的组成及行驶原理

1. 系统组成

轮式机械行驶系如图8-1所示，它通常由车架、车桥、悬架和车轮等组成。车架通过悬架连接车桥，悬架起吸收振动及缓和冲击的作用，车轮则安装在车桥的两端。

对于行驶速度较低的轮式工程机械，为了保证其作业时的稳定性，一般不安装悬架，而将车桥直接与车架刚性连接，仅依靠低压的橡胶轮胎缓冲减振。对于行驶速度高于 40 ~ 50km/h 的其他工程机械，则必须装有弹性悬架装置。

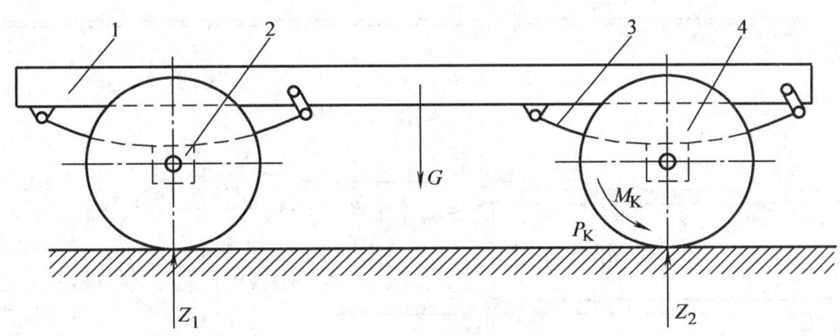

图 8-1　轮式机械行驶系的组成

1—车架　2—车桥　3—悬架　4—车轮

2. 行驶原理

如图 8-1 所示，机械整机的重力 G 通过车轮传到地面，引起地面产生作用于前轮和后轮上的垂直反力 Z_1 和 Z_2。当发动机经传动系统传给驱动轮 1 个驱动力矩 M_K 时，地面产生作用于驱动轮边缘的牵引力 P_K。这个推动整个机械行驶的牵引力 P_K 便由行走系统来承受。P_K 从驱动轮边缘传至驱动桥，同时经车架传至前桥轴，推动车轮滚动而使整机行驶。

8.2.2　车架

车架又称机架，是整机的骨架，全部的零部件都直接或间接地安装在车架上面。车架受力复杂，图 8-1 所示的各种力及行驶与作业中的冲击都将传到车架上。因此，车架必须具有足够的强度和刚度，以保证整机的正常工作。此外，车架的构造还必须满足整机布置和整机性能的要求。

不同的机种有不同的作业对象和作业方式，车架的结构形式也不相同。目前，轮式工程机械的车架结构形式一般可分为整体式车架和铰接式车架。

1. 整体式车架

采用偏转车轮转向的工程机械采用整体式车架。如轮式挖掘机、起重机等。整体式车架是由两根位于两边的纵梁与若干横梁铆接或焊接而成的一个完整的框架。图 8-2 所示为 QY16 汽车式起重机的整体式车架，由 2 根钢板焊成的纵梁和若干根横梁等组成。2 根纵梁是用钢板焊接或者冲压而成，纵梁的断面是前后变化的，由于后半部承受较大部分的载荷，所以断面高度尺寸也是加大的，通常为了增加其强度而采用箱形断面；前半部承受载荷较小，所以断面高度尺寸要比后半部小，采用槽形断面。2 个纵梁前后均用横梁相连。为了便于安装，横梁的形状并不相同。在车架后半部负荷较大的部分，为增加其强度和刚度设置了 2 个 X 形横梁；而在车架的尾部，为了增加车架的局部强度设置了 K 形梁。

2. 铰接式车架

铰接式车架通常由 2 段车架组成，2 段车架之间用铰销联接，故称为铰接式车架。由于铰接式车架具有转弯半径小、前后桥通用及工作装置容易对准工作面等优点，在装载机、推土机、铲运机及压路机等轮式工程机械中采用广泛。

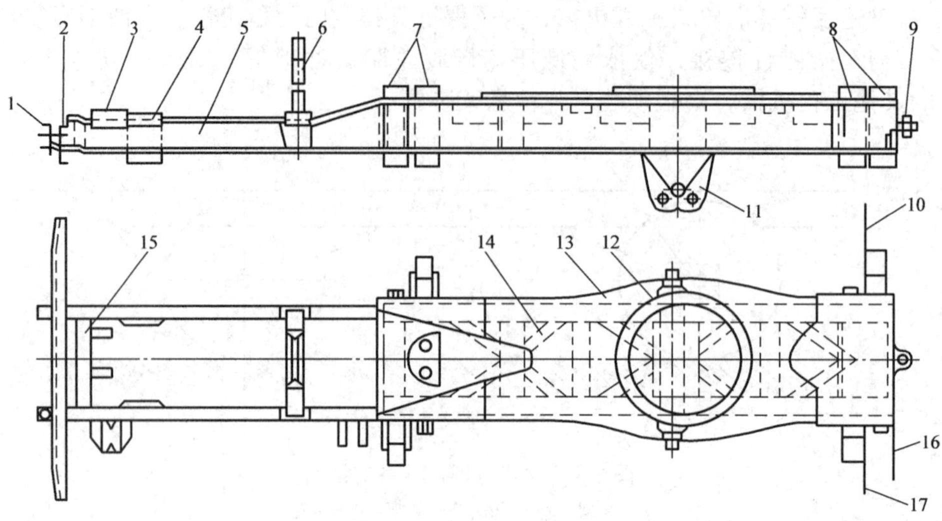

图 8-2 QY16 汽车式起重机车架

1—前托钩 2—保险杠 3—转向机构支座 4—发动机支架板 5—纵梁 6—起重支架 7、8—支腿架 9—牵引钩 10—右尾灯架 11—平衡轴支架 12—圆垫板 13—上盖板 14—斜梁 15—横梁 16—左尾灯架 17—牌照灯架

图 8-3 所示为第一代 ZL50 型装载机的铰接式车架，它的前车架和后车架通过垂直铰销联接，可绕铰销相对偏转。前、后车架也是由 2 根纵梁和若干根横梁铆接组成，纵梁和横梁

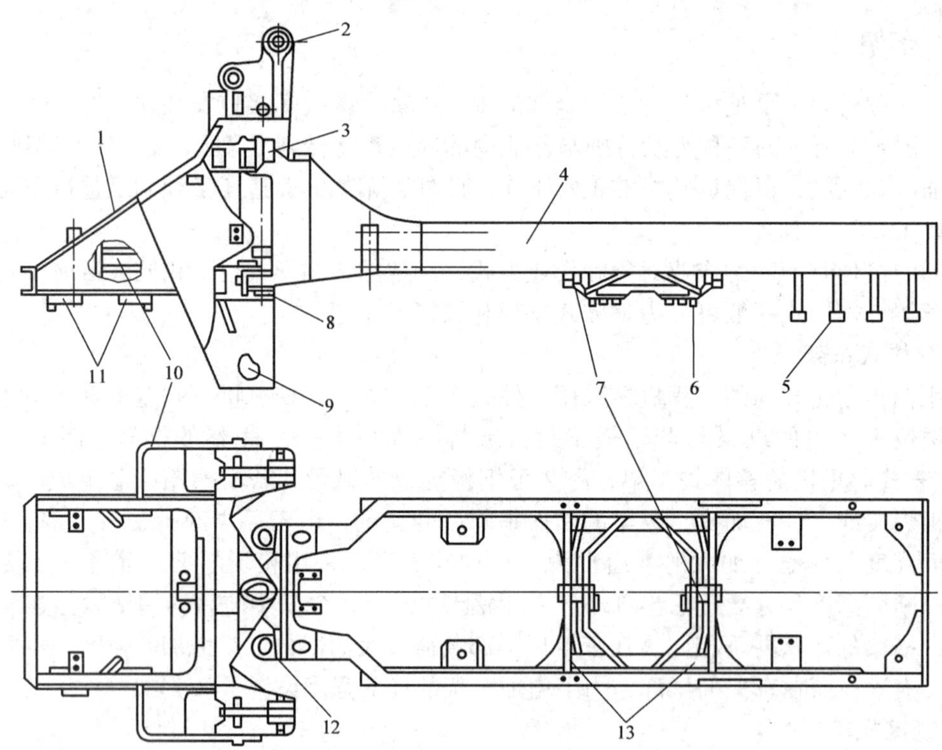

图 8-3 ZL50 型装载机铰接式车架

1—前车架 2—动臂铰点 3—上铰销 4—后车架 5—螺栓 6—副车架 7—水平销轴 8—下铰销 9—动臂液压缸铰销 10—转向液压缸前铰点 11—限位块 12—转向液压油缸后铰点 13—横梁

之间用铆接或焊接的方法连在一起。前车架与前桥连接，后车架通过副车架与后驱动桥相连。后驱动桥可绕水平销轴转动，从而减轻了地形变化对车架和铰销的影响。这种机械的转向系统简单可靠，而且转弯半径小。

铰接式车架的铰接点结构形式主要有 3 种，分别为销套式、球铰式和滚锥轴承式。

(1) 销套式铰接点结构　销套式铰接点结构如图 8-4 所示，前、后车架通过垂直铰销 1 连接。销套 5 压入后车架 4 的销孔中，铰销 1 插入前、后车架的销孔后，通过锁板 2 固定在前车架 6 上，使之不能随意转动。垫圈 3 可避免前后车架直接接触而造成磨损。其特点是结构简单，工作可靠，但要求上、下铰点销孔有较高的同轴度，上、下铰接点距离不宜太大。目前，中、小型机械广泛采用这种结构形式。

(2) 球铰式铰接点结构　球铰式铰接点结构如图 8-5 所示。与销套式不同的是，其在前车架 8 的销孔处装有由球头 6 和球碗 7 组成的关节轴承，增减调整垫片 9 可调整球头 6 与球碗 7 之间的间隙，关节轴承的润滑可通过由油嘴 5 注入的润滑脂实现。这种结构采用了关节轴承，可使铰销受力情况得到改善。同时，球铰式铰接点具有一定的调心功能，可增大上、下铰销的距离，从而减小铰销的受力。大型装载机（如 ZL70 型和 ZL90 型装载机）都采用这种结构形式。

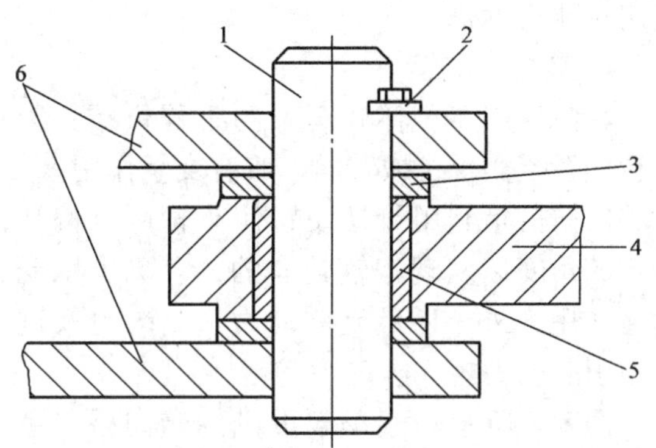

图 8-4　销套式铰接点结构

1—铰销　2—锁板　3—垫圈　4—后车架　5—销套　6—前车架

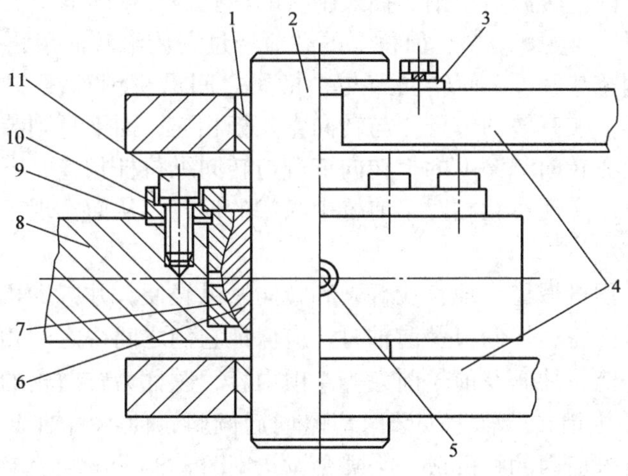

图 8-5　球铰式铰接点结构

1—销套　2—铰销　3—锁板　4—后车架　5—油嘴　6—球头　7—球碗　8—前车架　9—调整垫片　10—压盖　11—螺钉

(3) 滚锥轴承式铰接点结构　滚锥轴承式铰接点结构如图 8-6 所示，在前车架 1 的销孔处装有滚锥轴承 7，铰销 2 通过弹性销固定在后车架 9 上。这种结构采用了滚锥轴承，使前、后车架偏转更为灵活轻便，但其结构较为复杂，成本也较高。第三代 ZL50 型装载机采用这种结构形式。

8.2.3 车桥

轮式工程机械的车桥通常是1根刚性的实心梁或空心梁，两端安装车轮，它直接或通过悬架与车架相连，用以在车轮和车架之间传递各种作用力。

根据车桥两端车轮作用的不同，轮式工程机械的车桥可分为驱动桥、转向驱动桥、转向桥和支承桥。

1. 转向桥构造

转向桥用于整体式车架的工程机械，配合转向系统实现机械转向，兼有支承作用。

转向桥是利用铰销装置使车轮可以偏转一定的角度以实现车辆转向的，它除了承受垂直作用力外，还承受制动力、侧向力及这些力引起的力矩。

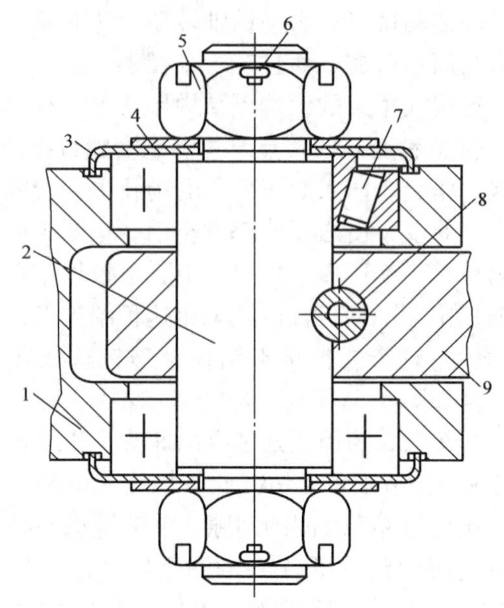

图8-6 滚锥轴承式铰接点结构

1—前车架 2—铰销 3—轴承盖 4—垫圈 5—螺母 6—开口销 7—滚锥轴承 8—弹性销 9—后车架

图8-7所示为汽车起重机的转向桥，主要由前桥梁1、转向节7和轮毂10组成。前轮轮毂10经2个圆锥滚子轴承9和11支承在转向节7外端的轴颈上，轴承的预紧度可以通过其外端的调整螺母12来进行调整。轮毂的外侧用罩盖住，内侧则用油封8来密封，以防止润滑脂进入制动器内。转向节主销3插入轴头的通孔内，使转向节叉与前桥中梁铰接。前桥中横梁端头下方置有推力轴承4，前桥上的载荷经过它传给转向节再传到车轮上。前桥中横梁端头上方放有调整垫片6，使转向节与中横梁之间沿主销轴线方向保持一定的活动间隙。在转向节的上耳上装有转向节臂，与转向直拉杆相连；而下耳则装有一个梯形臂，与转向横拉杆相连。固定在转向节叉上的上转向节臂与转向纵拉杆相连，下转向节臂与转向横拉杆相连，操纵拉杆可以实现车轮相对于前桥中横梁的偏转，从而实现车辆的转向。

2. 转向轮的定位

为了保证轮式工程机械稳定地直线行驶和转向操纵轻便，并减少机械行驶中轮胎和转向机构的磨损，装配转向轮、转向节及前轴时，应保证它们之间一定的相对位置关系，包括主销后倾、主销内倾、前轮外倾及前轮前束等4项内容，总称为转向轮的定位。

（1）主销后倾 主销在前轴上安装时应略向后倾斜，使主销轴线与通过车轮中心的垂直线在机械纵向垂直剖面内的投影成一个夹角γ（见图8-8），该夹角称为主销后倾角。

当机械直线行驶时，若车轮受到外力作用而偏转时（假设向右偏转），由于离心力的作用，在车轮与地面的接触点b处，地面对车轮产生一个侧向反作用力$\boldsymbol{Y}$。由于主销轴线延长线与地面的交点为a，侧向反作用力$\boldsymbol{Y}$就对车轮形成一个绕主销轴线的作用力矩$\boldsymbol{Y}\times\boldsymbol{L}$（回正力矩），其方向和车轮偏转方向相反。因此，车轮在回正力矩的作用下自动恢复到原来的中间位置，确保机械直线行驶。

从以上分析可以看出，主销后倾的目的是使车轮具有自动回正的能力，保持机械直线行

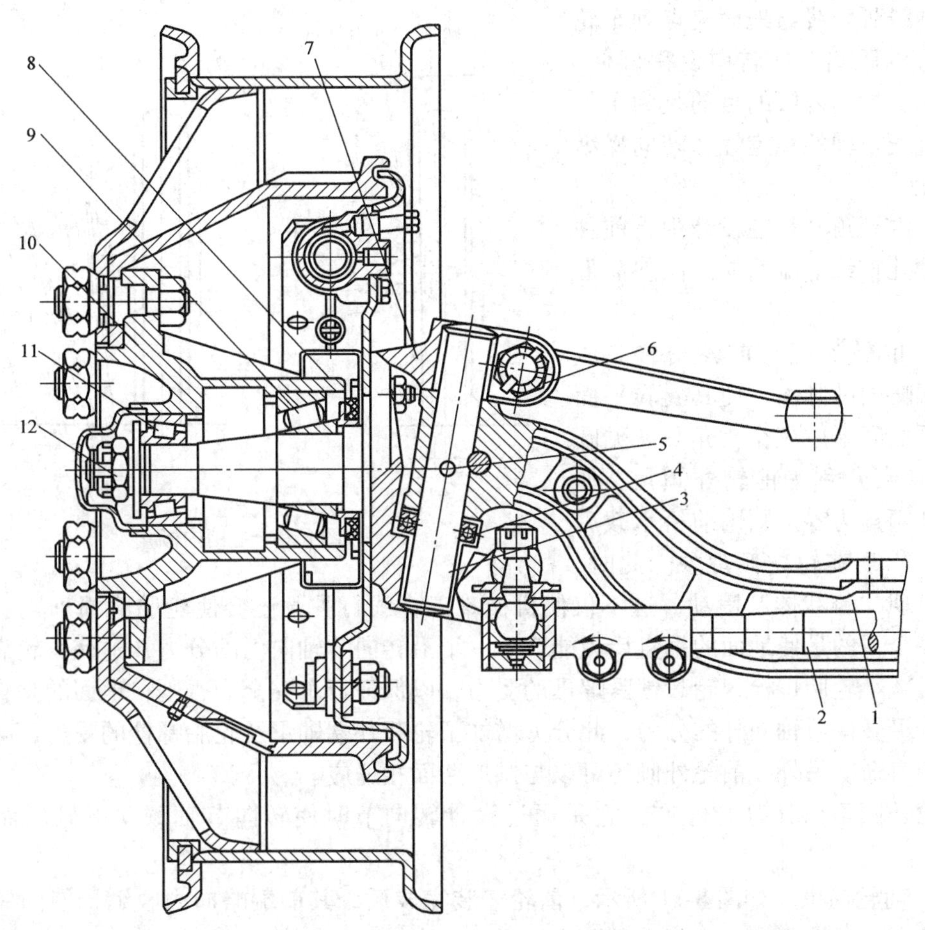

图 8-7　转向桥

1—前桥梁　2—横拉杆　3—主销　4—推力轴承　5—楔形锁销　6—调整垫片　7—转向节　8—油封　9、11—圆锥滚子轴承　10—轮毂　12—调整螺母

驶的稳定性。

主销后倾角一般为 1°～3°，视机械不同而适当选取。主销后倾角如果选取不当或发生变化，则可能出现转向沉重，或者使机械直线行驶的稳定性降低。

(2) 主销内倾　安装主销时，在横向垂直平面内略向内倾斜，其轴线与铅垂线之间形成一个夹角 β（见图 8-9a)，该夹角称为主销内倾角。

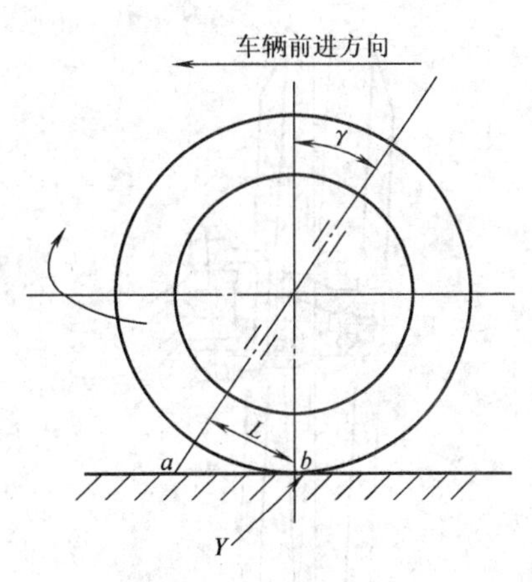

图 8-8　主销后倾角

由于主销内倾，当车轮因转向或受到外力作用而偏转时，轮胎下部将被“压入”路面以下（见图 8-9b)，但事实上这是不可能的。由于地面的支承作用，只能使机械前桥及头部向上抬起，从而在机械自身重力的作用下产生一个使车轮回复原位置的趋势，这种趋势使机械转弯时的自动回正能力和机械直线行驶的稳定性提高。同时，主销内倾减少

了主销轴线延长线与地面交点到车轮接地中心的距离，使转向变得轻便。由此可见，主销内倾的目的是为了保证机械直线行驶的稳定性和转向操纵的轻便性。

主销内倾角 β 是在设计中将前轴两端主销孔轴线上端略向内倾斜而形成的。

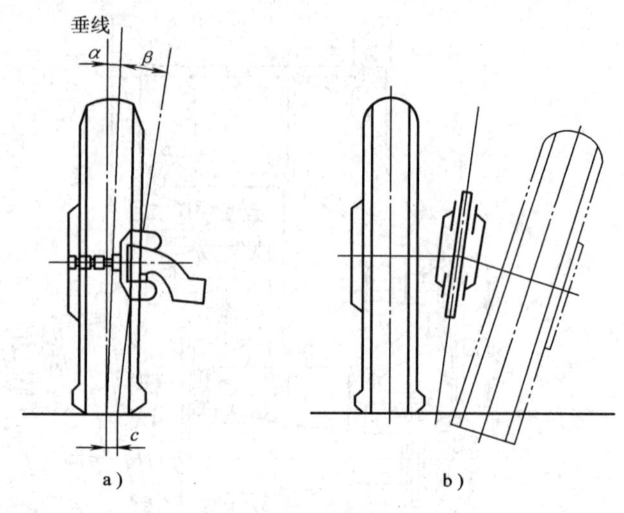

图 8-9　主销内倾角

(3) 前轮外倾　前轮安装完成后，上端略向外倾斜，使其旋转平面和纵向平面间形成一个夹角 α（见图 8-10），该夹角称为前轮外倾角。如果前轮外倾角为零，则因前桥承载后的变形，出现前轮内倾现象。此时，车轮将呈现“锥状体”滚动，这不仅使机械难以直线行驶，还会使轮胎磨损加剧。前轮外倾的另一个目的是使地面的垂直反力能产生一个沿转向节轴向内的分力，迫使车轮靠紧轮毂内轴承，减小轮胎螺栓、轮毂锁紧螺母的受力，以保证行车安全。否则，地面的垂直反力将产生一个沿转向节轴向外的分力，此分力增加了轮毂外端轴承及轮胎螺栓的受力，降低了它们的使用寿命。另外，前轮外倾还可以与拱形路面相适应。

前轮外倾角一般为 1°左右，它是通过设计转向节时使转向节轴颈向下倾斜而得以保证的。

(4) 前轮前束　如图 8-11 所示，前轮安装完成后，其前端略向内收缩，使同一轴的两侧车轮轮辋的后端距离 A 大于前端距离 B，其差值（$A-B$）称为前轮前束。

由于前轮外倾，并在推进力、地面阻力作用下造成前桥变形，所以车轮有向外滚开的趋

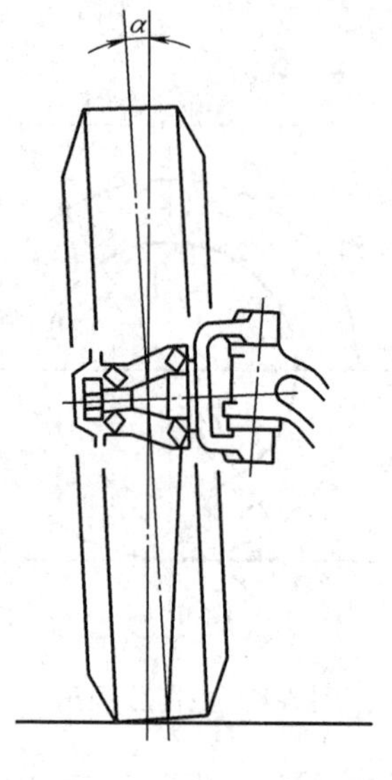

图 8-10　前轮外倾角

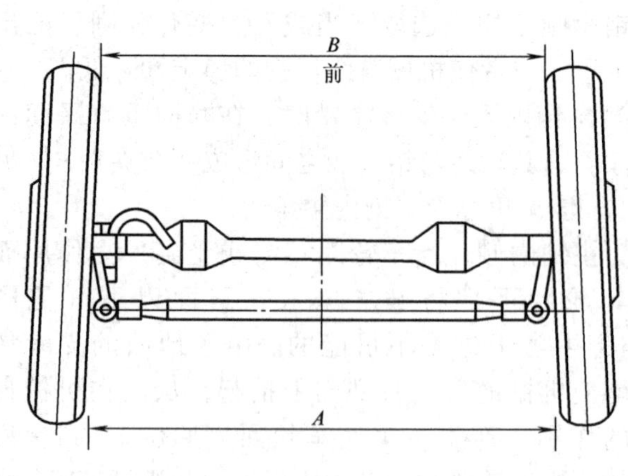

图 8-11　前轮前束

势。但因机械的行驶方向没变，横拉杆和车桥的约束使车轮不能向外滚开，于是，车轮出现边滚动边向内滑拖的现象，从而造成机械行驶的稳定性降低，轮胎磨损加剧。前轮前束克服了因车轮外倾和前桥变形而带来的不良影响，保证了机械行驶的稳定性，减少了轮胎的磨损。

前轮前束值的大小可通过调整转向传动机构中的横拉杆长度来保证，一般为 0 ~ 12mm。

3. 转向驱动桥构造

对于越野车辆和一些工程机械，为了充分利用车辆的附着重量，获得最大的牵引力，提高其通过性，常常采用全轮驱动。在全轮驱动的工程机械上，若车架为整体式，必然有一个车桥为转向驱动桥。转向驱动桥兼有转向和驱动 2 种功能。

图 8-12 所示的 Z435 装载机的后驱动桥就是转向驱动桥，它有和一般驱动桥相同的主减速器和差速器。但由于它的车轮在转向时需要绕主销偏转一个角度，故半轴必须分成内、外 2 段，并用万向节连接，主销也分制成上、下两段，转向节轴颈部分做成中空，以便外半轴（驱动轴）穿过其中。

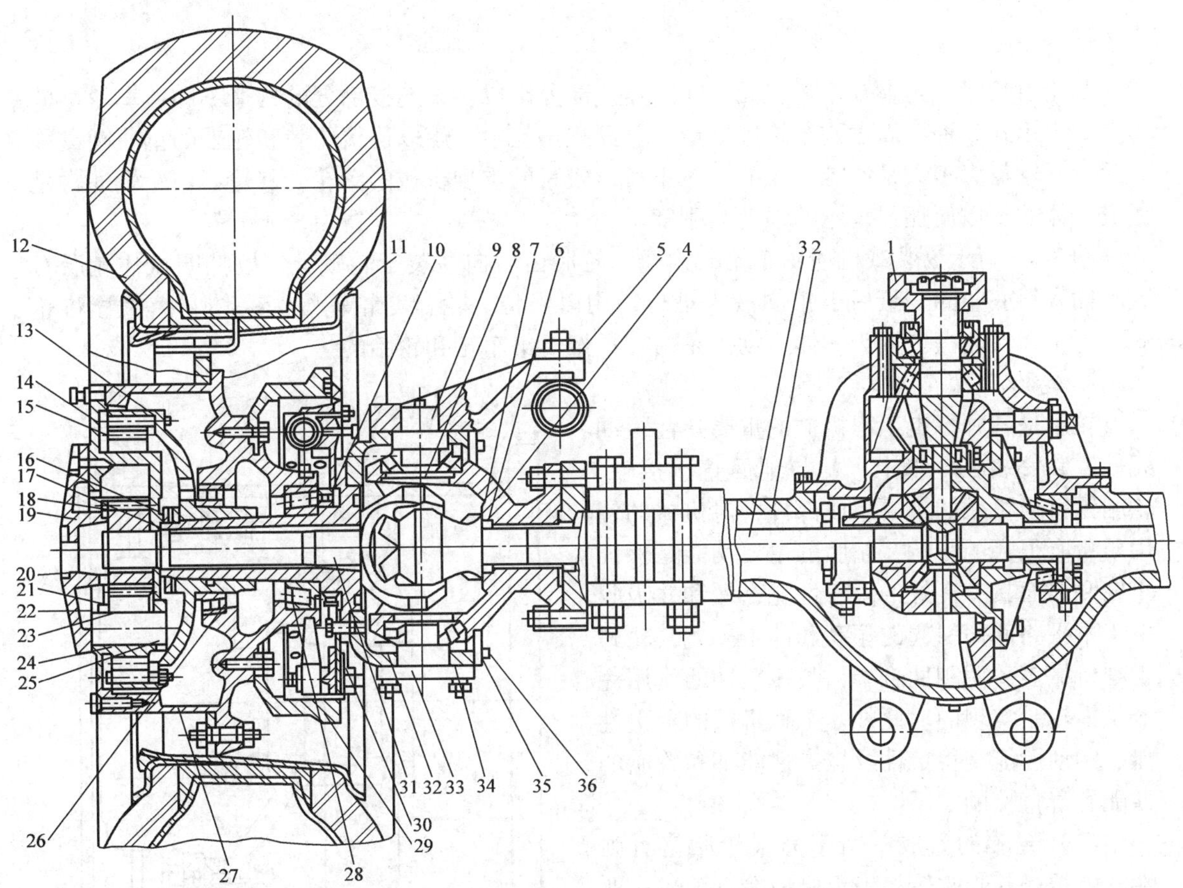

图 8-12　Z435 装载机的转向驱动桥（后桥）

1—输入凸缘　2—后桥壳体　3—转向联轴器内半轴　4—球形支座　5—转向臂　6、10、35—油封　7—垫片　8—轴承盖　9—主销上段　11—轮辋　12—轮胎　13—内齿圈架　14—行星齿轮架　15—内齿圈　16、17—锁紧螺母　18—太阳轮　19—端盖　20—轴座　21—垫片　22—卡簧　23—滚针　24—行星齿轮轴　25—行星齿轮　26、28—轴承　27—轮毂　29—制动鼓　30—制动器底板　31—转向联轴器外半轴　32—转向联轴器支架　33—主销下段　34—圆锥滚子轴承　36—外端油封

如图 8-12 所示，由于转向驱动桥的驱动轮在转向时需要转过 1 个角度，故转向联轴器内、外半轴通过等速万向联轴器来连接。当车桥驱动时，转向联轴器内的半轴 3 将差速器传来的动力通过球叉式等速万向联轴器、转向联轴器外半轴 31 及太阳轮 18（用花键与转向联轴器外半轴相连）传给最终传动装置，最后传给驱动轮。

为使驱动轮能够偏转，除转向联轴器内、外半轴用等速万向联轴器连接外，转向联轴器通过主销上、下段以及 2 个圆锥滚子轴承，活装在转向联轴器球形支座上。主销上、下段的轴线必须在同一轴线上，且通过等速万向联轴器的中心，以保证驱动轮旋转和绕主销偏转时不发生运动干涉。主销下段 33 用螺钉与转向联轴器支架 32 连接，通过调整其间的垫片来调整上下两个圆锥滚子轴承 34 的间隙。转向联轴器支架 32 和轴座 20 用螺栓联接成一体，轴座的端部有花键，内齿圈架 13 就固定在其上，轮毂也通过 2 个圆锥滚子轴承支承在轴座上，轮毂轴承的松紧度可通过其外端的调整螺母进行调整。内轴承 28 也装在轴座 20 上。

8.2.4 车轮与轮胎

1. 车轮

车轮由轮毂、轮辋及这 2 个元件间的连接部分组成。按连接部分的构造不同，车轮可分为盘式与辐式 2 种，而盘式车轮应用最广。盘式车轮中，用以连接轮毂和轮辋的钢质圆盘称为轮盘，轮盘大多数是冲压而成的。对于负荷较重的重型机械的车轮，其轮盘与轮辋通常是做成一体的，以便加强车轮的强度与刚度。

图 8-13 所示为装载机通用车轮的构造。轮胎由右向左装于轮辋上，以挡圈抵住轮胎右壁，插入斜底垫圈，最后以锁圈嵌入槽口，用以限位。轮盘与轮辋焊为一体，由螺栓将轮毂、行星架及轮盘紧固为一体，动力是由行星架传给车轮和轮胎的。

2. 轮胎

轮胎是各种行走工程机械的重要弹性缓冲元件，它安装在轮辋上，并与地面直接接触。轮胎是行走机械的重要组成部件，对机械的使用质量有很大的影响。轮胎的主要功能是保证车轮和路面具有良好的附着性能，缓和并吸收由于不平路面而引起的振动和冲击。尤其轮式工程机械多采用刚性悬架，吸振缓冲的作用完全是靠轮胎实现的。此外，工程机械的牵引性能、制动性能、稳定性及越野性能都和轮胎的性能有着直接的关系。

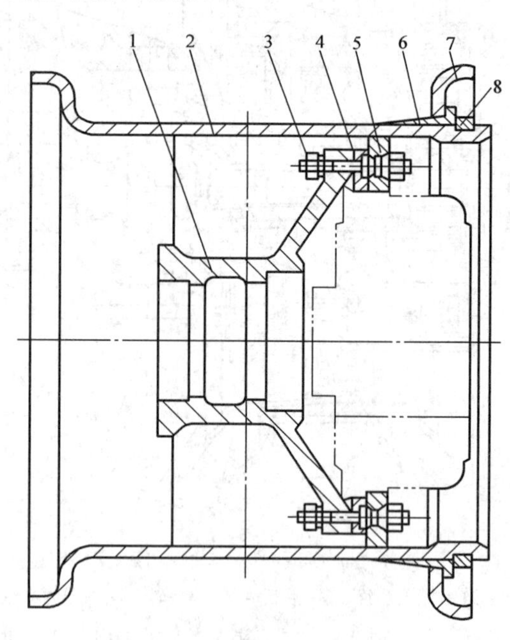

图 8-13 装载机的盘式车轮

1—轮毂 2—轮辋 3—轮毂螺栓 4—最终传动装置行星架 5—轮盘 6—斜底垫圈 7—挡圈 8—锁圈

(1) 轮胎的组成 由于充气轮胎富有弹性，能缓和并吸收轮式工程机械在行驶或作业时，由于路面不平产生的冲击和振动，因此，轮式工程机械广泛采用各种结构的充气轮胎。

充气轮胎根据其部件构成的不同，可分为有内胎和无内胎 2 种。无内胎轮胎内表面上衬有一层高弹性、不透气的橡胶密封层，故要求轮胎和轮辋之间要有良好的密封性。无内胎轮胎结构简单、气密性好、工作可靠、质量轻、使用寿命长，可通过轮辋散热，故散热性能较好。

有内胎充气橡胶轮胎由内胎、外胎和衬带组成，如图 8-14 所示。内胎是一环形橡胶管，内充一定压力的空气。外胎是坚固而富有弹性的外壳，用以保护内胎免受冲击和损伤。衬带 3 用来隔开内胎，使它不和轮辋及外胎上坚硬的胎圈直接接触，免遭擦伤。

外胎是一个具有一定强度的弹性外壳，能起到保护内胎的作用。外胎一般由胎体、胎面和胎圈等组成，如图 8-15 所示。

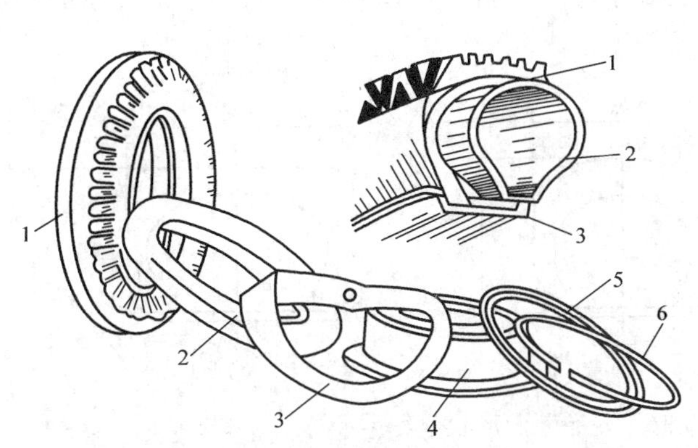

图 8-14　充气轮胎的组成

1—外胎　2—内胎　3—衬带　4—轮辋　5—挡圈　6—锁圈

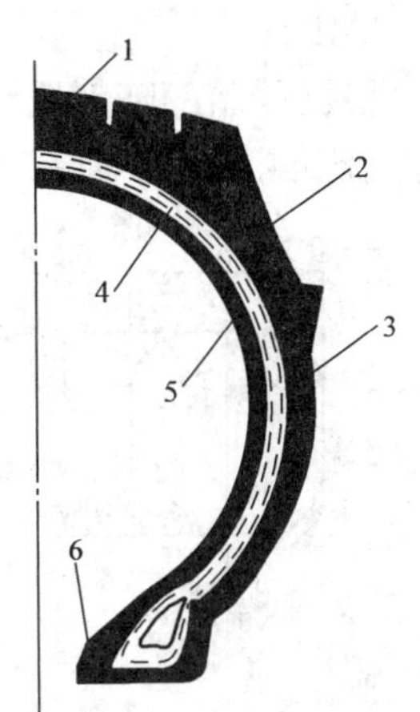

图 8-15　外胎的组成

1—胎冠　2—胎肩　3—胎侧　4—缓冲层　5—帘布层　6—胎圈

胎体由帘布层和缓冲层组成，它将外胎的各部分连成一体，保证外胎有足够的强度和刚度。

帘布层是外胎的骨架，为轮胎提供必要的强度，以承受胎内气体的压强和外载荷，同时它还能保持外胎的形状和尺寸。轮胎帘布层数的多少，取决于载荷的大小，所需的内压，以及轮胎的型号和用途。帘布层数越多，内压就越高，能承受的外载荷也就越大，但轮胎的弹性相应地会降低。帘布层通常是若干层涂胶的帘布按一定的角度贴合而成，各层帘布之间垫有辅助的橡胶层，用以保证在变形时各层帘布之间的弹性关系。帘布是由纵向的强韧的经线和各经线之间的少数纬线织成的，帘线可以采用棉线、人造丝线、尼龙线和钢丝帘线几种。由于人造丝线和尼龙线的强度比棉线大，它们已经基本取代了棉线的位置，现在这两种合成纤维在市场上竞争很激烈，但对于高质量的轮胎，采用尼龙丝者占主导地位。

缓冲层位于帘布层和胎面之间，由若干层挂胶布组成。主要用来吸收由外部传来的冲击和振动，保证胎面胶与帘布层之间结合良好。

胎面包括胎冠、胎侧以及两者之间的胎肩。

胎冠经常与地面直接接触，是由耐磨橡胶制成的具有一定形状的实心胶条。胎冠承受着轮胎的冲击和磨损，保护胎体和内胎免受冲击和损伤。胎面有各式各样的花纹，以保证轮胎和道路之间有良好的附着能力，避免轮胎纵、横向打滑。

胎侧是贴在胶体帘布两侧壁的胶层，用以保护胎体的侧面免受损伤。

胎肩位于较厚的胎冠和较薄的胎侧之间，主要起到局部加强的作用。为了提高该部分的散热能力，胎肩也可制成各种各样的花纹。

胎圈由钢丝圈、帘布层包边和胎圈包布组成。轮胎充气后，钢丝圈承受张力，避免了外胎变形，从而使外胎可靠地固定在轮辋上。

（2）轮胎的分类

1）根据用途，轮胎可分为5大类：路面平整用轮胎（G），装载、推土用轮胎（L），路面压实用轮胎（C），土、石方与木材运输用轮胎（E），以及矿石、木材运输与公路车辆用轮胎（ML）。

2）根据轮胎的断面尺寸，可将轮胎分为标准胎、宽基胎及超宽基胎，其断面高度 H 与宽度 B 之比如图8-16所示。

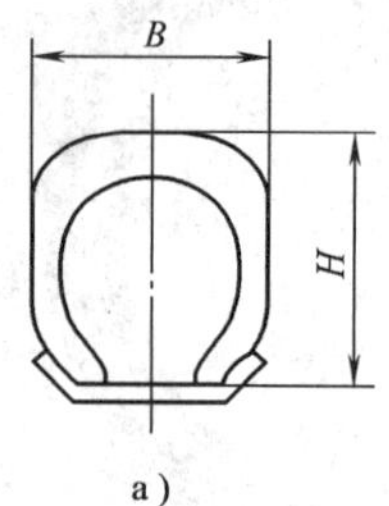

a）

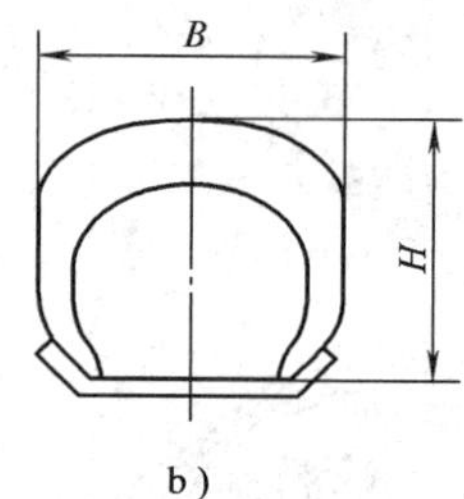

b）

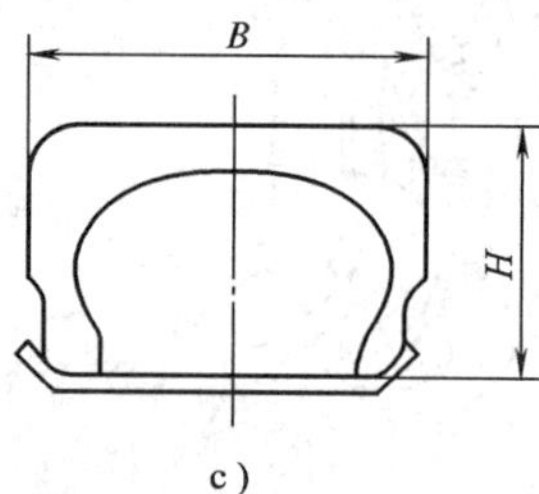

c）

图8-16 轮胎断面形状分类

a）标准断面轮胎，$H/B\approx98\%$ b）宽基轮胎，$H/B\approx81\%$ c）超宽基轮胎，$H/B\approx65\%$

3）根据充气压力，轮胎可分为高压胎、低压胎及超低压胎。气压为0.5～0.7MPa者为高压胎，气压为0.15～0.45MPa者为低压胎，气压小于0.15MPa者为超低压胎。

4）根据轮胎帘线的排列形式，轮胎可分为普通胎（斜交胎）、子午线胎及带束斜交胎。

普通胎（斜交胎）如图8-17a所示，它是胎体帘布层间交角为48°～54°的一种轮胎。普通轮胎的帘布层通常是由成双数的多层帘布用橡胶贴合而成。这种轮胎的转向和制动性能良好，胎体坚固，胎壁不易损伤，生产成本低；但它的耐磨性能、减振性能和附着性能较差。

带束斜交胎是指胎体帘布层帘线延伸到胎圈并与胎面中心线呈小于90°夹角（一般为48°～60°）排布的轮胎。这种轮胎的使用性能介于普通胎和子午线胎之间。

子午线胎如图8-17b所示，它的胎体帘布层帘线延长到胎圈并与胎面中心线呈90°排列，很像地球的子午线，因此而得名。子午线胎主要的2个受力部件为帘布层和缓冲层，分别按不同的受力情况排列，使帘线的变形方向和轮胎的变形方向一致，从而能更大限度地发挥各自的作用。与普通轮胎相比，子午线轮胎胎体中帘线的排列方向不同，帘布的层数少，缓冲层的帘布层数

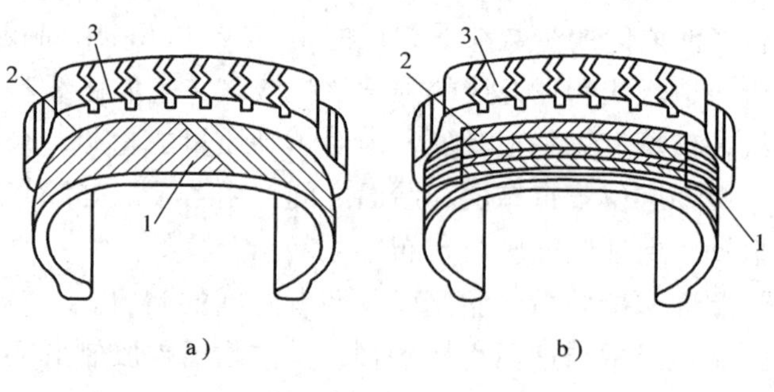

图8-17 普通胎和子午线胎

a）普通胎（斜交胎） b）子午线胎

1—帘布层 2—缓冲层 3—胎面

多，轮胎胎体所有帘线都彼此不交叉，每层帘布可以独立地工作。与带束斜交胎相比，子午线轮胎的帘布层数少，胎圈部分的刚性差，所以采用特殊断面的硬三角胶条、钢丝外包布等来补偿。而且，仅有这种构造还不能抵抗轮胎胎冠周向的伸张，所以在轮胎的周向还配置了一条基本不伸张的环形带束层箍紧。这种带束层通常是由高模数、伸张率极小的钢丝帘线制成。子午线轮胎具有滚动阻力小、附着性能好、缓冲性能好、耐穿刺、不易爆破、散热好、工作温度低、使用寿命长等一系列优点，但这种轮胎的胎壁薄，变形大，胎壁易产生裂口，侧向稳定性较差，生产成本高。随着子午线轮胎技术的不断提高，大型子午线轮胎在国内外已开始应用，大型装载机的轮胎将会逐渐向子午线结构发展。

（3）轮胎的标记　充气轮胎尺寸（见图 8-18）的标记方法通常有英制和米制 2 种，目前，我国采用英制。

1）高压轮胎的表示方法为 $D \times B$，其中 D 为轮胎直径的英寸数，B 为轮胎断面宽度的英寸数。例如 34 ×7、32 ×6 等。

2）低压轮胎的表示方法为 B—d，d 为轮辋直径。例如 11.00—20、12.00—20 及 18.00—24 等。

3）我国子午线轮胎用 9.00R20、11.00R20、12.00R20 等表示。

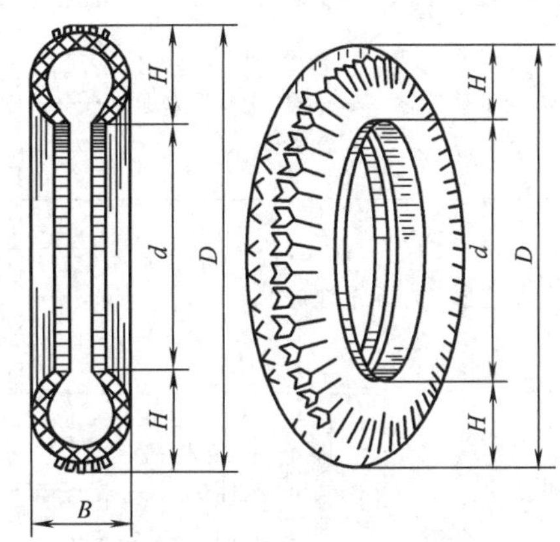

图 8-18　轮胎的尺寸标记

（4）轮胎的胎面花纹　轮胎花纹的形状对工程机械的行驶性能有很大的影响，它的主要作用是保证轮胎和路面之间具有良好的附着力。随着使用条件的不同，胎面花纹的形状也形形色色。装载机常用轮胎的胎面花纹有岩石型花纹、牵引型花纹、混合型花纹和块状花纹，如图 8-19 所示。

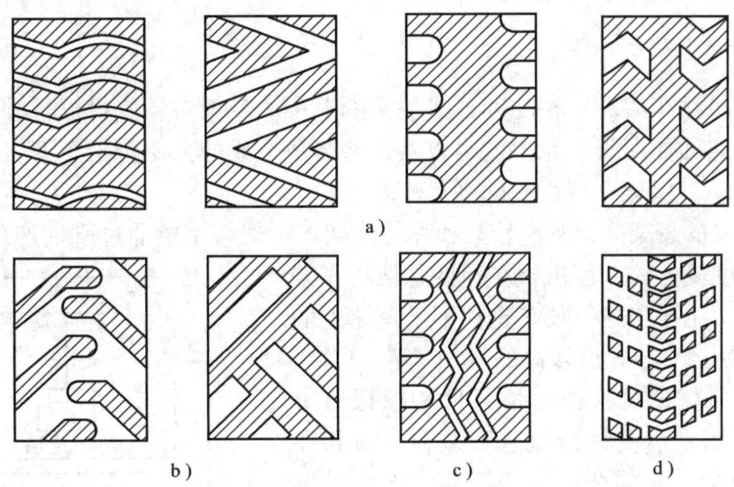

图 8-19　轮胎的花纹形式

a）岩石型花纹　b）牵引型花纹　c）混合型花纹　d）块状花纹

岩石型花纹是一些横跨胎面的条形、波纹形花纹，接地幅宽、沟槽窄，耐切伤和耐磨伤性好，但牵引性稍差，适合于岩石路面上使用。牵引型花纹是八字形和人字形花纹，前者在松软土地上或雪地上行驶有足够的附着力，并具有较好的自行清泥作用，但耐磨性稍差些；后者耐磨性和横向稳定性较前者好，但自行清泥作用和附着性较差。混合型花纹的中间部分是纵向的，而两肩是横向的，中间纵向花纹可保证操纵稳定，两肩横向花纹可提供驱动力和制动力，并具有较好的耐磨和耐切伤的性能。块状花纹是一种由密集的小凸块组成的人字形花纹，当载荷增加时，接地面积容易增大，使得接地压力小，浮力大，适合在松软地面上使用。

不同类型的工程机械所配用的轮胎的胎面花纹形状也各不相同。表 8-1 所示为机械种类与花纹形式的对应关系。

表 8-1　工程机械轮胎花纹形式与机械种类的对应关系

用　途	所配机械种类	轮胎分类编号	花纹形式	作业类型
土石方及木材运输	铲运机、自卸卡车、越野汽车及越野载重车等	E—1	条形	短途运输，即一个作业循环不超过 5km，最高速度为 48km/h
		E—2	牵引形	
		E—3	块形	
		E—4	块形、加深花纹	
路面平整	平地机	G—1	条形	最高速度为 40km/h
		G—2	牵引形	
		G—3	块形	
		G—4	块形、加深花纹	
推土、装载	推土机、装载机、挖掘机、搅拌机及叉车等	L—2	牵引形	作业速度为 8km/h
		L—3	块形	
		L—4	块形、加深花纹	
		L—5	块形、加深花纹	
路面压实	压路机	C—1	光轮面	作业速度为 8km/h
		C—2	条形或小块形花纹	

8.2.5　悬架

悬架是工程机械车架和车桥之间连接装置的总称。悬架对轮式机械行驶的平稳性起主要的作用，它能将路面作用于车轮上的力以及这些力所造成的力矩传给车架，缓和并吸收车轮受到的冲击和振动，保证机械行驶的平稳性。

轮式工程机械的悬架分为刚性悬架和弹性悬架。车架与车桥通过刚性连接称作刚性悬架，只适用于行驶速度较低的工程机械。弹性悬架将车架与车桥弹性连接，能缓和并吸收车轮在不平道路上的冲击和振动，特别适合于速度较高的行驶车辆。

通常，工程机械的悬架由弹性元件和减振器等组成。弹性元件用来承受并传递垂直载荷，缓和在不平道路上行驶时引起的冲击。减振器的作用是迅速衰减车架和车身的振动，使驾驶员比较舒适，货物和有关机件也不致受到损伤。

减振器与弹性元件是并联安装的，如图 8-20 所示。

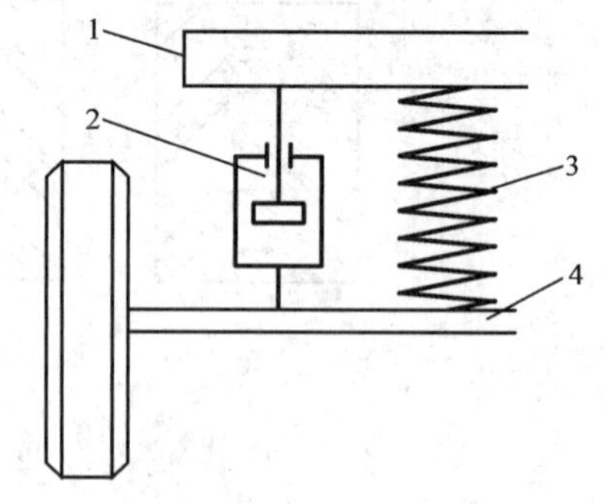

图 8-20　减振器与弹性元件安装示意图
1—车架　2—减振器　3—弹性元件　4—车桥

下面分别介绍钢板弹簧和减振器的简单结构。

1. 钢板弹簧

轮式工程机械和汽车的悬架通常用钢板弹簧作为弹性元件。钢板弹簧是用多片钢板重叠制成的，片与片之间的摩擦具有一定的衰减振动的能力。

钢板弹簧（见图 8-21）是由若干片宽度和厚度相等而长度不等的弹簧钢板组成。装配时，长片在上，短片在下，依次重叠而成。各片的相对位置由中心螺栓 4 和若干个弹簧夹 2 确定。

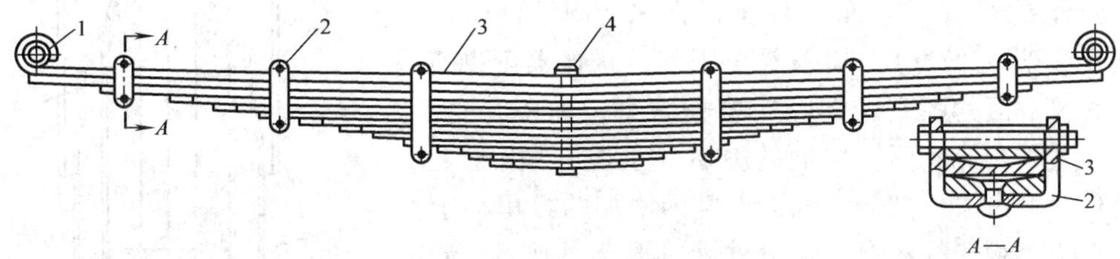

图 8-21　钢板弹簧

1—卷耳　2—弹簧夹　3—主片　4—中心螺栓

钢板弹簧与车架是纵向安置的，其中部用 2 个 U 形螺栓（骑马螺栓）与车桥固定。钢板弹簧主片 3 的两端弯成卷耳 1 的形状，内装铜套或塑料、尼龙衬套，其前卷耳用销子与固定在车架上的支架相铰接，后卷耳通过销子与铰接在车架上可以自由摆动的吊耳相联。这种连接方式可以保证钢板弹簧变形时的自由伸缩。

由于后悬挂所受到的负荷变化比较大，为了使其能够适应各种各样的工况，通常在后悬挂上再加装副弹簧，如图 8-22 所示。副弹簧紧靠在主弹簧的上面，其两端与车架的托架相对。当负荷不大时，仅主弹簧起作用；当负荷增加到一定程度时，副弹簧两端便与车架上的托架相抵，这时主、副弹簧共同参加工作，从而使悬挂的刚度增大。

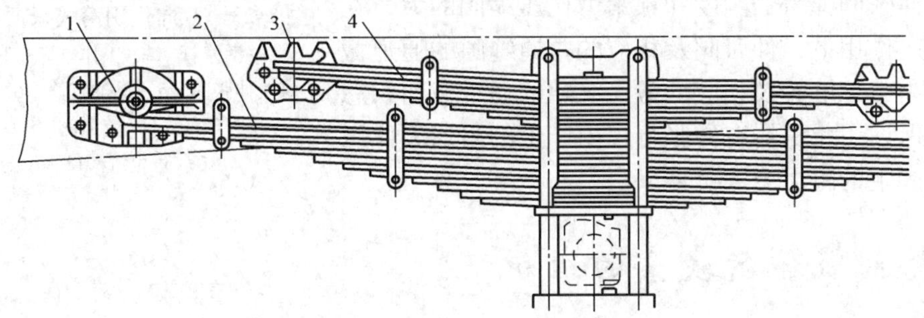

图 8-22　主、副钢板弹簧

1—支架　2—主弹簧　3—托架　4—副弹簧

2. 减振器

目前，使用最普遍的减振器是液力减振器，常用的液力减振器有摆臂式和筒式 2 种。摆臂式减振器的工作原理与筒式减振器相似，下面以筒式减振器为例介绍液力减振器的工作原理。

双向作用筒式减振器一般都具有 4 个阀（见图 8-23），即压缩阀 6、伸张阀 4、流通阀 8 和补偿阀 7。流通阀和补偿阀是一般的单向阀，其弹簧很弱。当阀上的油压作用力与弹簧的弹力同向时，阀处于关闭状态，完全不通液流；当油压作用力与弹簧的弹力反向时，只要有很小的油压，阀便能开起；压缩阀和伸张阀是卸载阀，其弹簧较强，预紧力较大，只有当油压升高到一定程度时，阀才能开起；而当油压降低到一定程度时，阀即自行关闭。

双向作用筒式减振器的工作原理可按图 8-23，分为压缩和伸张 2 个行程加以说明。

（1）压缩行程　当车轮滚上凸起和滚出凹坑时，车轮移近车架（车身），减振器受压缩，减振器活塞 3 下移。活塞下面的腔室（下腔）容积减小，油压升高，油液经流通阀 8 流到活塞上面的腔室（上腔）。由于上腔被活塞杆 1 占去一部分空间，上腔内增加的容积小于下腔减小的容积，故还有一部分油液推开压缩阀 6，流回储油缸筒 5。这些阀对油液的节流便形成对悬架压缩运动的阻尼力。

（2）伸张行程　当车轮滚进凹坑或滚离凸起时，车轮相对车身移开，减振器受拉伸。此时减振器活塞向上移动。活塞上腔油压升高，流通阀 8 关闭。上腔内的油液便推开伸张阀 4 流入下腔。同样，由于活塞杆的存在，自上腔流来的油液还不足以充满下腔所增加的容积，下腔内产生一定的真空度，这时储油缸筒中的油液便推开补偿阀 7 流入下腔进行补充。此时，这些阀的节流作用即形成对悬架伸张运动的阻尼力。

由于伸张阀弹簧的刚度和预紧力比压缩阀的大，在同样的油压作用下，伸张阀及相应的常通缝隙的通道截面积总和小于压缩阀及相应的常通缝隙的通道截面积总和，这就保证了减振器在伸张行程内产生的阻尼力比压缩行程内产生的阻尼力大得多。

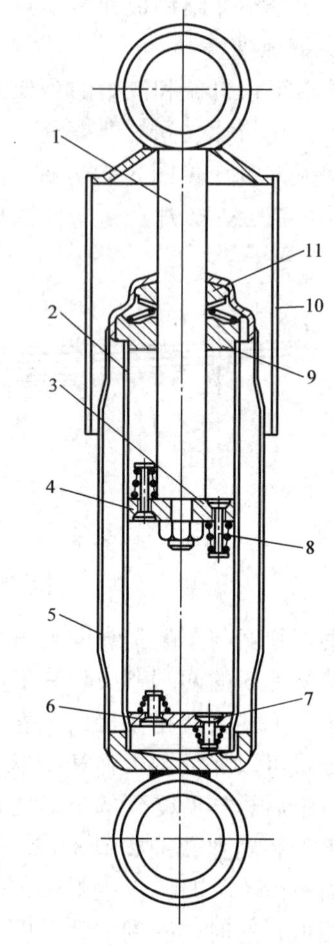

图 8-23　双向作用筒式减振器示意图
1—活塞杆　2—工作缸筒　3—活塞
4—伸张阀　5—储油缸筒　6—压缩阀
7—补偿阀　8—流通阀　9—导向座
10—防尘罩　11—油封

8.3　轮式机械行驶系的维护

8.3.1　轮胎的维护

1. 轮胎的日常维护

轮胎的日常维护工作主要有：经常检查气压，气压过低或过高都将导致轮胎的使用寿命缩短，正常的气压不得与标准气压相差 5%；及时清除轮胎间夹石和花纹中的石子和杂物等；在运行中，如轮胎发热应停止行驶使其冷却，同时应特别注意防止汽油或机油沾到轮胎上；车辆停放时，禁止将轮胎放气，长期停放的车辆，应将车轮架起，不使轮胎着地；注意轮胎的选用与装配，并按规定行驶里程进行轮胎换位。

2. 轮胎的选用

为了使同一台轮式机械上的轮胎达到合理使用，在没有特殊的规定时，应装用同一尺寸类型的轮胎。如装用新胎，最好用同一厂牌整套的新胎，或按前后桥来整套更换。如装用旧胎，应选择尺寸、帘布层数相同，磨损程度相近的轮胎。后桥并装双胎的，直径不可相差10mm，大直径的应装在外侧，以适应路面拱形，使后轮各胎负荷均匀。

装换的轮胎如系人字花纹或在胎侧上标有旋转方向的，应依照规定的方向装用。此外，轮胎的花纹种类还须与路面相适应，如雪泥花纹胎面（人字或 M 形花纹）适用于崎岖山路或泥泞的施工地段。

3. 轮胎的装配

轮胎在滚动时将产生离心力，它的方向是从轮胎中心沿半径向外，如轮胎周围每处重量都相等，即轮胎是平衡的，则离心力平衡；如果轮胎平衡误差大，就会因离心力不平衡而引起剧烈的偏转。因此，对于装好的轮胎应进行动平衡试验，其平衡度误差应不大于 1000g · cm，这对高速行驶的车辆尤为重要。

4. 轮胎的换位

轮胎在使用过程中，因安装部位和承受负荷的不同，其磨损情况也不一样。为使轮胎磨损均匀，安装于工程机械上的所有轮胎，应按技术维护规定及时地进行轮胎换位。轮胎换位顺序如图 8-24 所示。轮胎的换位方法一旦选定就应坚持，且须注意轮胎的检查和拆装工作。

5. 轮胎拆装的注意事项

1）轮胎的拆卸应在清洁、干燥、无油污的地面上进行。

2）拆装轮胎时，应用专用工具，如手锤、撬胎棒等，不允许用大锤敲击或用其他尖锐的工具拆胎。

3）轮辋应该完好，且轮辋与内、外胎的规格应相符。

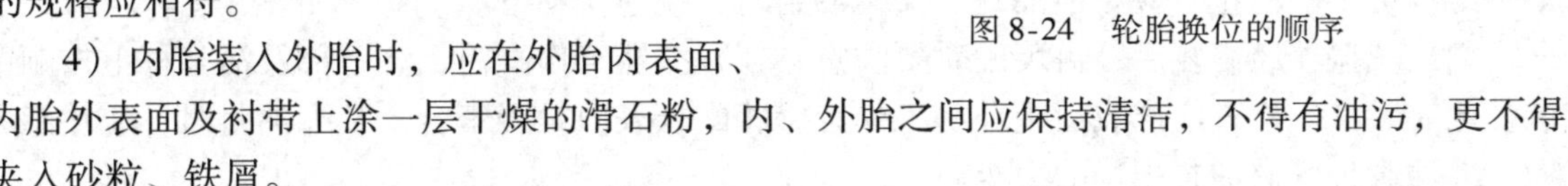

图 8-24　轮胎换位的顺序

4）内胎装入外胎时，应在外胎内表面、内胎外表面及衬带上涂一层干燥的滑石粉，内、外胎之间应保持清洁，不得有油污，更不得夹入砂粒、铁屑。

5）气门嘴的位置应在气门嘴孔的正中。

6）安装定向花纹的轮胎时，花纹的方向不得装反。

7）双胎并装时，两胎的气门嘴应错开 180°，重载时两胎应保持有 20mm 的间隙。轮胎充气时，应注意安全，并将轮辋装锁圈的一面朝下，最好用金属罩将轮胎罩住。

8.3.2　悬架的维护

1. 钢板弹簧的维护

在轮式机械二级维护时，应拆检和润滑钢板弹簧总成。钢板弹簧虽不是精密零件，但装配或使用不当，也会直接影响正常工作或损坏其他机件。

日常维护和一级维护时，只需对钢板弹簧销进行润滑，不必进行拆卸检查和润滑。

装配钢板弹簧时，应注意以下问题：

1）装配前应检查并更换有裂纹的钢板，用钢丝刷清除钢板片上的污物和锈斑，涂一层石墨钙基润滑脂。

2）中心孔与中心螺栓的直径差不得大于1.5mm，否则易引起钢片间的前后窜动，影响行驶的稳定性。

3）钢板夹子的铆钉如有松动，应重铆，夹子与钢板两侧应有2mm左右的间隙，以保证自由伸张；夹子上的铁管应与弹簧片间有一定间隙，EQ1090型汽车为3～4mm；装螺栓和套管时，其螺母应靠轮胎一侧，以免螺栓退出时刮伤轮胎。

4）对于装好的钢板弹簧，各片间应彼此贴合，不应有明显的间隙。

5）前后钢板弹簧销与孔的间隙不得超过1.5mm。

6）在紧固U形螺栓螺母时，应先均匀拧紧前U形螺栓螺母（按车辆行驶方向），然后再均匀拧紧后U形螺栓螺母。

7）在钢板弹簧盖板中间应装有橡胶缓冲块。

钢板弹簧的使用检查内容如下：

1）钢板是否断裂或错开，钢板夹子是否松动，钢板弹簧在弹簧座上的位置是否正确，缓冲块是否损坏，钢板弹簧销润滑情况及衬套磨损情况等。如不合要求，应立即解决存在的问题。

2）检查前后钢板弹簧U形螺栓有无松动。如有松动应在重载下及时拧紧。一般钢板弹簧的U形螺栓应反复紧固2次以上，扭力要符合所属车型的规定。

2. 筒式减振器的维护（以下规范适用于克拉斯256型汽车筒式减振器）

当车辆每行驶4000km后，对筒式减振器应进行以下维护工作：从车辆上取下减振器，垂直放置，并将其下头夹在虎钳上，把带活塞杆的活塞向上拉到头，并以60～80N·m的转矩拧紧贮油室螺母。为检查减振器的工作，必须用手抽动减振器。正常的减振器用手抽动时是平稳的，并有一些阻力，拉的时候大一些，压的时候小一些。有故障的减振器将有自由行程并可能咬住，减振器有自由行程说明工作液不足。若沿活塞杆有工作油液流出，且拧紧储油室螺母仍不能制止，应更换油封。安装油封时，锐边应朝下。

筒式减振器经修复后，再装配时要注意：在减振器工作缸筒上、下部及活塞杆上按顺序装复原有零件。检查活塞或活塞环与工作缸壁相配合表面是否密合。装配油封时，应注意方向，并注意拧紧储油缸螺母的力矩。

8.4 履带式机械行驶系

8.4.1 履带式机械行驶系组成及行走原理

1. 结构组成

履带式机械行驶系包括机架、行走装置和悬架3大部分。机架是全机的骨架，用来安装所有的总成和部件，使主机成为一个整体。悬架是机架和行走装置之间的连接装置，同时还起传力和缓冲的作用。履带式机械行走装置如图8-25所示，它通常由驱动轮1、履带2、支重轮3、台车架4、履带张紧装置8和缓冲弹簧6、导向轮9、悬架弹簧7及托轮5等零部件组成。驱动轮、支重轮、托轮、导向轮和张紧装置都安装在台车架上，形成1个大台车，履带式底盘都有左、右 2 个履带大台车。

2. 行走原理

工程机械的机身重量通过台车架、支重轮传给履带的接地下半段，当驱动轮被最终传动的从动齿轮带动时，其轮齿拉动履带，地面立即产生作用于履带上的反作用力，使台车架对地面产生向前或向后的运动，整个机械就随之运动。

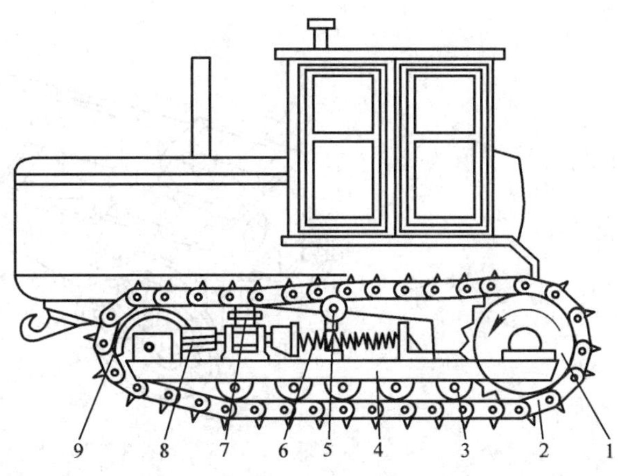

图 8-25　履带行走装置

1—驱动轮　2—履带　3—支重轮　4—台车架　5—托轮　6—缓冲弹簧　7—悬架弹簧　8—履带张紧装置　9—导向轮

8.4.2　机架

1. 机架的功能

机架（也称作车架）是整个机械的骨架，上面用来安装发动机和传动系统，下面用来安装行走装置，使机械成为一个整体。

2. 机架的结构

履带式底盘的机架主要采用全梁式和半梁式 2 种。

全梁式机架为一个整体式焊接结构，如东方红-75 拖拉机、履带式起重机等采用全梁式机架，虽然采用全梁式机架使部件拆装方便，但同时也增加了机体的重量，故应用较少。

半梁式机架由梁架和传动系部分壳体组成。这种机架广泛应用于履带推土机上，它以后桥壳体代替了机架的后半部，前面有 2 根箱形断面的大梁，大梁前部焊有元宝形横梁，横梁中央用中心销轴与平衡梁铰接。推土机机架如图 8-26、图 8-27 所示。

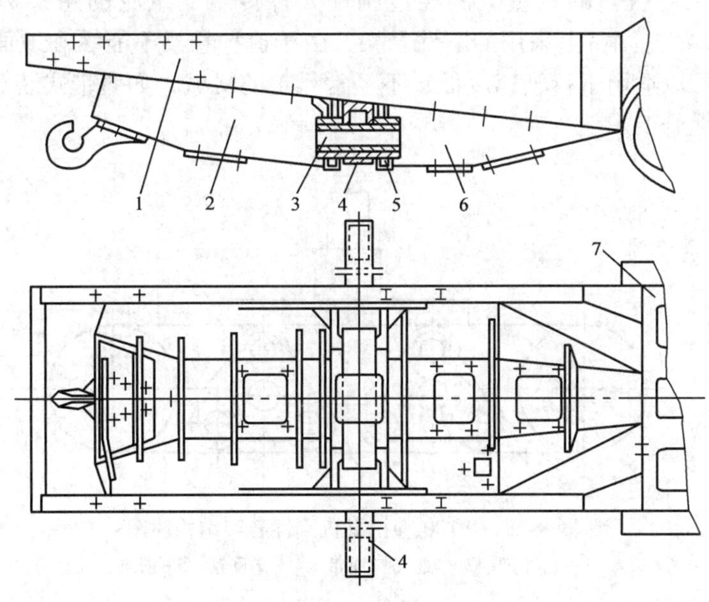

图 8-26　推土机机架

1—大梁　2—下中护板　3—中心销轴　4—平衡梁　5—横梁　6—下后护板　7—后桥壳体

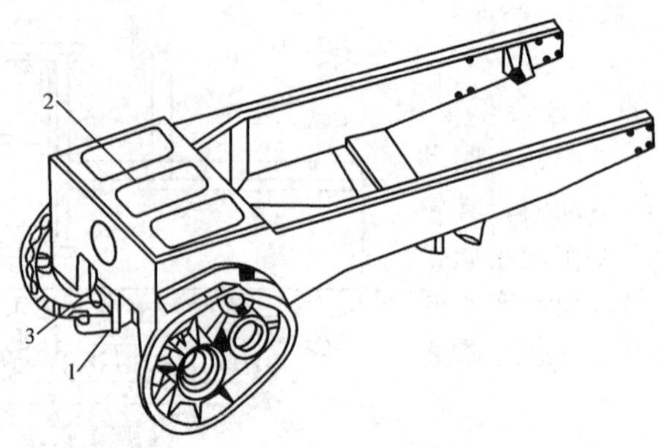

图 8-27　半梁式机架

1—牵引杆销子座　2—中央传动室　3—后桥箱（驱动箱）

8.4.3　悬架

1. 悬架的功能

悬架是指工程机械机体与行走机构相连接的部件，它由固定支重轮的部件和弹性平衡元件或刚性连接件组成。其功能是将机架上的载荷和自重通过悬架传给支重轮，同时，机械在行驶过程中所受到的地面冲击也经过悬架传到机架上。因此，悬架应具有一定的缓冲能力，保证行驶中的平稳和驾驶员的舒适。

2. 悬架的结构

履带式工程机械的悬架可分为刚性悬架、半刚性悬架和弹性悬架。工程机械由于行驶速度较低，多采用刚性悬架或半刚性悬架。

（1）刚性悬架　机体的重量全部经过刚性元件传给支重轮的悬架称为刚性悬架。图8-28所示为 W100 型挖掘机上采用的刚性悬架，由于这种悬架不能缓和地面经悬架传到机架上的冲击载荷，所以适用于行驶速度低、不经常行走的机械，如履带式装载机、单斗挖掘机等采用的都是刚性悬架。

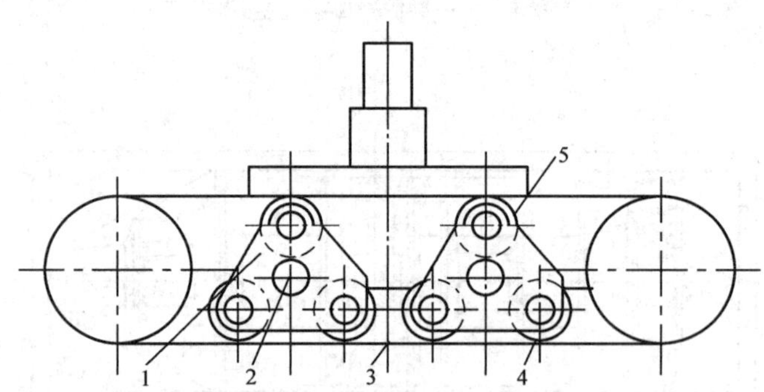

图 8-28　W100 型挖掘机刚性悬架结构简图

1—台车架　2—轴　3—履带　4—支重轮　5—托轮

（2）半刚性悬架　机体的重量一部分经过弹性元件，另一部分经过刚性元件传递到支重轮的悬架，称为半刚性悬架。

半刚性悬架与半梁式机架、单台车架式行走装置相配合，台车架前部通过弹性元件和机架相连，后部与后半轴铰接，左右台车架可各自绕后铰接点上下摆动。机体质量一部分经弹性元件，一部分经后半轴传给支重轮。半刚性悬架广泛应用于履带式推土机，弹性元件有橡胶弹簧、钢板弹簧和螺旋弹簧等。

图 8-29 所示为推土机的半刚性悬架，它用橡胶块作为弹性元件，橡胶弹簧悬架承载能力大，减振作用强，结构简单，使用寿命长，不需特殊的维护，成本较低。

橡胶弹簧悬架由橡胶块和平衡梁等组成，橡胶块夹在上下支座中间的楔形槽内，上支座的顶面为弧形表面，以保证平衡梁横向摆动时与支座有良好的接触，下支座用螺钉固定在台机架上。平衡梁中部与车架横梁铰接，可绕该铰接点做横向摆动。限位面用来限制弹簧的最大变形量。

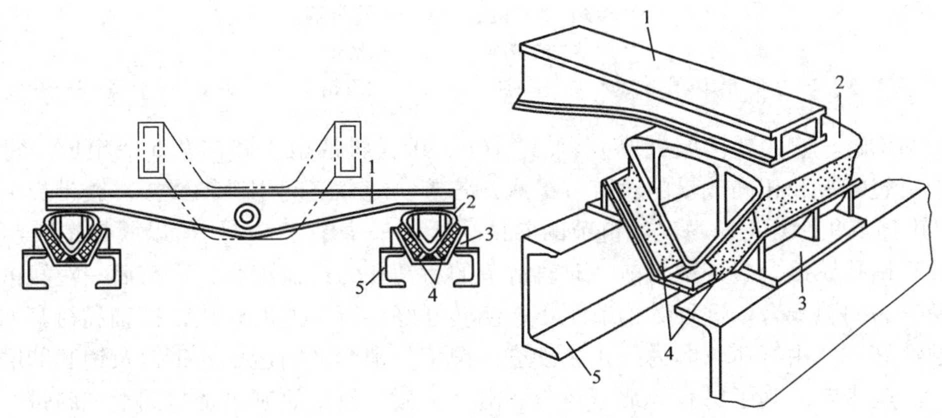

图 8-29　半刚性悬架的橡胶块弹性元件

1—横平衡梁　2—活动支座　3—固定支座　4—橡胶块　5—台车架

8.4.4　履带

1. 履带的功能

履带既是行走驱动链条，又是行走轨道。此外，履带还将机械的重量传给地面，并保证发出足够的驱动力。履带经常在泥水中工作，条件恶劣，极易磨损。因此，除了要求它有良好的附着性能外，还要求它有足够的强度、刚度和耐磨性。

2. 履带的结构

每条履带由几十块履带板和链轨等零件组成。履带的下面为支承面，上面为链轨，中间为与驱动链轮相啮合的部分，两端为连接铰链。

工程机械用的履带主要有整体式和组合式 2 种，如图 8-30 所示。

整体式是履带板上带啮合齿，直接驱动啮合，履带本身成为支重轮等轮子的滚动轨道。整体式履带板结构简单，制造方便，拆装容易，质量较轻。但由于履带销与销孔之间的间隙较大，泥沙容易进入，使销和销孔磨损加快，一旦损坏，履带板只能整块更换。因此，在运行速度较低的重型机械（例如挖掘机）上应用较多。

组合式履带密封性能好，能适应泥、水、石等恶劣条件下的作业环境；可单独更换易损件，造价低。因此，组合式履带广泛用于推土机、装载机等多种机械上。图 8-31 所示为组

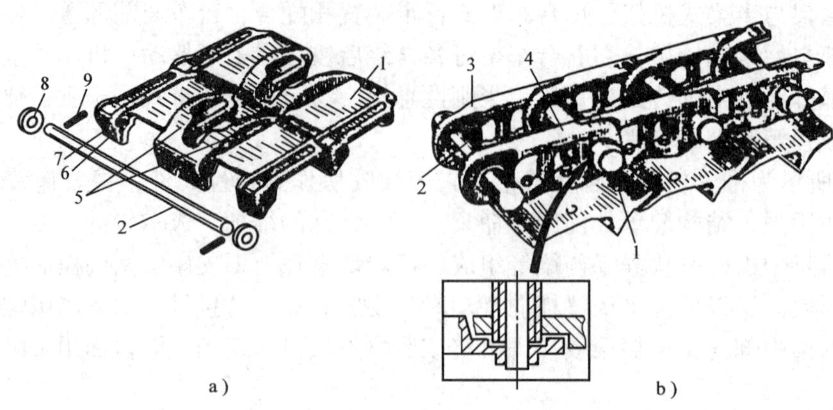

图 8-30 整体式与组合式履带板
a）整体式履带板 b）组合式履带板
1—履带板 2—履带销 3—左链轨 4—右链轨 5—导轨 6—销孔 7—节销 8—垫圈 9—锁销

合式履带的构造，它主要由履带板 1，轨链节 9、10，履带销 4 和销套 5 等组成。每条履带都由几十块履带板和相同数量的轨链节组成，各节轨链节之间用销轴铰接。履带板 1 用螺栓 2 固定在轨链节 9、10 上，每对轨链节的前销孔压配一个销套 5，然后以履带销 4 与前一对轨链节的后销孔铰接。履带销与前一对轨链节的后销孔为过盈配合，而与后一对轨链节前销孔内的销套为间隙配合。这种结构节距小，绕转性好，行走速度较快，销轴和衬套的硬度较高，耐磨性好，使用寿命长。为防止泥砂进入销子与销套之间造成履带销及销套的磨损，可制成密封式履带销。为了更有效地密封和润滑，工程人员已研制出密封润滑式履带，将履带

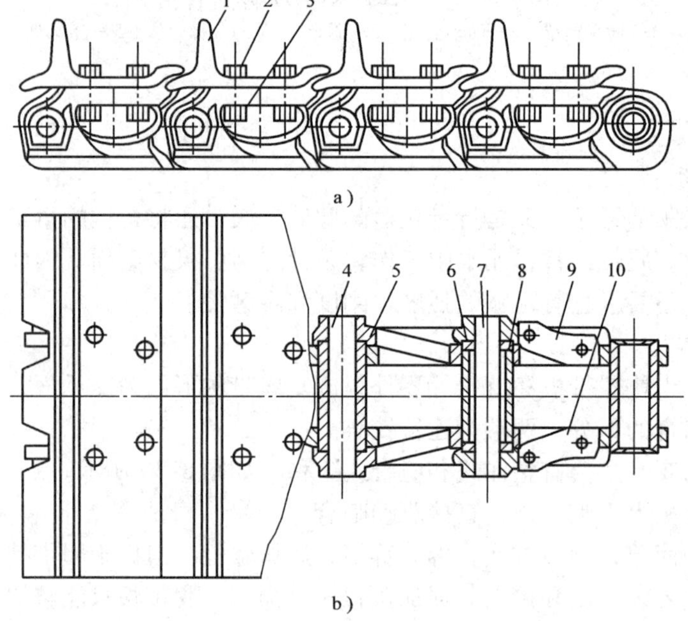

图 8-31 组合式履带的构造
1—履带板 2—履带螺栓 3—螺母 4—履带销 5—销套 6—垫圈
7—主销 8—主销套 9—左轨链节 10—右轨链节

销制成中空，并充满润滑油脂。为防尘和防止润滑脂泄出，在销套两端装有密封圈，润滑脂经履带销径向油孔进入销与套之间起润滑作用。密封润滑式履带大大增加了履带的使用寿命，降低了运行中的噪声。

8.4.5　驱动链轮、支重轮和托轮

1. 驱动链轮

（1）功能　驱动链轮用来卷绕履带，以保证机械行驶或作业。驱动链轮安装在最终传动装置的从动轴或从动轮毂上。通常，驱动链轮用碳素钢或低碳合金钢制成，其轮齿表面须进行热处理以提高其硬度，从而延长轮齿的使用寿命。

（2）结构　驱动链轮一般有整体式和组合式 2 种。

组合式驱动链轮如图 8-32 所示，由若干块齿圈节组成齿圈，当个别轮齿损坏时，可个别更换，从而降低成本；也有将全部齿圈制成一体，然后与驱动轮毂 3 装配。

整体式驱动链轮是将齿圈、轮毂制成一体。

驱动链轮与履带的啮合方式一般有节销啮合式和节齿啮合式 2 种。

TY100 和 TY180 推土机的驱动链轮与履带的履带销进行啮合，称为节销式啮合。这种啮合方式用于组合式履带板的工程机械。

节齿式啮合是指驱动轮的轮齿与履带的节齿相啮合。这种啮合方式多用在采用整体式履带板的重型机械上（如挖掘机）。

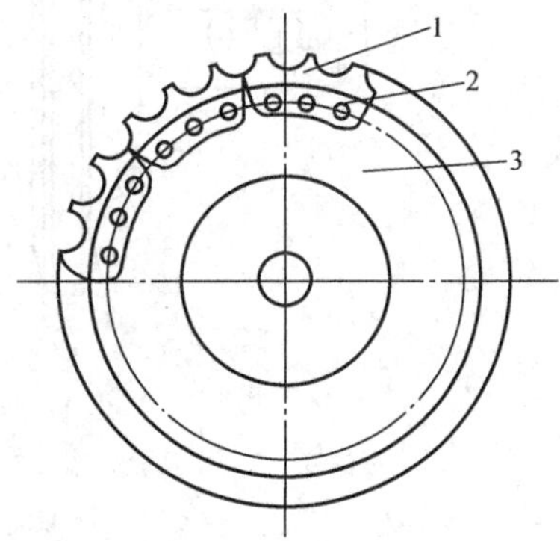

图 8-32　组合式驱动链轮

1—齿圈节　2—固定螺钉　3—驱动轮毂

在推土机行驶装置中，一般采用浮动油封（见图 8-33），并被定为四轮一带的统一密封形式。它是一种结构简单、效果良好的端面密封，适合在恶劣的条件下工作的工程机械上使用。可以保证良好的密封性，而平时无需保养，仅在大修时才加润滑油。

浮动油封由一对形状和尺寸相同的密封环和 2 个 O 形橡胶圈组成。2 个密封环（动环 5 和静环 4）相接触的端面形成密封面。为了保持滑磨面的润滑，减小端面磨损，以及在磨损后仍保持一定的密封带宽度，通常将密封环做成碟形。O 形橡胶圈紧夹在动环与旋转件、静环与油封盖的内外锥面之间。O 形橡胶圈受轴向压缩产生弹性变形，在密封端面上产生一定的压紧力，同时还传递转矩，使动环随旋转件一起旋转。

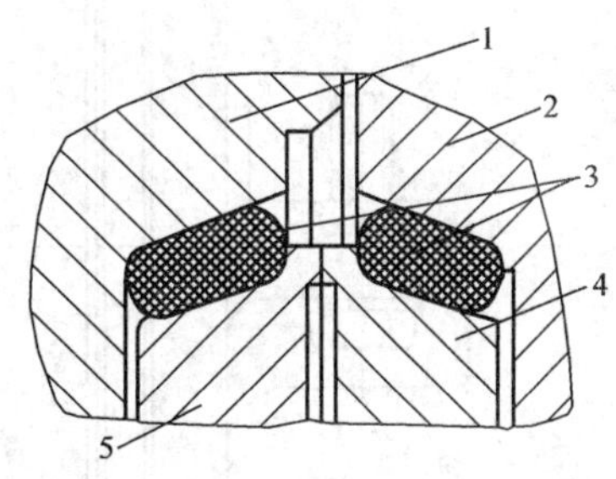

图 8-33　浮动油封

1—旋转件　2—支承件　3—O 形橡胶圈

4—密封环（静环）　5—密封环（动环）

2. 支重轮

（1）功能　支重轮用螺钉固定在轮架下面，用于支承机械的重量，将重量分布在履带上；在履带上滚动，同时还依靠其滚轮凸缘夹持链轨，避免履带横向滑脱（脱轨），保证机械沿履带方向运动；转向时，迫使履带在地面上横向滑移。

支重轮的轮缘应耐磨，轮缘的形状取决于履带的结构。当采用组合式履带时，支重轮具有轮缘侧面，对履带起导向和防止横向滑脱的作用，一般制成单边外凸缘和双边内外凸缘，并间隔安装。单边支重轮数应多于双边支重轮数，以分散机械重量，减小滚动阻力。

（2）结构　根据轮体结构，推土机类支重轮可分为单边支重轮和双边支重轮 2 种，如图 8-34、图 8-35 所示。单边支重轮只在 2 个轮缘的内侧或外侧带有凸边，双边支重轮在轮缘的内外两侧都有凸边。

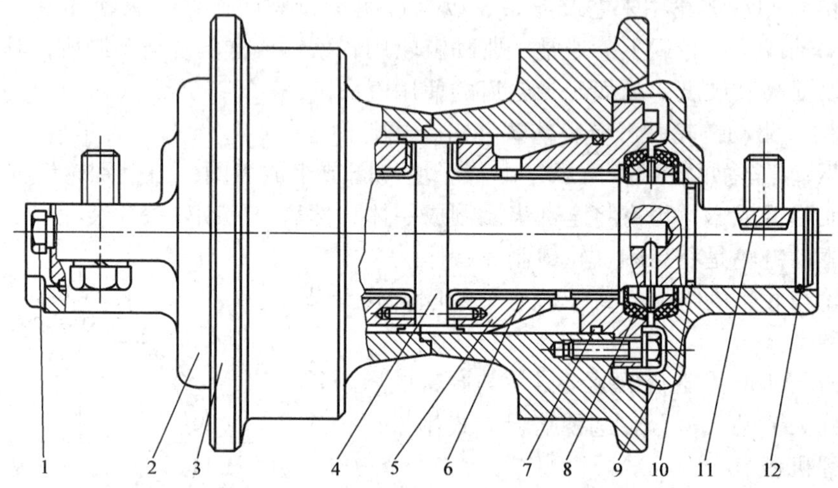

图 8-34　TY180 推土机的单边支重轮

1—油塞　2—支重轮外盖　3—支重轮　4—轴　5—轴承座　6—轴瓦　7、10—O 形密封圈
8—浮动油封　9—支重轮内盖　11—平键　12—挡圈

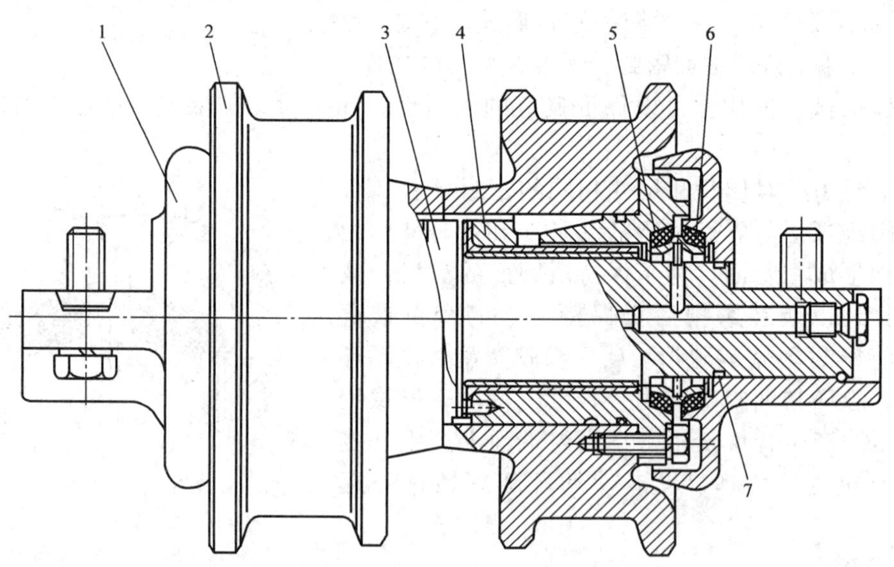

图 8-35　TY180 推土机的双边支重轮

1—支重轮盖　2—支重轮体　3—支重轮轴　4—滑动轴承组件
5—浮动油封橡胶圈　6—浮动油封密封环　7—O 形橡胶圈

3. 托轮

（1）功能 托轮也称托链轮，装在履带的上方区段，用来托住履带，防止履带下垂过大，以减小履带在运动中的振跳现象，并防止履带侧向滑落，从而减小零件磨损和功率损耗。为了减少托轮与履带之间的摩擦损失，托轮数目不宜过多，每侧履带一般配置 1~2 个。与支重轮相比，托轮受力较小，工作中受污物的侵蚀也少，工作条件要比支重轮好，结构简单，尺寸较小。

（2）结构 图 8-36 所示为 TY180 推土机的托轮结构。托轮通过锥柱轴承支承在托轮轴上，锁紧螺母可以调整轴承的松紧度。润滑密封与支重轮原理相同。托轮轴由托轮架夹持，托轮架由螺钉固定在台车架上。

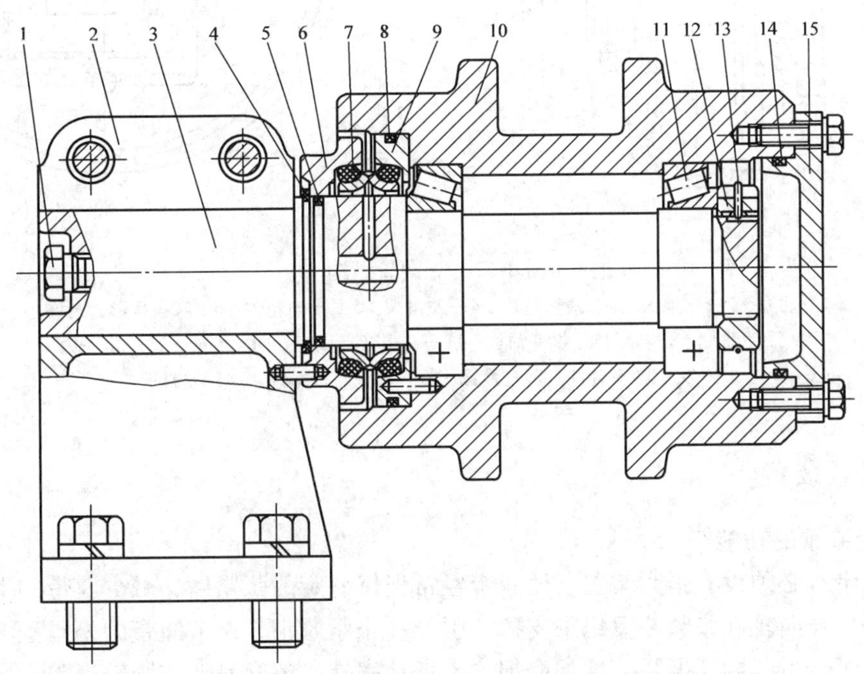

图 8-36 TY180 推土机的托轮结构

1—油塞 2—托轮架 3—托轮轴 4—挡圈 5、8、14—O 形密封圈 6—油封盖 7—浮动油封 9—油封座 10—托轮 11—轴承 12—锁紧螺母 13—锁圈 15—托轮盖

4. 导向轮

（1）功能 导向轮安装在台车架的前部，主要用来支撑链轨，引导履带正常绕转，防止跑偏和越轨。同时，导向轮与其后面安装的张紧装置一起使履带保持一定的张紧度，缓和地面传来的冲击力，减少履带在运动过程中的振跳现象。

（2）结构 导向轮通常以滑块与台车架相连，后接张紧机构，通过纵向移动导向轮的位置，可以调整履带的松紧度，并在机械行驶中起缓冲作用。大部分液压挖掘机的导向轮同时还起支重轮的作用，这样可增加履带对地面的接触面积，减小比压。

导向轮的轮面大多为光面，中间有挡肩环用于导向，如图 8-37 所示，两侧的环面能支撑轨链，起支重轮的作用。导向轮的中间挡环应有足够的高度，两侧边的斜度要小。导向轮与最近的支重轮距离越小，导向性能越好。

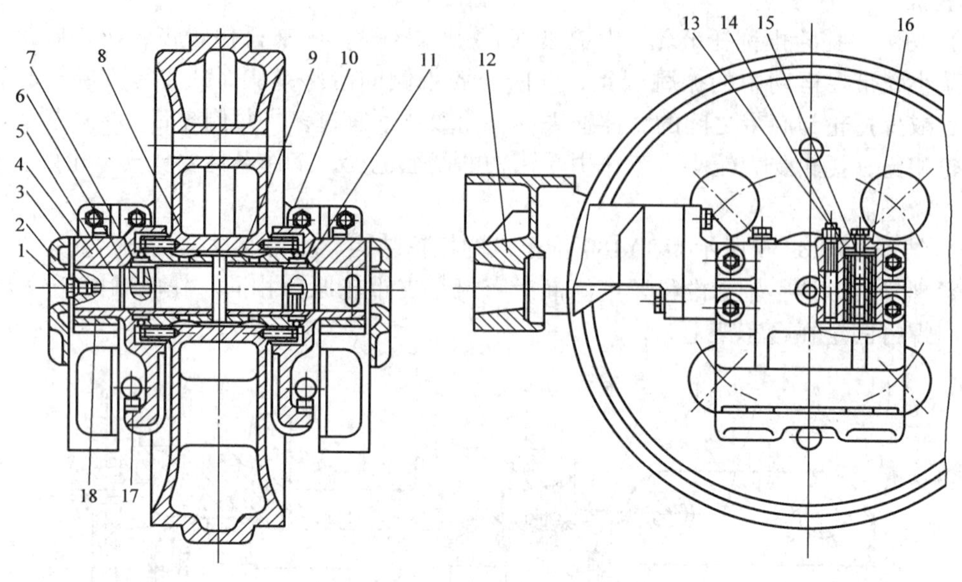

图 8-37　导向轮结构

1—油塞　2—支承盖　3—调整垫片　4—左滑架　5—导向轮轴　6、10—O 形密封圈　7—浮动油封　8—导向轮　9—轴承　11—右滑架　12—导向轮支架　13—止动销　14—支座弹簧合件　15—弹簧压板　16—座板　17、18—导向板

8.4.6　张紧装置

1. 张紧装置的功能

每条履带都必须设有张紧装置，使履带经常保持一定的张紧度，减少履带的下垂和在运动中的跳动。导向轮和张紧装置用来支撑、引导和张紧履带，调节履带的松紧程度。履带过于松弛，除了会引起剧烈振跳、增加磨损、消耗功率外，还容易造成脱轨现象；履带过于紧绷，会加剧履带销与销套的磨损。

张紧装置中的弹簧可以起到缓冲作用。当履带前方遇到障碍或履带与驱动轮之间夹有石块时，缓冲弹簧允许导向轮后移而起到防止履带过载、保护行驶装置的作用。

2. 张紧装置的结构

张紧装置可分成螺杆式张紧装置（或称机械式张紧装置）和液压式张紧装置。

（1）螺杆式张紧装置　图 8-38 所示为螺杆式张紧装置，它主要由张紧弹簧、张紧螺杆、螺杆托架、活动支座、固定支座、调整螺母和叉臂等组成。张紧螺杆 5 的颈部由左、右叉臂 3 用 4 只螺栓夹紧，该螺杆的尾部拧在可以前、后移动的活动支座 9 内。旋转张紧螺杆 5 使它伸长或缩短，进而使履带张紧或放松。张紧弹簧 6 为一根大螺旋弹簧，装在活动支座 9 和固定支座 7 之间。旋转调整螺母 8，可以调整张紧弹簧的预紧力。螺杆式张紧装置结构简单，但由于履带经常在泥水中作业，易锈蚀，所以转动张紧螺杆来调整张紧弹簧的预紧力比较困难。

（2）液压式张紧装置　图 8-39 所示为液压式张紧装置，主要由张紧弹簧、张紧螺杆和

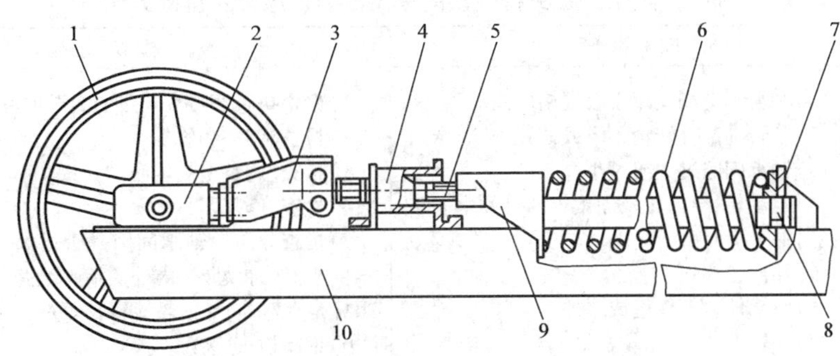

图 8-38 螺杆式张紧装置

1—导向轮 2—滑块 3—叉臂 4—螺杆托架 5—张紧螺杆 6—张紧弹簧 7—固定支座 8—调整螺母 9—活动支座 10—台车架纵梁

液压缸等组成。这种张紧装置的特点是把张紧螺杆与活动支座的螺纹配合换成 1 个内充润滑脂的液压缸—活塞组合件。油缸的前腔用高压油枪注入润滑脂使缸体前移，从而使导向轮前移令履带张紧。注入油缸内的润滑脂的多少决定履带的张紧程度。若履带过紧或需要拆卸履带时，可拧松放油螺塞，挤出润滑脂，履带就可以调松一些。这种张紧装置除了可使履带有足够的张紧度外，在推土机行驶于不平道路上或遇到障碍物而受到冲击时，导向轮还可向后移动一些，并带动叉臂、连接杆、油缸、活塞及弹簧前座对张紧弹簧进行压缩，从而达到缓冲的目的。弹簧的预紧力可以由调整螺母进行调整。

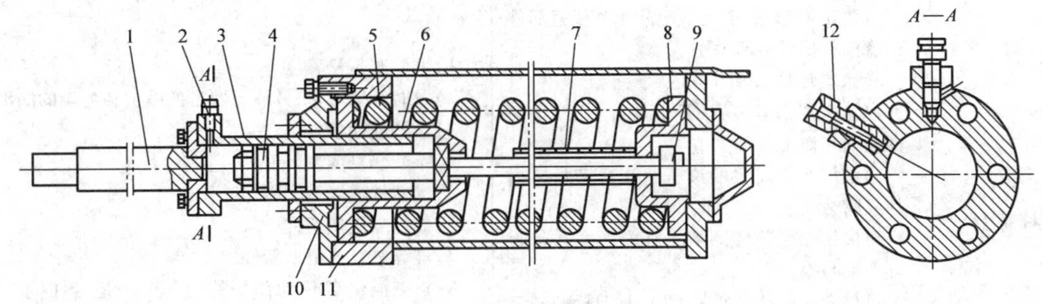

图 8-39 液压式张紧装置

1—张紧螺杆 2—放油螺塞 3—液压缸 4—活塞 5—张紧弹簧 6—弹簧前座 7—定位套管 8—弹簧后座 9—调整螺母 10—垫片 11—前盖 12—油嘴

8.5 履带式机械行驶系的维修

8.5.1 履带式机械行驶系的故障、原因及排除方法

履带式机械行驶系的常见故障、原因及排除方法见表 8-2。

由于履带式机械种类及型号繁多，结构也不尽相同，所以在进行维护、故障判断与排除时，除表中所述内容外，还应参照所属机型的使用说明书。

表 8-2 履带式机械行驶系的常见故障、原因及排除方法

故 障	产生的原因	排 除 方 法
链轨和各轮迅速磨损或偏磨（啃轨）	1）润滑不良或使用不合规格的润滑油 2）各转动部分转动不灵或锈死 3）轴承间隙过大或过小 4）驱动轮、导向轮及支重轮的对称中心不在同一个平面上 5）导向轮偏斜 6）驱动轮装配靠里或靠外 7）半轴弯曲，驱动轮歪斜 8）托轮歪斜 9）托轮轴承间隙过大或半轴轴承和端轴承间隙过大	1）严格执行润滑表规定的润滑项目和规定的润滑油 2）检查、调整和修复 3）检查、调整至规定间隙 4）检查、修复 5）检查导向轮轴承间隙是否过大，内外支承板磨损程度相差是否悬殊，内外支承弹簧弹力是否均匀，调整螺杆是否弯曲，导向轮叉臂长短是否一样 6）重新检查、装配 7）校正半轴，检查轮毂花键磨损情况 8）检查并校正托轮支架 9）检查、调整或更换
支重轮、托轮、导向轮漏油	1）橡胶密封圈硬化变形或损坏 2）内外盖固定螺栓松动 3）轴磨损 4）因装配不当，引起油封移位而失效	1）更换新件 2）拧紧固定螺栓 3）修复 4）重新正确安装
机件发热，转动困难	1）轴承间隙太小或无间隙 2）轴承损坏，咬死 3）润滑不良 4）严重偏磨	1）按规定值调整轴承轴向窜动量 2）更换轴承 3）清洗，然后按润滑要求加注润滑油 4）检查同侧各轮是否在同一对称中心平面上
履带脱轨	1）履带松弛引起掉轨 2）由于导向轮、驱动轮、链轨销套等部件的磨损量积累引起脱轨 3）张紧弹簧的弹力不足 4）液压式张紧装置的液压缸内径严重失圆而不起作用 5）液压张紧装置的液压缸塑料密封垫损坏或腐蚀失效 6）液压张紧装置的液压缸内活塞和密封环严重磨损 7）导向轮的凸缘严重磨损，驱动轮的轮齿磨损变尖，支重轮和托轮的凸边磨损严重 8）台车架变形 9）导向轮、驱动轮及支重轮中心不在同一直线上 10）半轴弯曲变形	1）调整履带松紧度 2）及时调紧履带，并注意履带的维护和各轮的润滑 3）调紧或换新件 4）镶套修复或换新件 5）换新件或以黄铜料加工代替 6）修复或更换新件 7）堆焊修复或更换新件 8）检查同侧各传动部分的对称中心是否在同一平面，校正台车架变形部分 9）调整中心成一直线 10）校直半轴

8.5.2 履带式机械行驶系的维护

1. 支重轮、导向轮及托轮的维护

（1）支重轮、导向轮和托轮轴承间隙的调整　履带式机械行走装置的支重轮、导向轮和托轮的支承轴承多用圆柱滚子轴承、圆锥滚子轴承或滑动轴承，其轴承间隙的调整方法和主减速器的轴承相同，也是通过增减调整垫片的数量来减小或增大轴承间隙的。

对于使用铜套或双金属套等滑动轴承的支重轮、托轮及导向轮，其轴向间隙是预先由结

构确定的，不能调整。

（2）支重轮、导向轮和托轮轴承的润滑

1）支重轮和导向轮的润滑。润滑支重轮时，先将轴端的螺塞拧下，再将注油器的注油嘴擦干净后插入轴内的油道，使油嘴端头顶住油道内肩，压动注油器压杆向油道内注油，直到脏油经轮毂的孔和从油道与注油嘴之间的空隙被挤出为止。

2）托轮的润滑。润滑托轮时，应将油孔置于下方，放出脏油，然后再将油孔置于托轮中心水平线上方 45°的位置，加油至孔内流出润滑油为止。

履带式机械行走装置的支重轮、导向轮和托轮的轴承是滑动轴承时，其润滑是用黄油枪或加油器加注润滑脂。这种轴承在加注润滑脂时，也应将脏油从轴承两端的油封处排出。

2. 履带的维护

（1）履带螺栓的检查和紧固　组合式履带板螺栓松动后，如不加以紧固而继续工作，会造成履带板螺孔扩大，最后导致螺栓损坏而无法紧固。每班都要对履带板螺栓的松动情况进行检查，并按照要求力矩进行紧固。

（2）履带张紧度的检查与调整　履带张紧度应合适，过紧会增加功率消耗，加速链节的磨损；过松则很易脱轨掉链，使履带对链轮及托轮产生冲击载荷。履带张紧度可通过履带上边中部的下垂程度来衡量。对于组合式履带行走装置，测量履带张紧度时，将机械停置在平坦的硬地面上，以轨面作为基准，用撬杠将履带上边中部用力抬至极点，测其轨面与托链轮滚动面之间的距离，该距离应符合所属机型的规定。如果测量结果小于规定的下限值，表明履带过紧；大于规定上限值，则为过松。履带的张紧度不符合要求时应进行调整，调整方法按结构不同有如下 2 种：

1）螺杆式张紧机构的调整：通过旋转张紧螺杆来改变螺杆的伸出长度。

2）液压式张紧机构的调整。TY180 型等推土机的液压式张紧缸筒的前方设有注油嘴和放油塞。当履带松弛时，可通过注油嘴向缸筒内注入润滑脂，油压将导向轮向前推，从而使履带张紧；反之，拧开放油塞，从缸筒中放出一些润滑脂，导向轮则后移，履带变松。

不管何种调整装置，一台车上的 2 条履带要同时调整以使其张紧度一致，否则会造成操纵困难并导致转向离合器过早磨损。

履带张紧度调整后，应使机械低速前后行驶一下，使履带的张紧状况趋于均匀后，再复测一次，必要时重调。最后在调整螺纹部位涂润滑脂并用塑料布包好，防止生锈。

如果张紧装置已调整到极点，而履带仍过松弛，可拆除 1 块履带板后重调。

8.5.3　履带式机械行驶系主要零件的检修

1. 台车架的损伤和修理

台车架是履带机械行走装置的重要机件。台车架的主要损伤是台车架出现裂纹、台车架变形和台车架各安装面与配合表面磨损。

修理台车架时，应用钢丝刷仔细清刷易产生应力集中的部位，检查是否有裂纹。必要时应用磁力探伤法等进行检测。台车架产生裂纹后，不仅会降低台车架的强度，而且会引起台车的变形。台车架出现裂纹或原焊缝处开焊，裂纹尚未扩展到整个纵梁的横截面且在受力不大的部位时，可用低合金钢、氢碱性焊条进行焊接。施焊前，用砂布打磨裂纹处，直至露出金属光泽而确定裂纹末端，在裂纹两端钻直径为 5mm 的止裂孔，防止裂纹继续扩张。

台车架变形量的检测还可在检测平台上进行：通过测量台车架下平面和检测平台之间的距离，检查台车架垂直方向的弯曲变形；测量台车架下平面4个角至检测平台的距离差，可知台车架有无扭曲变形；将台车架侧置在平台上，测量侧面下边缘至平台的距离，即可知有无侧向弯曲。台车架斜撑的变形主要表现在斜撑轴承孔的位置精度上，应着重检测轴承座孔的轴线与台车架中线间的垂直度，轴承座孔中心距台车架尾部上平面的高度，以及轴承座内端面距台车架尾部定位销孔中心的距离。台车架变形超限时，应进行校正，以恢复主要安装面间的位置精度。变形较小时，可冷压校正；变形较大时，应热压校正。斜撑轴承后桥箱体支承孔两端面之间应留有2mm左右的调整间隙。

台车架配合表面磨损后应进行修复。斜撑轴承磨损后可更换轴承；轴承座孔壁磨损后，可堆焊孔壁，然后进行机械加工并恢复轴承座孔的位置精度。台车架尾部的轴承座孔（护盖孔）磨损后，可堆焊加工，并更换衬套。台车架前叉口各导向面磨损量超过2mm时，应更换导向板，导向板材料常用16Mn，焊后其厚度约为12mm。

2. 导向轮、支重轮与托轮的损伤和修理

（1）轮体的修理　导向轮、支重轮和托轮的主要损伤有外圆滚道与导向凸缘磨损、轮缘产生裂纹、安装轴承的孔壁产生磨损等。从滚道磨损情况来看，支重轮最严重，导向轮次之，再次是托轮。

轮体滚道直径方向磨损量超过10mm时，应用堆焊法、镶套法进行修复。轮体的堆焊材料应具有较好的耐磨性和耐冲击性。堆焊采用CO_2气体保护焊或氩弧焊为好，当堆焊层超过3层时，应先用韧度好、硬度为25～27HRC的珠光体材料堆焊底层（2～3层），然后再用高硬度的耐磨材料堆焊表面层。将堆焊后的轮体再进行机械加工和热处理。轮体产生裂纹时，可开成坡口后进行焊接修理。

（2）轮轴的修理　支重轮、导向轮和托轮轮轴的主要损伤为弯曲变形、轴颈磨损等。与滚动轴承配合的轴颈磨损使之与轴承内圈的间隙大于0.05mm时，应对轴颈采用镀铬法修复；与滑动轴承配合间隙大于1mm时，应对轴颈采用堆焊或镀铁修复；轴弯曲变形大于0.02mm时，应予以校正：弯曲变形较小时，可采用冷压校直；当弯曲变形较大时，应热压校直，在弯曲处用火焰加热至450～500℃。

（3）滑动轴承的修理　支重轮、导向轮和托轮使用的滑动轴承有3种：青铜轴承、铝合金轴承和尼龙轴承。轴承与轮体轴承座孔为过盈配合，当配合松动时，可对轮体轴承座孔进行镶套或电镀轴承外壳，以恢复配合精度；轴承孔磨损增大后，应更换轴承。新轴承与轴颈间的标准配合间隙与轴承材料有关，青铜轴承为0.16～0.30mm，铝合金轴承为0.20～0.40mm，尼龙轴承为0.50～0.90mm。

（4）油封的修理　支重轮、导向轮和托轮使用油封有2种：一种是用润滑油润滑轴承，油封为浮动油封与密封环式油封；另一种是用润滑脂润滑轴承，油封为橡胶碗式油封。油封的主要损伤是油封面因磨损、划痕或橡胶老化变质等，使油封效能降低而漏油。钢质密封件的密封面产生磨损、划痕时，可用研磨的方法恢复其密封性。研磨时应注意，密封环带不能过宽，以防降低封油性能。浮动油封密封环带标准宽度为0.20～0.30mm。橡胶油封老化变质时，应更换新件。

3. 张紧装置的修理

张紧装置失效时，履带松弛，工作时履带容易脱掉。张紧装置失效主要是由于调整装置

（如调整螺杆螺纹）损坏或液压张紧装置密封件损坏，其次是由于缓冲弹簧过软或折断。

机械式张紧装置的调整螺杆螺纹损坏后，可以改制成缩小尺寸的螺纹，也可以将损坏后或磨损严重的螺纹切去，堆焊后重新车制，并在 820～850℃时作油浴淬火。

液压张紧装置密封件损坏后，应更换密封件。缸孔与活塞的配合面磨损，当配合间隙超限时，可修磨缸孔，再更换加大尺寸的活塞和密封环。

复习与思考题

一、填空题

1. 轮式工程机械悬架装置是（　　）与（　　）之间一切传力连接装置的总称，悬挂装置可分为（　　）和（　　）两种基本类型。

2. 工程机械主销后倾角使车轮具有（　　）的能力，保持机械直线行驶的稳定性。而主销后倾角太大，会使（　　）；主销后倾角太小，会使行驶（　　）降低。

3. 轮式工程机械行驶系由（　　）、（　　）、悬挂装置和（　　）等组成。

4. 工程机械前轮前束一般为 0～12mm，可通过调整（　　）的长度来调整它的大小。

5. 根据断面尺寸的不同，工程机械轮胎可以分为（　　）、（　　）和超宽基轮胎。

6. 履带工程机械的履带板有（　　）履带板和（　　）履带板 2 种，后一种履带板的特点是密封好，不限作业环境，可以更换易损件，成本低，应用广泛。

7. 轮式工程机械铰接式车架的铰接点形式有（　　）、（　　）和滚锥轴承式 3 种。

8. 某低压轮胎的标记为 18.00—24，它表示（　　）为 18in、（　　）为 24in 的低压轮胎。

9. 将（　　）、（　　）、（　　）、张紧装置集中装在台车架轮架上，即形成 1 个台车。

10. 工程机械主销内倾角可使（　　）轻便、保持机械直线行驶的（　　）。

11. 根据轮胎充气压力的大小，工程机械轮胎可以分为（　　）、（　　）和超低压轮胎。

12. 通常，轮式工程机械悬架装置由（　　）和（　　）组成。

13. 子午线轮胎帘布线与轮胎对称面的交角为（　　），普通斜线轮胎帘布线与轮胎对称面交角一般为（　　）。

14. 根据作用不同，轮式工程机械车桥分为（　　）、（　　）、（　　）和支承桥。

二、判断题

1. 对于前轮转向的工程机械，前轮前束值是可以通过转向横拉杆来调整的。（　　）

2. 前轮外倾可减轻轮胎的磨损，其值越大越好。（　　）

3. 子午线轮胎比普通斜交轮胎附着性好，但成本高。（　　）

4. 主销后倾可使工程机械转向轻便，但其值不能过大。（　　）

5. 履带行走装置的张紧装置只起张紧作用，不起缓和冲击作用。（　　）

6. 轮式工程机械行驶系的钢板弹簧可以缓和冲击，但不起减振作用。（　　）

7. 驱动桥壳既是传动系的组成部分，也是行驶系的组成部分。（　　）

8. 由于钢板弹簧只能承受垂直载荷，且变形时不产生摩擦力，所以悬架中必须装有减振器和导向机构。（　　）

9. 悬架是指履带式工程机械机体与行走机构相连接的部件，它必须具有减振作用。（　　）

10. 在工程机械日常维护中，应该及时清除轮胎间的夹石和花纹中的石子、杂物等。（　　）

11. 对于装好的轮胎应进行动平衡试验，其平衡度误差应不大于 1000g · cm 。（　　）

三、单项选择题

1. 在前轮定位中，（　　）可以进行调整。

A. 主销后倾角　　B. 主销内倾角　　C. 前轮外倾角　　D. 前轮前束

2. 在轮式机械中，(　　) 采用铰接式车架。

A. 偏转车架转向系　B. 偏转后轮转向系　C. 偏转前后轮转向系　D. 转前轮转向系

3. 在履带式行驶系中，可以通过调整（　　）的前后位置变化，实现履带松紧度的调整。

A. 支重轮　B. 托轮　C. 驱动轮　D. 导向轮

4. 在前轮定位中，(　　) 可以减小轮胎螺栓和轮毂锁紧螺母的受力。

A. 主销后倾角　B. 主销内倾角　C. 前轮外倾角　D. 前轮前束

5. 在悬架装置中，(　　) 既能起明显的减振作用，又能起明显的缓冲作用。

A. 钢板弹簧　B. 油气减振器　C. 圆柱弹簧　D. 橡胶弹簧

6. 在前轮定位中，(　　) 不能进行调整。

A. 主销后倾角、主销内倾角、前轮外倾角　B. 主销后倾角、主销内倾角、前轮前束

C. 主销后倾角、前轮外倾角、前轮前束　D. 前轮外倾角、主销内倾角、前轮前束

7. 主销内倾的主要作用是（　　）。

A. 自动回正　B. 减少燃料的消耗

C. 提高前轮工作的安全性　D. 减小轮胎的磨损

8. 有减振和导向传力功能的弹性元件是（　　）。

A. 螺旋弹簧　B. 钢板弹簧　C. 油气弹簧　D. 空气弹簧

9. 关于双向作用筒式减振器，以下说法错误的是（　　）。

A. 阻尼力越大，振动的衰减越快

B. 当车桥移近车架时，减振器受压缩，活塞上移

C. 减振器在压缩、伸张 2 个行程都能起减振作用

D. 振动所产生的能量转变为热能，并由油液和减振器壳体吸收，然后扩散到大气中

四、简答题

1. 简述轮式机械前轮转向的转向轮定位的定义及作用。

2. 简述轮式工程机械的车桥类型及各种车桥的作用。

3. 简述轮式工程机械悬架装置的 2 个组成部分及各个组成部分的作用。

4. 根据图 8-1 回答如下问题：

1）写出各个标号部件的名称。

2）简述由部件 1、2、3、4 组成的系统的功能。

3）简述标号部件的作用。

第9章　转　向　系

本章重点介绍转向系的功能、基本组成和工作原理，以及主要装置的典型结构、工作原理及特点；分析了典型转向系的主要故障现象、故障原因和检修方法。

9.1　概述

9.1.1　转向系的功能

转向系的功能是按照驾驶员的意志使工程机械保持稳定的直线行驶或平稳、灵活地改变行驶方向（即转向）。

工程机械在行驶或作业中，根据需要实现工程机械转向和保持稳定的直线行驶的一整套专设机构，称为工程机械的转向系。

工程机械的转向是通过驾驶员操纵转向机构使转向轮偏转一定的角度或使铰接式车架的前后车架相对偏转实现的。

转向系对工程机械的使用性能影响很大，转向系性能的好坏，对于保证工程机械的行驶安全，减轻驾驶员的劳动强度，以及提高工作效率具有重要的意义。

9.1.2　转向系的使用要求

尽管工程机械转向系有很多种类型，结构上也各有特点，但都应满足以下要求：

1）工作可靠。转向系与轮式机械的行驶安全性关系极大，其零部件应有足够的强度、刚度和使用寿命。采用动力转向时，发动机在怠速状态下也应该能正常转向。

2）工程机械转向时，各车轮必须做纯滚动而无侧向滑动，最好保证全部车轮绕同一瞬心旋转。车轮没有侧滑可减少轮胎磨损，转向轻便。

3）转向灵敏。当机械向一个方向急转弯时，转向盘的转动圈数为1.5~2.5圈。转向盘的自由行程要小，转向盘处于中间位置时，其空行程不允许超过15°~20°。

4）操纵轻便，转向盘的操纵力要小。

5）行驶时，系统应该稳定。工程机械行驶时，转向盘不能有严重的抖动和摆动。

6）便于保养和调整。转向系的调整部位应尽量少，且调整、保养方便。

9.1.3　工程机械的转向方式及特点

根据工作要求的不同，工程机械的转向方式可分为5种。

1. 偏转前轮式转向

偏转前轮式转向通过前轮偏转一定的角度实现机械转向，如图9-1所示。偏转前轮转向时，外侧前轮的转弯半径最大，其经过的距离也最大。在行驶及作业过程中，驾驶员易于利用前轮是否避过障碍物来判断机械的行驶路线，有利于行车安全。如各种单轴驱动或多轴驱动的汽车、平地机及挖掘机等就采用这种转向方式。

2. 偏转后轮式转向

偏转后轮式转向一般用于前方装有工作装置的机械。此类工程机械若采用前轮偏转方式，不仅车轮的偏转角将受工作装置的限制，而且由于工作装置靠近前轮，其工作轮压较大，须采用双胎或增大轮胎直径，以致轮距及外形尺寸加大，机动性降低，使偏转轮的转向阻力矩增加，导致转向功率增加。偏转后轮式转向如图 9-2 所示。

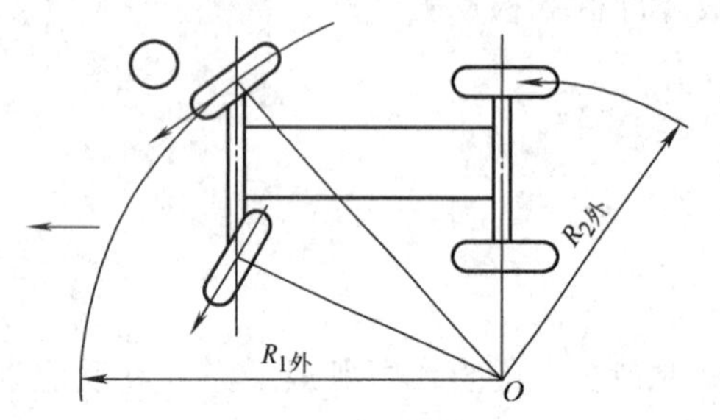

图 9-1 偏转前轮式转向

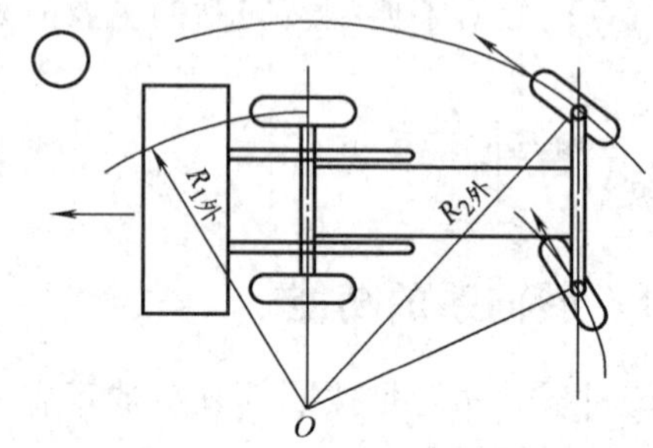

图 9-2 偏转后轮式转向

偏转后轮转向时，外侧后轮的转弯半径最大。转向时，驾驶员不能以前轮的位置来判断机械的行驶方向，故转向操纵比较困难。目前，采用这种转向方式的主要有叉车、小型翻斗车等。

3. 偏转前后轮转向

操纵灵活性要求较高的工程机械一般采用前后轮同时转向，如图 9-3 所示。这种转向方式可使轴距较长的工程机械具有较小的转弯半径，也可以使前后轮偏转方向一致，而形成斜行。斜行转向能够使机械缩短转向路程及时间，易于迅速靠近或离开作业面，但其动力系统、转向控制系统的结构都较前 2 种方式复杂。

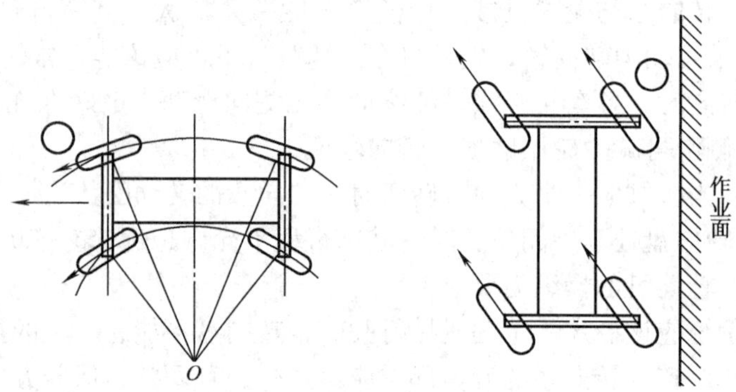

图 9-3 偏转前后轮转向

偏转前后轮转向的机械一般具有单独前轮转向、后轮转向、全轮转向及斜行的功能，一般用于机身较长，常在狭窄场地工作的工程机械，如大型轮胎式起重机、平地机等。

4. 铰接式转向

偏转车轮式转向多应用于整体式车架，铰接式转向用于铰接式车架。

铰接式转向如图 9-4 所示，其特点是转向半径小，能原地转向，容易接近或离开工作面，机动性好。但由于车架铰接，整体刚性差，没有前轮定位，转向不能自动回正，保持直线行驶能力差，在外部阻力不平衡时，常出现左右摇摆现象，转向稳定性较差。装载机、压路机、平地机等广泛采用这种转向形式。

5. 差速式转向

近年来，差速式转向在某些小型工程机械中的应用得到了很快的发展。这种机械能在狭窄的作业区机动、灵活地工作，它采用整体式车架，车桥与车架固定在一起，它依靠左、右两侧车轮的转速差来进行转向。

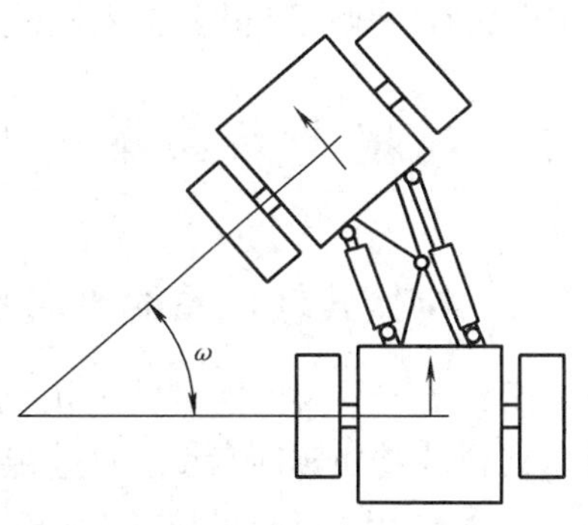

图 9-4　铰接式转向

采用差速式转向的机械在转向时轮胎有明显的侧滑及纵滑现象，且转向半径越小，打滑越严重，增加了轮胎的磨损。这种转向方式在轮式机械中很少采用。

履带式机械多采用差速式转向。它利用转向机构改变传至驱动轮上的转矩，使两侧履带以不同的速度行驶而实现转向。

9.1.4　转向系的类型

工程机械转向系可按转向能源的不同，分为机械式转向系和动力式转向系。

1. 机械式转向系

机械式转向系（又称人力转向）主要用于中小型偏转车轮式转向的机械，转向轮的偏转完全是借助于驾驶员在转向盘上施加的力，通过一系列机械传动机构，使转向轮克服转向阻力而实现的。阻力越大，则需施加的力越大。机械式转向系的优点是结构简单，制造方便，工作可靠；缺点是转向操纵较费力。

2. 动力式转向系

动力式转向系是一套兼用驾驶员体力和发动机动力为转向能源的转向系统。在正常情况下，机械转向所需的能量只有一小部分由驾驶员提供，而大部分能量由发动机通过转向动力装置提供。

（1）液压助力式转向　液压助力式转向系是在机械式转向系的基础上，增设了一套液压助力系统。轮式机械在采用液压助力式转向时，转动方向盘的操纵力已不能作为直接迫使车轮偏转的力，而只是使控制阀进行工作的力；车轮偏转所需的力则由转向油缸提供。

液压助力式转向系的主要优点是操纵轻便，转向灵活，工作可靠，可利用油液阻尼作用吸收、缓和路面冲击，目前被广泛应用于重型工程机械上；缺点是结构复杂，制造成本高。

（2）全液压式转向　全液压式转向（又称摆线马达转阀式液压转向）系统主要由转向阀与计量马达组成。这种转向系统取消了转向盘和转向轮之间的机械连接，只是通过液压油管连接。2 根油管将转向器的压力油，按转向要求输送到转向油缸相应的油腔以实现机械转向。

全液压式转向的主要优点是操纵轻便灵活，结构紧凑，易于总体安装布置，发动机熄火时仍能保证一定的转向性能。缺点是驾驶员无路感，转向后不能自动回正，发动机熄火后手动转向费力。全液压转向系统的优点比较突出，目前，在 ZL 系列装载机、YZ 系列压路机及 PY 系列平地机等很多工程机械上广泛采用。

9.2 机械式转向系的构造

9.2.1 机械式转向系的组成及工作原理

图 9-5 所示为偏转车轮式机械转向系，它由转向盘、转向器和转向传动机构组成。转向时，驾驶员转动转向盘 1，通过转向轴 2 带动互相啮合的蜗杆 3 和齿扇 4，使转向垂臂 5 绕其轴摆动，再经转向纵拉杆 6 和转向节臂 7 使左转向节及装在其上的左转向轮绕主销偏转。与此同时，左梯形臂 9 经转向横拉杆 10 和右梯形臂 12 使右转向节及右转向轮绕主销向同一方向偏转。转向轴、啮合传动副等总称为转向器。转向垂臂、转向纵拉杆、转向节臂、左右梯形臂和转向横拉杆等总称为转向传动机构。其中，梯形臂、转向横拉杆及前轴组成转向梯形机构，其作用是保证两侧转向轮偏转角具有一定的相互关系。

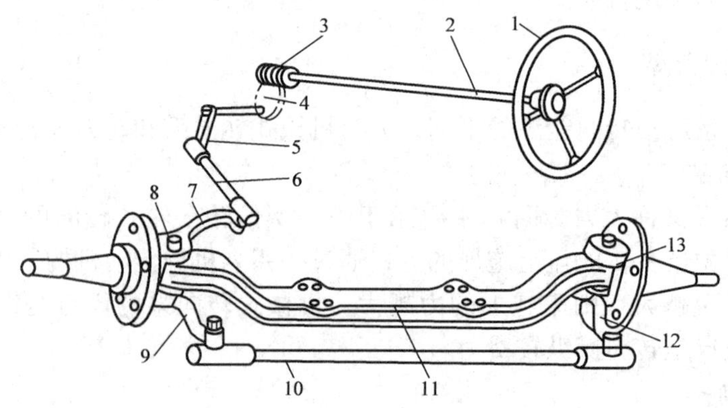

图 9-5 偏转车轮式机械转向系

1—转向盘 2—转向轴 3—蜗杆 4—齿扇 5—转向垂臂 6—转向纵拉杆 7—转向节臂 8—主销 9、12—梯形臂 10—转向横拉杆 11—前轴 13—转向节

9.2.2 转向器

转向器的功能是将驾驶员施加于转向盘上的作用力矩放大（速度降低），传递到转向传动机构，使机械准确地转向。

轮式机械的转向器类型很多，目前，普遍采用的主要有循环球式、蜗杆曲柄销式和球面蜗杆滚轮式 3 种。

1. 循环球式转向器

（1）结构 循环球式转向器多用于装载机和载重汽车上，主要由螺杆、方形螺母、钢球、齿扇及转向器壳体等组成（图 9-6）。

循环球式转向器有 2 对传动副，一对是螺杆、螺母；另一对是齿条、齿扇。在螺杆和螺母间装有钢球。

螺杆通过两端的圆锥滚子轴承支承在壳体上，轴承间隙可通过端盖与壳体间的调整垫片

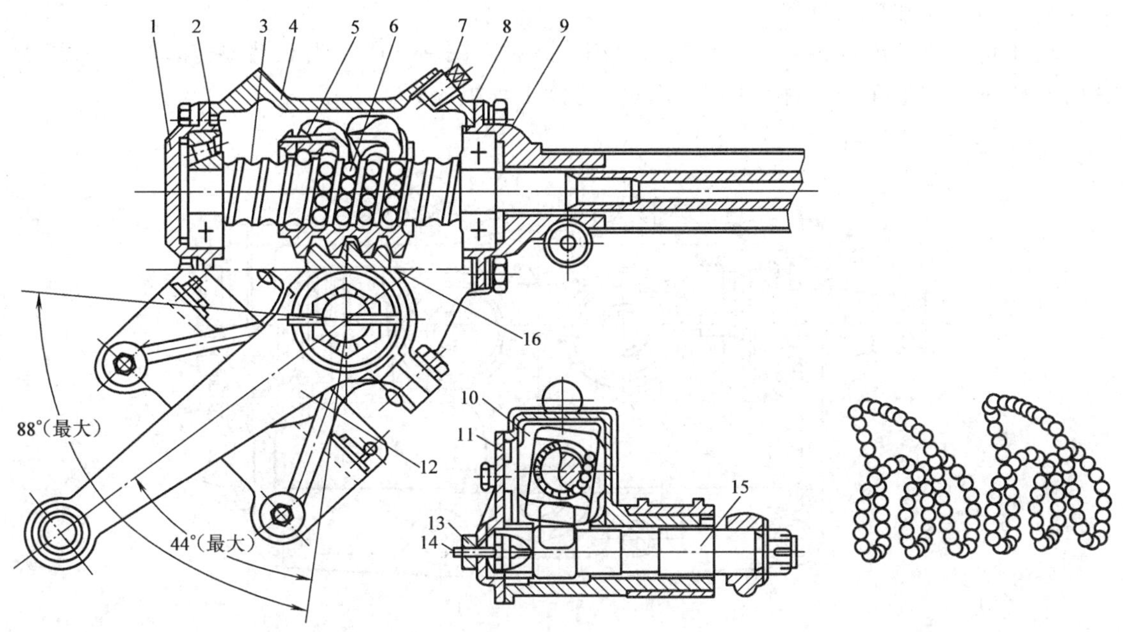

图 9-6　循环球式转向器

1—端盖　2、8—调整垫片　3—螺杆　4—外壳　5—转向器螺母钢球导轨及夹子　6—钢球　7—加油螺塞　9—上盖　10—方形螺母　11—侧盖　12—转向垂臂　13—锁紧螺母　14—调整螺钉　15—转向垂臂轴　16—齿扇

2、8 进行调整。螺母的内径略大于螺杆的外径，在螺杆和螺母上都加工出断面近似为半圆形的螺旋槽，二者的槽相配合便形成近似为圆形断面的螺旋形滚道。螺母侧面制有圆孔，钢球由此孔装入滚道内，2 根钢球导管装在螺母上，每根导管的两端分别插入螺母侧面的圆形孔内，导管内也装满钢球。这样，2 根导管和螺母内的螺旋形滚道组成了 2 个各自独立封闭的钢球“流道”。

齿扇与转向垂臂轴制成一体，并与螺母上的齿条相啮合，转向垂臂轴支承在壳体内的衬套上。在转向垂臂轴的端部嵌入调整螺钉 14 的圆柱形端头。调整螺钉拧在侧盖上，并用螺母 13 锁紧。因齿扇的高是沿齿扇轴线而变化的，故转动调整螺钉使转向垂臂轴做轴向移动，即可调整齿条与齿扇的啮合间隙。

（2）工作原理　当转动转向盘时，转向轴带动螺杆转动，通过钢球将力传给螺母，螺母产生轴向移动，并通过齿条带动齿扇及与齿扇制成一体的转向垂臂轴转动，经转向传动机构使机械转向。与此同时，由于摩擦力的作用，所有钢球在螺杆与螺母之间流动，形成“球流”。钢球在螺母内绕行 2 周后，流出螺母进入导管，再由导管流回螺母内球道始端，如此循环流动，故这种转向器称为循环球式转向器。

（3）调整　循环球式转向器的调整有两个方面：

1）螺杆轴承间隙的调整。通过增减端盖与壳体间的调整垫片 2 和 8 来调整螺杆轴承间隙。增加垫片，间隙变大；减少垫片，间隙变小。

2）齿条与齿扇啮合间隙的调整。通过侧盖上的调整螺钉 14 调整齿条与齿扇的啮合间隙，向里拧入，间隙变小；向外拧出，间隙变大。调整完毕将锁紧螺母 13 锁紧。

2. 蜗杆曲柄销式转向器

蜗杆曲柄销式转向器分为单销式和双销式 2 种。图 9-7 所示为双销式转向器，它主要由转向蜗杆 3、曲柄 21、曲柄销 13 及转向器壳体 4 等组成。

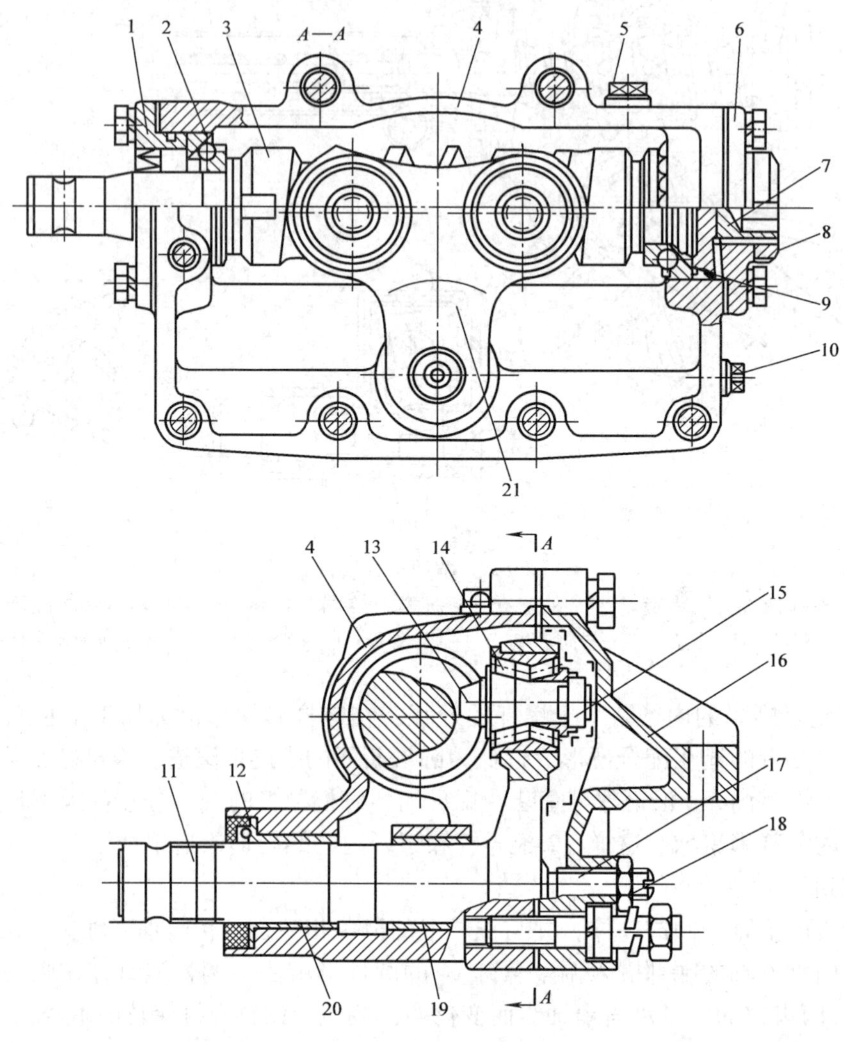

图 9-7 蜗杆曲柄销式转向器

1—上盖 2、9—向心推力球轴承 3—转向蜗杆 4—转向器壳体 5—加油螺塞 6—下盖 7—调整螺塞 8—圆螺母 10—放油螺塞 11—垂臂轴 12—油封 13—曲柄销 14—双排圆锥滚子轴承 15—调整螺母 16—侧盖 17—调整螺钉 18—螺母 19、20—衬套 21—曲柄

（1）结构 蜗杆通过两端推力球轴承 2、9 支承在壳体的两侧座孔内，用端盖将其轴向定位。右端圆螺母 8 用螺钉固定在壳体上，内拧有轴承调整螺塞 7，转动螺塞可以调整两轴承的间隙。2 个锥形曲柄销 13 均用双列圆锥滚子轴承支承在曲柄的座孔中，使之可以绕自身轴线转动，以减轻销和曲柄的磨损，提高传动效率，使转向灵活。调整螺母 15 用来调整轴承的松紧度，以使曲柄销能自由转动而无明显的轴向间隙。

曲柄 21 和转向垂臂轴 11 连接成一体，垂臂轴通过衬套支承在转向器壳体上，伸出壳体的一端通过花键和固定螺母与转向垂臂联接。为防止漏油，垂臂轴与壳体之间装有油封。

转向器壳体固定在车架上，壳体上有加油口，用螺塞封闭。

（2）工作原理　转向时，转向盘带动蜗杆转动，使曲柄销在自转的同时，绕着与曲柄连接成一体的转向垂臂的轴线做圆弧运动，从而使转向垂臂轴转动，通过转向传动机构使机械转向。

曲柄单销式与双销式的区别在于：传动机构是由蜗杆与带有曲柄的一个锥形销相啮合组成的。因此，双销式结构能保证曲柄销转到两端位置时，总有一个销能与蜗杆啮合，较之单销式有更大的转角，并避免因曲柄销在转到极限位置时脱出蜗杆而使转向失灵。

（3）调整

1）蜗杆轴承间隙的调整。通过轴承调整螺塞7可对蜗杆轴承间隙进行调整，向里拧则间隙变小；向外拧则间隙变大。

2）曲柄销轴承间隙的调整。通过曲柄销端部的调整螺母15可对曲柄销轴承间隙进行调整，拧紧螺母则间隙变小；拧松螺母则间隙变大。

3）蜗杆与曲柄销啮合间隙的调整。通过侧盖上的调整螺钉17可对蜗杆与曲柄销啮合间隙进行调整，拧紧螺钉则间隙变小；拧松螺钉则间隙变大。

3. 球面蜗杆滚轮式转向器

（1）结构　球面蜗杆滚轮式转向器结构如图9-8所示。转向器壳体内装有蜗杆滚轮传动副，其主动件是凹球面蜗杆，从动件是表面切有3道环状齿的滚轮。球面蜗杆两端用滚子轴承支承在转向器壳体上，滚轮借滚针轴承安装于滚轮轴上，滚轮轴支承在和转向垂臂轴制成一体的支座上。

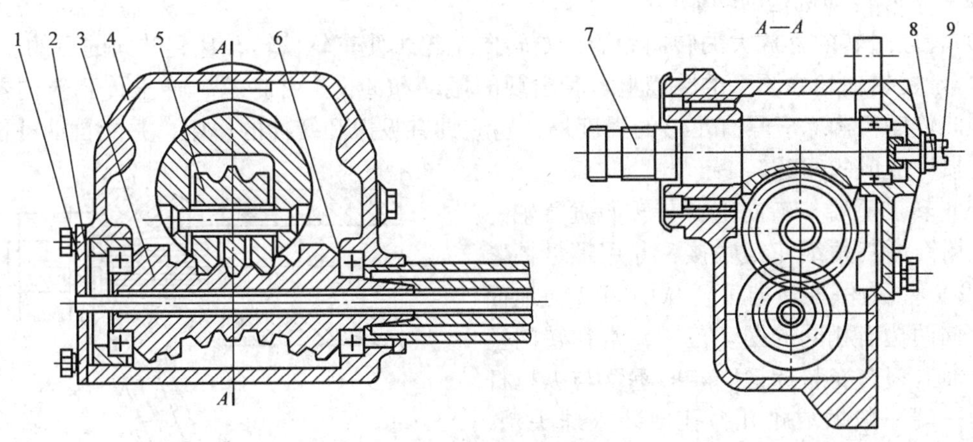

图9-8　球面蜗杆滚轮式转向器

1—轴承盖　2—调整垫片　3—球面蜗杆　4—转向器壳体　5—滚轮
6—滚子轴承　7—垂臂轴　8—锁紧螺母　9—调整螺钉

球面蜗杆左端轴承盖可用于此方向的轴向定位，轴承盖与转向器壳体之间装有调整垫片，可调整轴承的松紧度。滚轮两端与支座之间有端面摩擦片，磨损后可更换。

（2）工作原理　转动转向盘，通过转向轴带动球面蜗杆旋转，滚轮在绕滚轮轴自转的同时，还沿蜗杆的螺旋线滚动（公转），从而带动滚轮架及转向垂臂轴摆动，通过转向传动机构使转向轮偏转。

（3）调整　转向器的调整主要是指调整蜗杆的轴承间隙和蜗杆与滚轮的啮合间隙。这2个间隙过紧会使转向沉重，过松又会使转向盘自由行程过大，过松或过紧都须进行调整。

1）蜗杆轴承间隙的调整。通过增减转向器壳体和端盖之间的调整垫片2来进行的。增加垫片轴承间隙大；减少垫片间隙变小。

调整完成后须进行检验，方法是用手转动转向盘时，转动应灵活，用手推拉方向盘时，没有轴向移动则为调整合适。若有弹簧秤，可用弹簧秤拉动转向盘外缘，其拉力在3～8N时为合适。

2）蜗杆与滚轮啮合间隙的调整。调整蜗杆与滚轮啮合的间隙时，首先拧松侧盖上面的锁紧螺母，然后转动调整螺钉。旋进螺钉啮合间隙减小，反之则增大。调好后把锁紧螺母拧紧。

调整后应进行检查。将转向盘从一边极限位置转到另一边极限位置，应转动自如，无沉重感觉；装上转向垂臂后，用手扳动垂臂，应感觉不到有明显的间隙，并可带动转向盘左、右转动，即为合适。同样，也可用弹簧秤拉动方向盘外缘的方法进行检查，其拉力应为10～30N，否则应重调。

9.2.3　转向传动机构

（1）转向传动机构的组成　转向传动机构由转向垂臂、转向纵拉杆、转向节臂、左右梯形臂和转向横拉杆等组成，如图9-5所示。机械转向时，各部件的相对运动不在同一平面内，故它们之间的连接均采用球铰连接，以防产生运动干涉。

（2）转向传动机构的功能

1）将经过转向器放大的转向力矩传给转向车轮，使车轮偏转，达到转向的目的。

2）承受转向轮在不平的路面上行驶出现的振动和冲击，并把这一冲击传到转向器。因此，转向传动机构除应具有足够的强度外，还应具有吸振和缓冲的作用，并能自动补偿各连接处磨损后造成的间隙。

（3）转向垂臂　转向垂臂与转向垂臂轴一般都采用锥形三角细花键联接，并用螺母锁紧（见图9-9）。为保证转向垂臂从中间（与地面垂直）向两边有相同的摆动范围，常在转向垂臂及其轴上刻有安装标记。转向垂臂与纵拉杆相连的一端一般做成锥孔，孔中装入球头销，并用螺母锁紧。

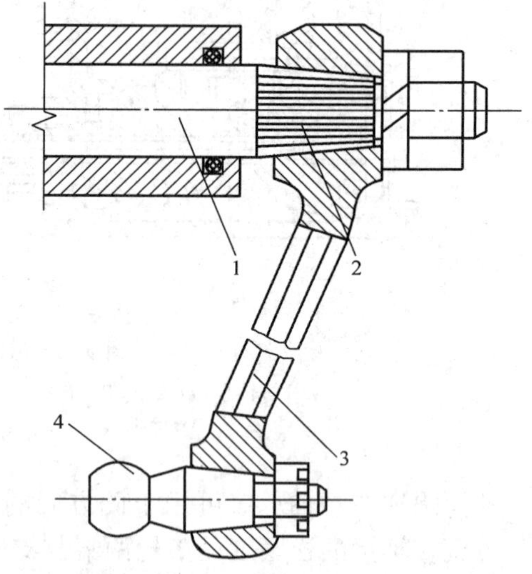

图9-9　转向垂臂及转向垂臂轴
1—转向垂臂轴　2—三角细花键
3—转向垂臂　4—球头销

（4）转向纵拉杆　转向纵拉杆主要由球头销、球头碗、弹簧、弹簧座、螺塞、杆身等组成。纵拉杆在转向时既受拉又受压，通常用钢管制成，并尽量呈直线形，如图9-10所示。

杆身4两端略为扩大以便装入球头销，其一端与转向垂臂相连，另一端用球头销与转向臂联接。球头销两侧装有球头碗6，组成球铰。在螺塞5和弹簧的作用下，球头碗与球头销靠

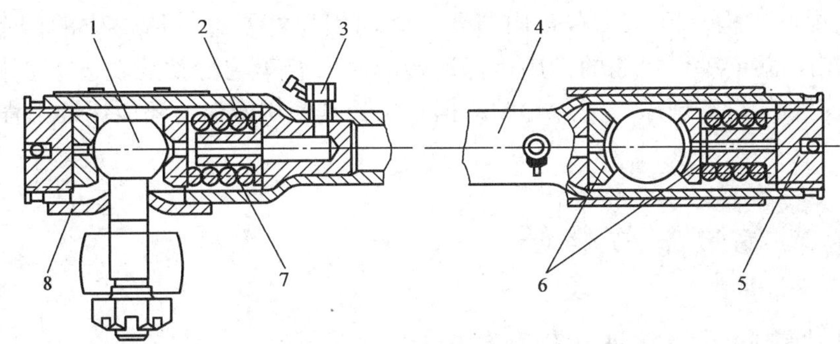

图9-10　转向纵拉杆

1—球头销　2—弹簧　3—油嘴　4—杆身　5—调整螺塞　6—球头碗　7—弹簧座　8—防尘罩

紧。2个弹簧的压紧方向不同，其作用是，自动补偿球头销磨损后产生的间隙；受到拉或压冲击时起缓冲作用，以减轻对转向器的冲击载荷。

转动螺塞5可以调节弹簧预紧力，最大预紧力由弹簧座加以限制。弹簧座可以起到限制弹簧过载的作用，并防止弹簧折断后球头销从管孔中脱出。

为了工作可靠，螺塞5位置校准后，应用开口销将其锁死，以防松动。用薄铁片制成的防尘罩8盖住球铰处的孔口，防止尘土进入。油嘴3用来加注润滑脂，以润滑球头与球头碗之间的接触表面。

（5）转向横拉杆　转向横拉杆主要由杆身及球铰接头组成，轮式挖掘机的转向横拉杆如图9-11所示。

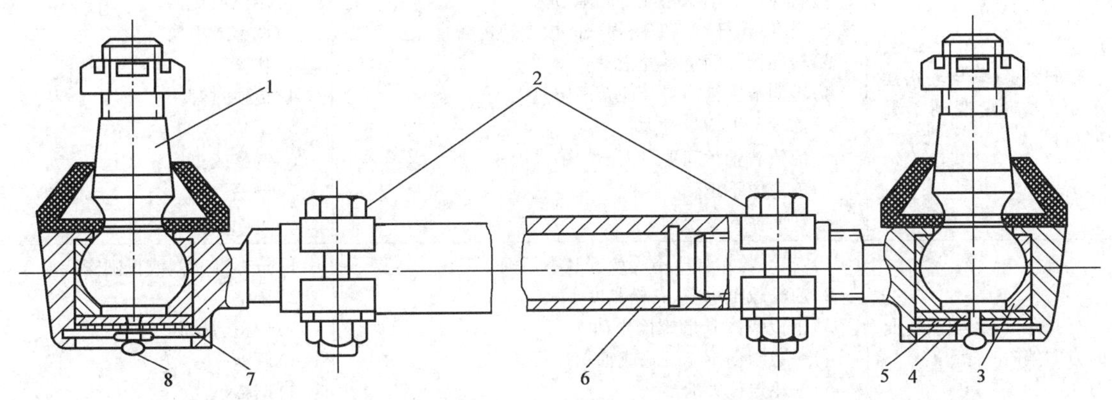

图9-11　转向横拉杆

1—球头销　2—夹紧螺栓　3—球头碗　4—橡胶垫圈　5—挡板　6—杆身　7—卡环　8—润滑脂嘴

杆身6由钢管制成，两端分别制有螺纹。2个接头拧在两端螺纹上，并用夹紧螺栓2紧固。球头销1的锥形部分通过螺母和转向节臂联接固定，球头部伸入接头空腔内，并夹装在上下球头碗3之间。球头碗下部装有橡胶垫圈4和挡板5，并由安装在接头上的卡环7限位。为消除球头和球头碗磨损后产生的间隙，在挡板和橡胶垫圈之间装有调整垫片。因磨损产生的间隙较小时，可由橡胶垫圈自动消除，间隙较大时可通过增加调整垫片来消除。

为润滑球头和球头碗，在挡板上装有润滑脂嘴。为防止尘土进入，接头上部装有防尘罩。松开两个夹紧螺钉，转动杆身，可以改变拉杆的总长度，以调整车轮的前束值。

（6）转向梯形机构　因左、右转向节臂、转向横拉杆及前轴所形成的四边形是梯形，故称为梯形机构。转向梯形机构的作用是保证转向时所有车轮行驶的轨迹中心相交于一点，从而防止产生轮胎的滑磨现象，减少轮胎磨损，延长其使用寿命，还能保证工程机械转向准确、灵活。

9.3 机械式转向系的维修

9.3.1 机械式转向系的常见故障与排除

机械式转向系的常见故障与排除方法见表9-1。

表9-1　机械式转向系的常见故障与排除方法

故　障	产生的原因	排除方法
转向沉重（转动转向盘时阻力较大）	1）转向器传动机构啮合间隙过小或轴承过紧、损坏 2）转向轴弯曲或管柱变形互相碰擦 3）转向盘与转向轴衬套端面相磨 4）转向器壳内缺油 5）主销推力轴承缺油或装配不当 6）转向节与前轴配合间隙过大 7）转向节主销与衬套配合过紧或推力轴承缺油 8）横、纵拉杆球头销过紧或缺油 9）转向轮定位失准，轮胎气压不足	1）调整或更换 2）校正、修复 3）修理 4）加注齿轮油 5）润滑或调整 6）调整 7）调整或注油 8）调整或注油润滑 9）调整、充气
转向不稳（转向轮摇摆不定，方向盘摆动不易控制）	1）转向器传动机构配合间隙过大 2）横、纵拉杆球头销磨损松旷或弹簧折断 3）转向器壳固定螺栓松动 4）转向节主销与衬套配合间隙过大 5）前轮不平衡量过大 6）前轮毂轴承间隙过大 7）前束值不正确 8）转向器安装松动	1）调整或更换 2）调整或更换 3）拧紧 4）更换衬套 5）调整 6）调整或更换 7）调整 8）紧固
行驶跑偏（行驶或作业时方向偏向一边）	1）左、右轮胎气压不等或安装不正确 2）前轮毂轴承左、右松紧度不一 3）钢板弹簧U形螺栓松动 4）一边制动不能解除或轴承过紧 5）前轮定位失准 6）横拉杆臂弯曲变形	1）按标准充气或正确安装 2）调整 3）校正、紧固 4）调整 5）调整 6）校正、修复

9.3.2 机械式转向系的维护

1. 检查和紧固

在进行各级维护时，均应对转向系作一般性的检查，主要检查零件的紧固情况，其中包括转向盘、转向轴管、转向器外壳和梯形机构联接部分的螺栓及开口销的完好情况，及时紧固松动的零部件。

2. 清洁和润滑

转向横、纵拉杆两端的球铰接头应经常进行清洁和润滑，并定期拆卸、清洗。重新安装时应加足润滑油脂，装好密封垫和防尘罩。

3. 转向盘自由转动量的检查与调整

转向盘自由转动量是指机械处在直行状态且前轮不发生偏转的情况下，转向盘所能转过的角度。它集中反映了转向系各部件的配合间隙。转向盘自由转动量的大小直接影响机械的操纵性能，自由转动量过大将使转向灵敏度下降，影响行车安全；自由转动量过小将会造成转向沉重，操作困难，加速零部件的磨损。

检查转向盘自由转动量时，将工程机械处于直线停放位置，把自由转动量检查器刻度盘和指针分别夹到转向柱和转向盘上（见图 9-12），分别向左、右转动转向盘，转到刚有阻力时即停止，这一段无阻力行程就是转向盘的自由转动量。

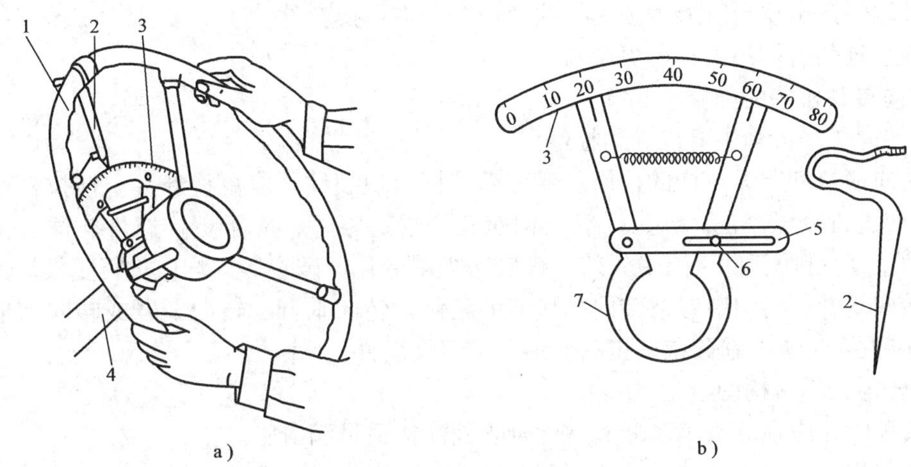

图 9-12　转向盘自由转动量的检查

1—转向盘　2—检查器指针　3—检查器刻度盘　4—转向柱　5—连接板　6—固定螺钉　7—夹臂

转向盘的自由转动量一般为 10°～15°，超过 25°～30°时则应进行调整，主要调整转向传动机构的啮合间隙。

9.3.3　机械式转向系主要零件的检修

1. 转向器的检修

转向器的种类很多，轮胎式工程机械普遍采用循环球式、蜗杆曲柄销式和球面蜗杆滚轮式 3 种转向器。现以循环球式转向器为例介绍转向器的检修。

（1）转向盘的检修　检查盘架及圆盘有无裂纹、变形或损伤，转向盘基座装入转向轴槽键有无磨损，如有不良，应更换新件。检查喇叭、指示灯等的相关联作用元件是否正常，如有不良，应进行更换。

（2）转向轴的检修　检查转向轴有无弯曲、裂纹，装配转向盘的螺纹部分、键槽及键等有无磨损。如转向轴有弯曲变形，可进行冷压校正。如有裂纹，或键及键槽有了磨损，应更换新件。用百分表测量转向轴的弯曲度，弯曲度应该小于 0. 20mm。

（3）转向器壳体的检修

1）检查转向器壳体有无裂纹，当裂纹通过轴承座孔时，壳体应予以报废。

2）检查壳体螺杆轴承安装孔有无磨损，当壳体孔磨损较大时，可用镶套法修复。

3）转向垂臂与衬套孔间隙过大时，应更换衬套。

（4）钢球螺母总成的检修

1）检查钢球及轨道有无磨损、疲劳损伤。当钢球及滚道磨损造成钢球螺母轴向间隙大于0.80mm时，应更换新钢球。若更换新钢球后螺母的轴向间隙仍大于规定要求时，应更换整个钢球螺母总成。

2）检查螺杆有无弯曲变形，当弯曲变形大于0.20mm时，应进行冷压校正。

3）检查钢球循环管有无弯曲变形、损伤，若有应更换新件。

（5）转向垂臂轴的检修

1）总成大修时，必须进行隐伤检验，产生裂纹后应更换，不许焊修。

2）轴端花键出现台阶形磨损、扭曲变形时，应更换新件。

3）支承轴颈磨损超限，应更换新件。

2. 转向传动机构的检修

（1）转向传动机构主要零件的检修

1）转向横拉杆和纵拉杆的检修。横、纵拉杆出现裂纹，应更换新件。横拉杆弯曲量大于2mm，应进行冷压校正。纵拉杆球头销座孔磨损逾限时，应予更换新件。球头销及座孔有明显磨痕，应更换新件。弹簧失效、橡胶防尘罩老化、破裂等，均应进行更换。

2）转向垂臂、转向节臂及转向梯形臂的检修。转向垂臂、转向节臂或转向梯形臂出现裂纹，均应更换。转向垂臂花键扭曲变形，应更换新件。

（2）转向传动机构的装配

1）装配时，应在球头销及球头碗配合表面涂抹适量润滑脂。

2）球头销装好后，应转动灵活且无松旷感，否则应通过螺塞进行调整。

3）转向横拉杆两端的接头旋入长度应相同。

4）转向垂臂安装到转向垂臂轴上时，应对准装配标记；若标记被破坏，可将转向盘转到中间位置，并使转向轮处于直线行驶位置，然后将转向垂臂安装到垂臂轴上，并重新做标记。

9.4 轮式机械动力转向系的构造

由于轮式机械工作环境恶劣，常常在矿山、施工现场等坏路及无路地带行驶，机体沉重，使用宽基或超宽基的低压轮胎，转向阻力很大（铰接式转向尤其突出），而且连续作业使转向操纵频繁，驾驶员的劳动强度极大，如完全依靠人力转向，很难做到轻便、迅速。因此，目前大多数轮式机械都采用动力转向。动力转向系统包含液压助力式转向系统和全液压式转向系统。

9.4.1 液压助力转向系统

1. 偏转车轮式液压助力转向系统

图9-13所示为偏转车轮式液压助力转向系统的一种布置方案，它主要由转向器、转向阀及转向油缸等组成。

转向器和转向阀制成一体，固定在车架上。两转向油缸9的活塞杆与转向节臂铰接，缸

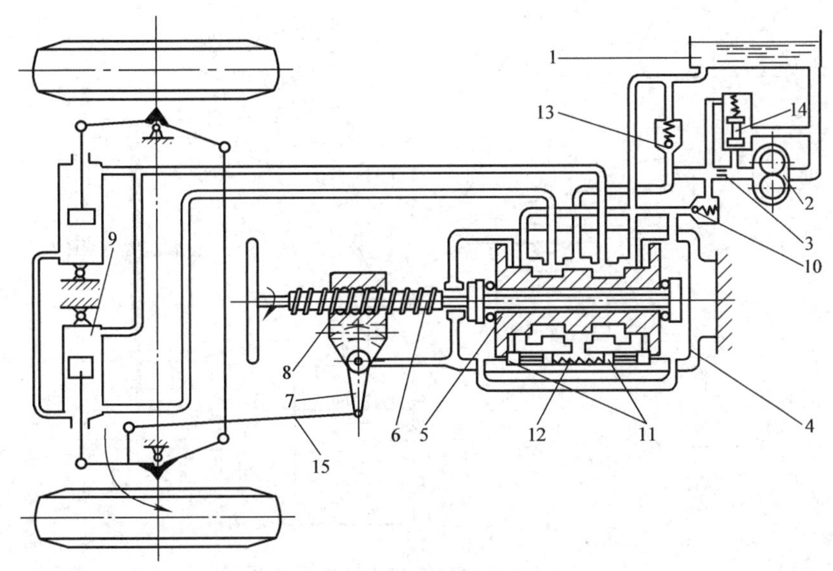

图9-13　偏转转向轮液压转向系统

1—油箱　2—油泵　3—量孔　4—转向阀　5—阀芯　6—螺杆　7—转向垂臂　8—螺母　9—油缸　10—单向阀　11—柱塞　12—回位弹簧　13—安全阀　14—溢流阀　15—转向纵拉杆

体铰接在前桥梁上，为固定端。液压系统由油泵2、转向阀4、单向阀10和溢流阀14等组成。

直线行驶时，转向阀4的阀芯处于中间位置（图示位置），油箱1中的油被吸入油泵2，由油泵产生的压力油经过转向阀的通路又流回油箱。此时，去转向油缸9的油路被转向阀隔断，故转向油缸不工作，即机械不转向。

当转向盘转动时，由于地面转向阻力大，转向垂臂7与螺母8此时保持不动，迫使螺杆6在旋转的同时与阀芯5一起做轴向移动，并压缩回位弹簧12使分配阀的阀口打开。此时，来自油泵2的压力油经转向阀4的交叉油路流入转向油缸9一侧，同时另一侧回油，推动转向梯形机构使转向轮偏转。转向轮的偏转带动转向纵拉杆15，并使螺母8、螺杆6及阀芯5一起做轴向移动，但其方向与开始转向时相反，所以阀芯回到中间位置，切断了油路，车轮停止转动。只有继续转动方向盘，再次打开转向阀才能继续转向。

2. 铰接式液压助力转向系统

图9-14所示为柳州ZL50型铰接式装载机液压助力转向系统简图，该系统主要由转向盘，转向器，转向阀（随动阀）8，转向油缸1、10，反馈（随动）杆2，转向油泵及溢流阀等组成。

（1）转向原理　2个转向油缸对称布置在装载机纵向轴线的两侧，与前后车架铰接。转向器和转向阀固定在一起，并通过螺钉固定在后车架上。阀芯随转向轴4与螺杆一起可做上下轴向移动，最大位移量上下各为2mm，手离开转向盘时，回位弹簧使上下2mm数值相等。转向阀在中间位置时，油泵从油箱吸油，经过转向阀的通路回油箱。

不转向时，转向盘不动，转向阀处于中间位置，油泵抽出的压力油经转向阀直接流回油箱。

转向时，转动转向盘，由于螺母经循环球齿条齿扇式转向器、转向垂臂3和反馈杆2与

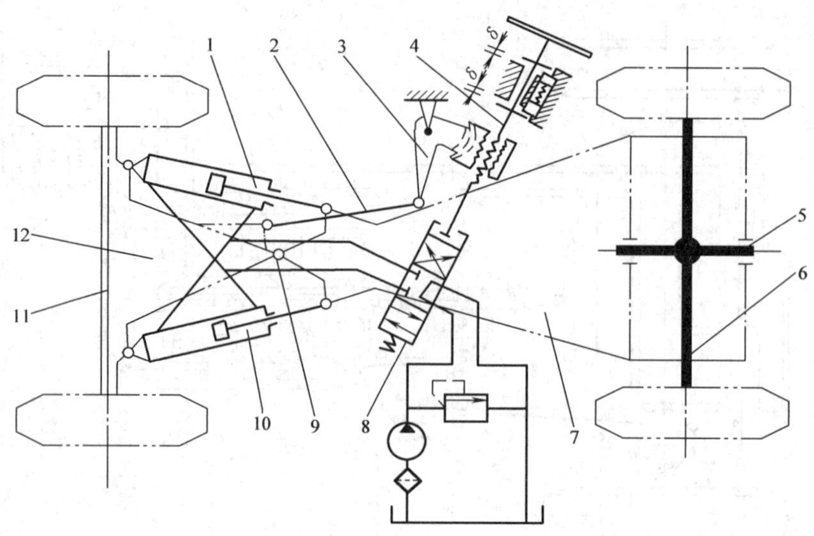

图 9-14 ZL50 装载机转向系组成

1—右转向油缸 2—反馈杆 3—转向垂臂 4—转向轴 5—后桥摆动轴 6—后桥
7—后车架 8—转向阀 9—铰销 10—左转向油缸 11—前桥 12—前车架

前车架相连，螺母不动，迫使螺杆既随转向盘转动又做轴向移动，压缩回位弹簧使转向阀 8 打开，压力油进入转向油缸一侧，同时另一侧回油。转向阀的最大上升及下降的距离为 2mm，即相当于阀的最大开度。

当油液进入转向油缸时，活塞杆伸出或缩回，使两转向油缸相对铰销 9 产生相同方向力矩，驱动前、后车架相对偏转而使机械转向。同时，前、后车架的相对偏转，推动反馈杆 2、转向垂臂 3、齿扇、齿条，螺母沿与螺杆移动相反的方向带着螺杆轴向移动 2mm，回到原来位置，阀芯回到中位，切断了油泵向转向油缸供油的通路，前、后车架停止相对偏转。只有继续转动转向盘，再次打开转向阀才能继续转向。

上述过程可归结为：转动转向盘→转向轴轴向移动→打开转向阀→压力油进入转向油缸→前后车架偏转→反馈杆推动转向垂臂→螺母带动螺杆回位→关闭转向阀→转向停止。可见，前、后车架偏转运动的停止是通过反馈杆将转向阀关闭而实现的，这种系统叫做机械反馈随动系统。

（2）转向器及转向阀的结构 转向器为循环球式，主要包括螺杆 13、螺母 3、齿条（齿条与螺母 3 制成一体）、齿扇 4 及循环钢球等，随动阀主要包括阀体 6、阀芯 7、定中弹簧 8、柱塞 9、推力轴承 5 等，如图 9-15 所示。

螺杆通过 2 个滚针轴承支承在壳体上，上端通过转向轴与转向盘连接，下端套装有转向阀阀芯。螺母通过钢球和螺杆啮合，螺母外缘一侧制成齿条并与齿扇啮合，齿扇与轴制成一体，钢球装在螺杆与螺母组成的螺旋形槽内。

转向阀阀体用螺钉固定在转向器壳体上，上、中、下阀体通过螺栓联接固定在一起，阀体上有和转向油缸两腔、油泵、油箱相通的 4 个通孔。

阀体内圆有 7 道油环槽，如图 9-16 所示，槽①、④、⑦经暗油道相通后通油箱，槽②、⑥通转向油缸，槽③、⑤通油泵。

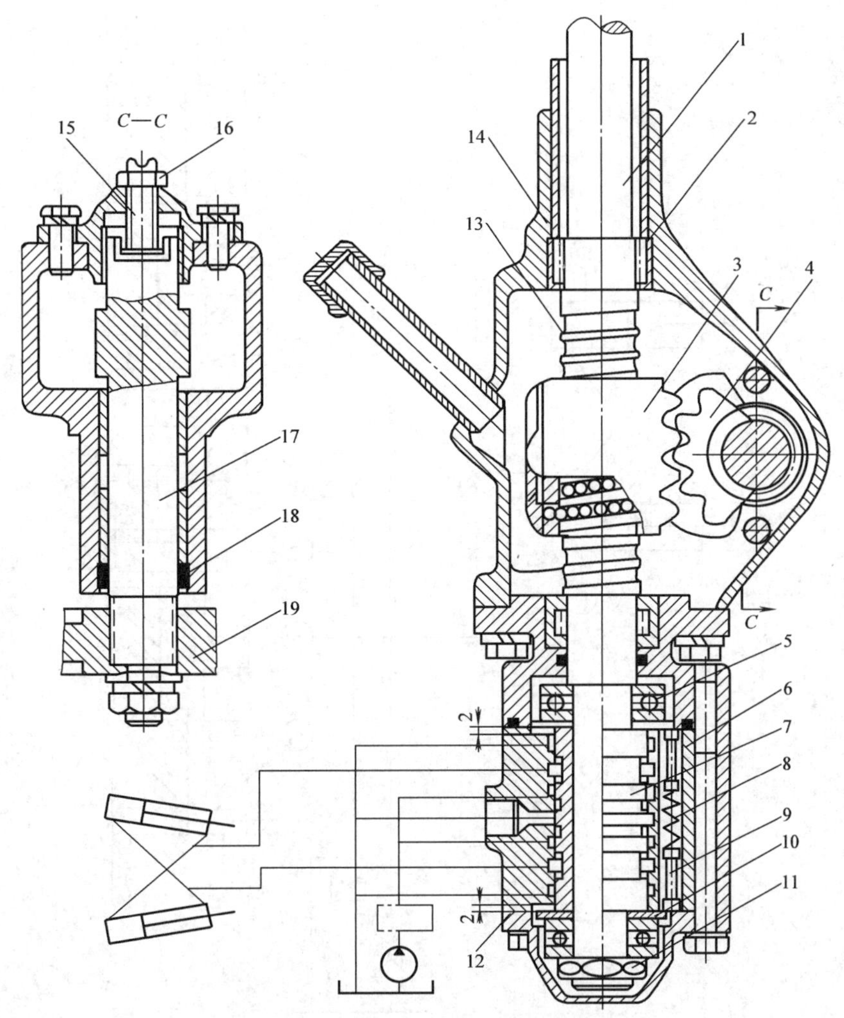

图 9-15　转向器及转向阀

1—转向轴　2—滚针轴承　3—螺母　4—齿扇　5—推力轴承　6—阀体　7—阀芯　8—定中弹簧　9—柱塞　10—挡板　11—固定螺母　12—密封圈　13—螺杆　14—转向器壳体　15—调整螺钉　16—锁紧螺母　17—齿扇轴　18—油封　19—摇臂

阀芯是中空的，套装在螺杆下端的延长部分上。阀芯的上端通过挡板、推力轴承顶在螺杆的凸肩上并靠其限位，下端则由锁紧螺母压紧的挡板、推力轴承限位。阀芯在阀体内上、下各有 2mm 轴向移动量，最大移动量由两端的挡板和推力轴承限位，定中弹簧将柱塞压紧在阀体的定位端面上，并与两挡板刚好接触，以此来保证阀芯的中间位置。

(3) 转向器及转向阀的工作原理

1) 直线行驶。转向盘不转时，阀杆在定中弹簧和柱塞的作用下处于中间位置，从转向油泵来的压力油通过槽③、⑤进入槽④，然后流回油箱。槽②、⑥被阀芯的凸肩封闭，既不和高压油槽③、⑤相通，又不和回油槽①、⑦相通，此时转向油缸两腔均处于封闭状态，装载机直线行驶。

2) 转向行驶。转动转向盘时，由于螺母经齿扇、轴及反馈杆与前车架相连，而此时阀

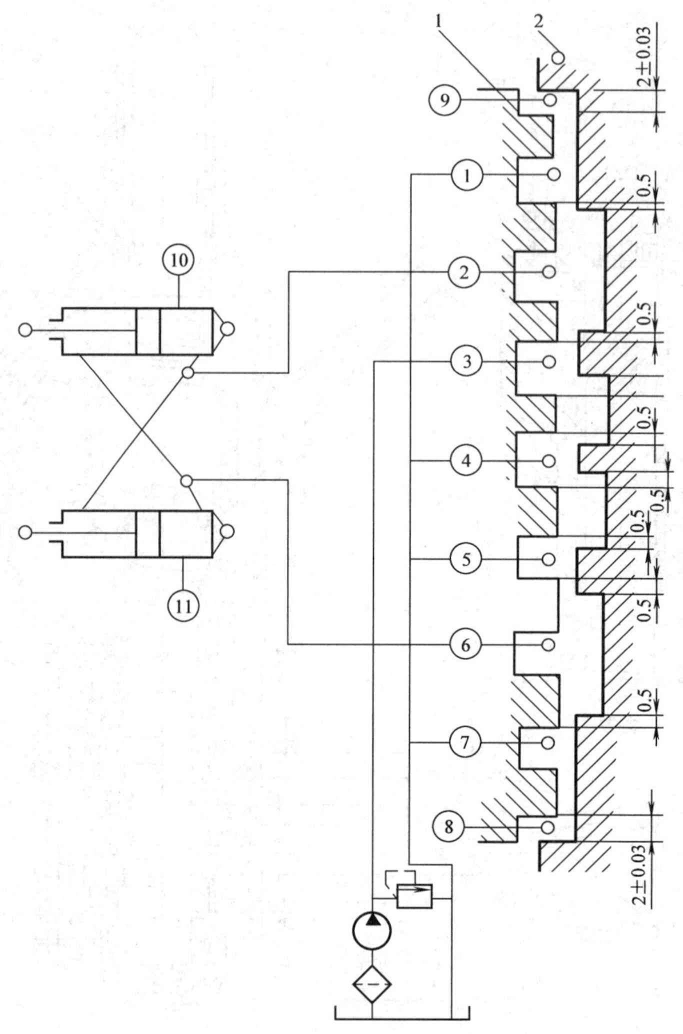

图 9-16 转向阀油路示意图
1—阀体 2—阀芯

芯在中间位置，转向油缸油路未接通，所以前车架不动，螺母也不动，转动转向盘就迫使螺杆和阀芯一起沿轴向移动。如向右转动转向盘，螺杆和阀芯便向下移动，通过上挡板压柱塞克服定中弹簧的压紧力，至挡板碰到阀体上定位端面为止。此时，槽③和槽②相通，槽⑥和槽⑦相通，油泵来的压力油进入槽③、槽②并经油管分别进入右转向油缸有杆腔和左转向油缸无杆腔，使右转向油缸活塞杆内缩，左转向油缸活塞杆外伸，使前后车架相对偏转，机械便向右转弯，此时两油缸另一腔的油液经油管、槽⑥六、槽⑦流回油箱。车架偏转后，由于反馈杆向后移动，通过摇臂使齿扇带动螺母、螺杆和阀芯上移，直至阀芯重新回到中间位置，将转向油缸的进油和回油通路切断，这时装载机停止转向。只有继续转动转向盘，再次将油路接通，机械才能转向。可见，这里的负反馈联系是靠反馈杆、齿扇和螺母实现的。

向左转动转向盘，油路及方向与上述过程正好相反，工作原理相同。

为保证阀杆在中间位置时转向油缸封闭得更好，使前、后车架不能相对转动并且具有一定的刚度，阀杆凸肩两侧都具有一定长度的覆盖量。只有当阀杆移动距离大于覆盖量后，转向阀才能开始作用（此覆盖量也称为“死区”）。它较之没有覆盖量的转向阀在操纵时灵敏度要差一些，即前、后车架的转动总是比转向盘的转动要滞后一很短的时间；转向盘停止转动一段时间后，前、后车架的相对转动才能停止。

9.4.2　全液压转向系统

图 9-17 所示为转阀式全液压转向系统，它由液压转向器 1、转向油泵 2、转向油缸 5 等组成。这种转向系统取消了转向盘和转向轮之间的机械连接，只有油管相连。与其他转向系统相比，全液压转向系统具有操纵轻便灵活、结构紧凑、易于安装布置等优点；其缺点是：路感不明显，转向后转向盘不能自动回位，发动机熄火时手动转向比较费力。目前，全液压转向系统整体式车架和铰接式车架广泛应用于车速低于 50km/h 的轮式机械。

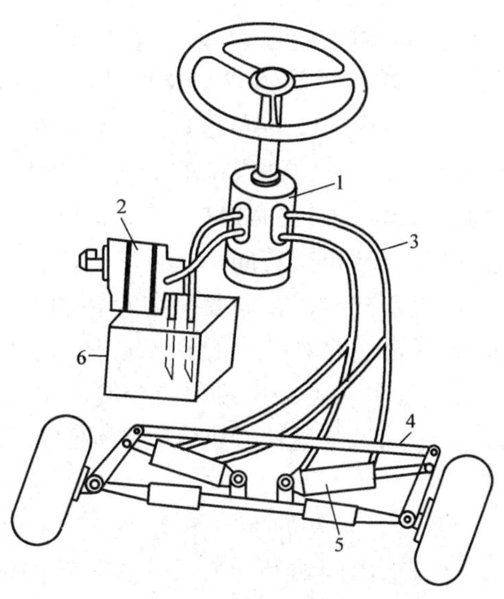

图 9-17　转阀式全液压转向系统示意图
1—液压转向器　2—转向油泵　3—油管
4—转向横拉杆　5—转向油缸　6—油箱

1. 全液压转向系统工作原理

图 9-18 所示为全液压转向系统工作原理图。转向阀阀芯 11 直接装在转向盘 8 下的转向轴上，而阀套则和计量马达 2 的转子轴相连。

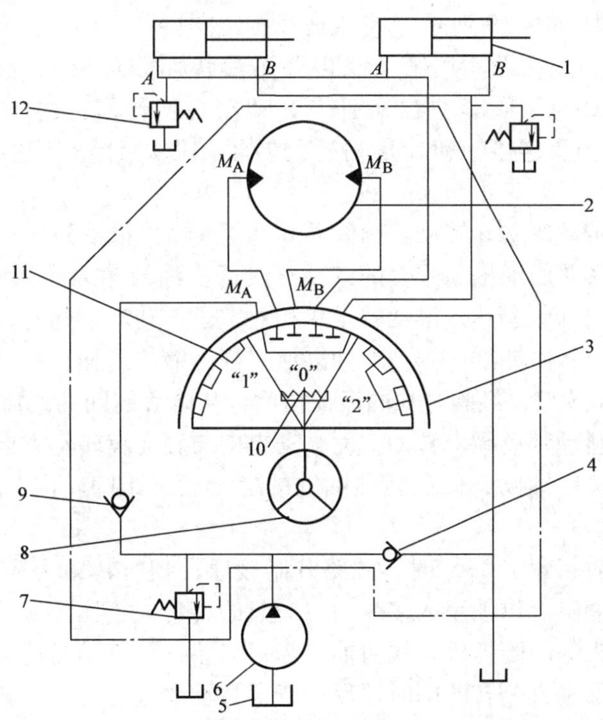

图 9-18　全液压转向系统工作原理图
1—转向油缸　2—计量马达　3—阀套　4、9—单向阀　5—油箱　6—油泵　7—安全阀
8—转向盘　10—定位弹簧　11—阀芯　12—缓冲阀

不转向时，阀芯11处于中位（图示位置），油泵来油从阀体P口进入阀套3，经阀套进阀芯11，然后由阀体O口流回油箱，这时转向油缸1不动作，机械保持原行驶状态。

向右转向时，转向盘8向右转，并带动阀芯11一起转动，而阀套3不动，转向阀被接通左边油路。这时油泵来的油进入阀体P口经阀芯通道由M_A口进入计量马达，并经M_B口及阀芯通道进入转向油缸一腔，而转向油缸另一腔的油经B、O口流回油箱，通过转向油缸的伸缩运动使机械转向。

向左转向时，转向盘8向左转动，工作原理与向右转时相同。

摆线马达在系统中起到计量马达、反馈和手动泵3个作用。

1）计量马达是用容积法控制流量的马达。当转动转向阀时，油泵的输出油液进入计量马达，由计量马达控制进入转向油缸的流量，以保证进入转向油缸的流量与转向盘的转角成正比。

2）计量马达的反馈作用。当转向盘带动阀芯转过某一角度时，阀芯与阀套间的油路打开，油泵输出的油经计量马达进入转向油缸，从而使转向轮转向。但计量马达转子又带动阀套转动，使转向阀的阀芯和阀套间的油路关闭，停止转向，这就是反馈作用。

3）当油泵不能供油时，转动转向盘使阀芯转到一定位置后，再继续转动转向盘就可使阀芯、阀套一起转动，即可带动计量马达的转子转动使其变为油泵，它可将转向油缸一腔的油液自单向阀吸入，经增压后送入转向油缸另一腔，从而可以实现人力转向。

缓冲阀12用来防止在转向轮受到意外冲击时，由于油压突然升高而造成系统损坏。

2. 液压转向器

液压转向器构造如图9-19所示。阀体是液压转向器的壳体，所有零件都装在阀体内。转向阀由阀芯和阀套组成，两者用销子联接并用片状弹簧定位。由于阀芯上的销孔比阀套的销孔大，阀芯可相对于阀套左右分别转动8°左右。阀芯通过外端榫头与转向盘转向轴相连。阀套通过销子及连接轴和计量马达的转子相联，计量马达的定子和阀体固定在一起。

转向盘转动时，带动阀芯6转动。因阀芯6和阀套2之间有近±8°的转动量，故阀芯相对阀套转动，此时，阀芯的油槽与阀套的进油路接通。油泵输出的油液通过阀套2、阀芯6的油槽，又从阀套流向计量马达，推动转子3相对定子5转动。同时，出自计量马达的油液通过阀套2经油管进入转向油缸一侧，使油缸活塞杆内缩或外伸，拉动转向轮偏转。油缸另一侧的油从油管进入阀套2，经阀芯6的回油槽后，从阀套的回油路流回油箱。

计量马达转子的转动带动阀套转动，而转动方向与转向盘转动方向一致，使转向阀的阀芯和阀套处于中位，关闭油路，保证转向油缸的运动始终跟随转向盘的转动，这就是“随动”作用。

阀芯与阀套的相对转角为1.5°时，油路开始接通；相对转角为6°时，全部打开。计量马达的旋转使油通向油缸。供油量的多少与方向盘的转角成正比。

计量马达的齿形为等距圆弧外摆线齿形，为一齿差行星传动马达。定子有7个齿、转子有6个齿，转子绕定子中心公转的同时还反向绕自身轴线进行自转，转子公转转速是其自转转速的6倍。转子公转一周从7个齿槽空间排出油，因此，这种马达单位体积排量较大。

计量马达上7个油腔的容积随转子转动而发生变化，这7个油腔N、O、P、Q、R、S、T通过阀体上均布的7个油孔与阀套上的12个梯形油孔相通。阀套上的12个梯形孔与阀芯

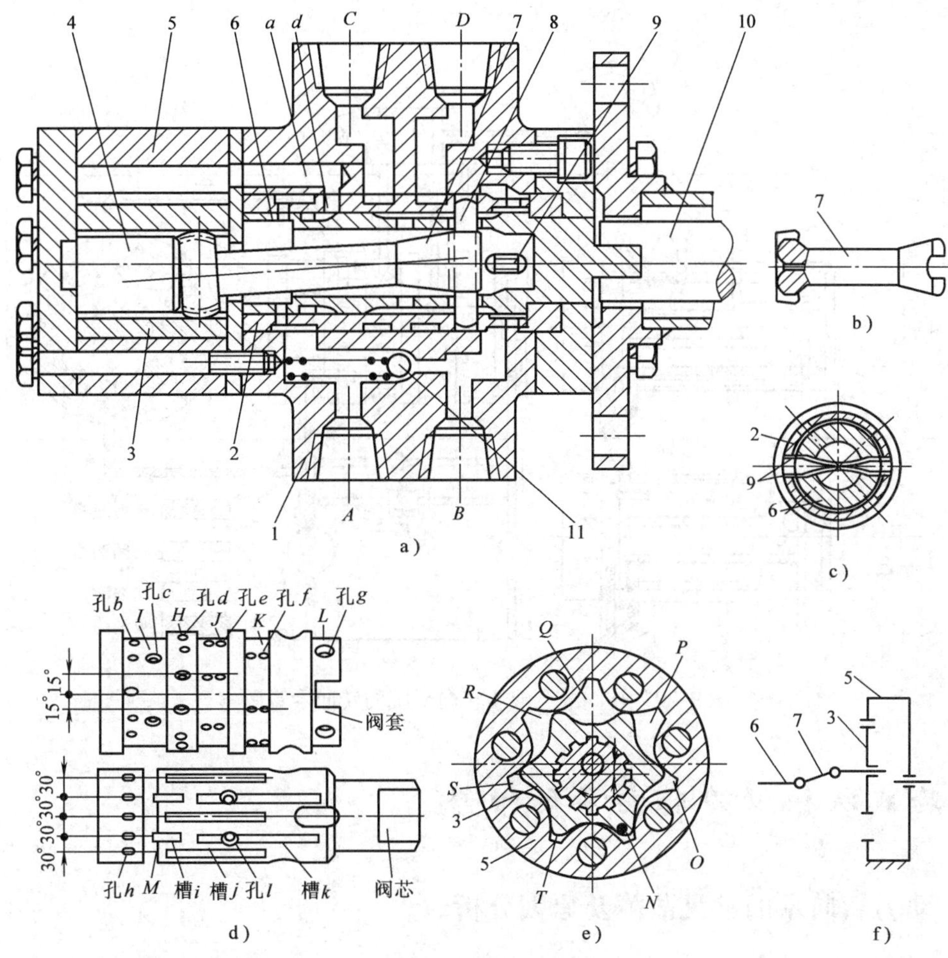

图 9-19　液压转向器

a）液压转向器结构　b）连接轴的结构　c）阀芯与阀套的装配关系　d）阀芯、阀套的结构

e）计量马达　f）传动原理简图

1—阀体　2—阀套　3—转子　4—圆柱　5—定子　6—阀芯　7—连接轴

8—销子　9—定位弹簧　10—转向轴　11—单向阀

的 6 条进油槽之间随转子转动轮番相通，从而为计量马达配流。当转向盘带动阀芯发生转动时，计量马达排出一定容积的油液，控制进入转向油缸的流量。

当发动机熄火或转向油泵发生故障不能供油时，这种液压转向器可用手转动转向盘进行静压转向来应急。当转动转向盘时，阀芯转过 8°的转动量，经销子 8 带着阀套 2、连接轴 7 和转子 3 转动。此时，计量马达起到手动液压泵的作用，将油液从转向油缸的一腔泵至另一腔使转向油缸运动，实现应急转向。

综上，计量马达的基本作用是：保证流进转向油缸的流量与转向盘转角成正比；起反馈作用，即转向盘停止转动的同时，也停止向转向油缸供油；当人力转向时，计量马达作为手动液压泵驱动转向油缸实现转向。

图 9-20 为转阀式全液压转向系统的转向示意图。

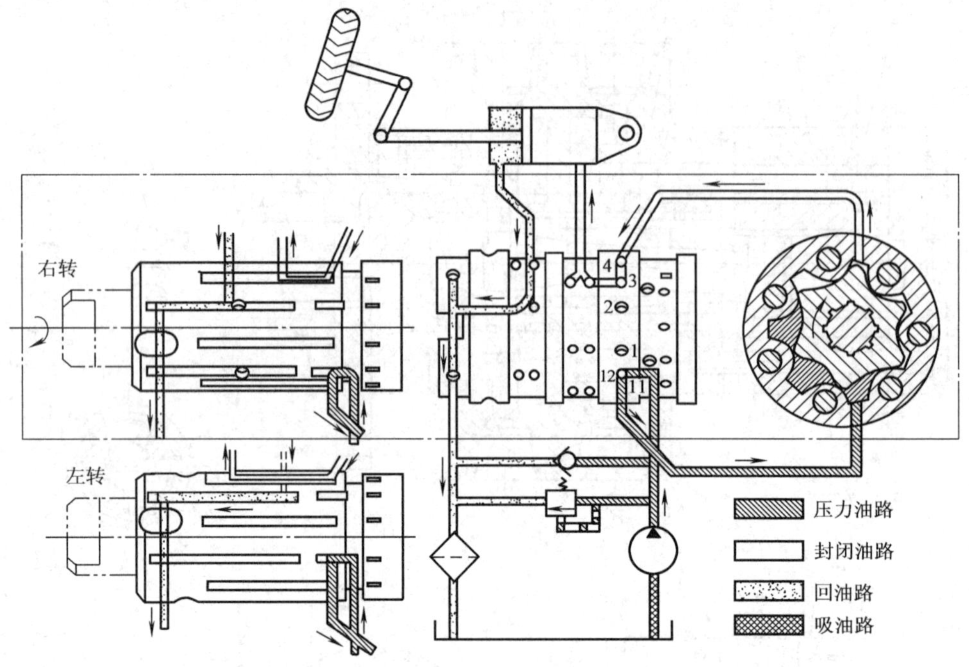

图 9-20 转阀式全液压转向系统的转向示意图

9.5 轮式机械动力转向系的维修

9.5.1 动力转向系的常见故障及原因分析

1. 转向沉重或失灵

(1) 动力转向液压系统有故障

1) 油箱缺油、油面高度不足或滤清器堵塞。

2) 液压系统中有空气。若液压系统渗入空气，会使油压明显地降低，使转向沉重。空气进入液压系统有以下几个方面的原因：

① 油箱中油面过低，空气容易从油箱被油泵吸入液压系统。

② 系统中的密封元件性能不良。

③ 管接头及液压元件接合面处联接螺栓松动。

3) 油泵有故障，供油压力不足，导致转向盘转向沉重。其主要因素如下：

① 驱动油泵的三角带打滑。

② 油泵有关零件磨损，引起内部泄漏严重。

③ 油泵密封元件损坏而漏油。

④ 安全阀失效，回油过多。

⑤ 溢流阀磨损或卡住，导致回油过多。

4) 转向阀与转向油缸有故障。转向阀与转向油缸的主要故障如下：

① 转向阀磨损引起内泄漏过多。

② 油液中有脏物，转向阀被卡住。

③ 动力缸密封元件工作性能不良，引起内、外泄漏严重。

(2) 转向装置机件配合间隙过小及各铰接处润滑不良　转向器、转向传动装置及前桥装配后，由于调整不当使机件配合过紧，各铰接处缺油，在传递力的过程中，摩擦阻力矩增加，致使转向沉重。

(3) 零件变形或前轮定位不正确　工程机械在使用过程中，零件（如转向器、转向轴、管柱及转向油缸活塞杆等）变形、前轴变形而引起前轮定位失准，将导致转向沉重。

(4) 轮胎气压不足　由于轮胎充气压力不足，使转向阻力矩增加，转向沉重。应按轮胎规定气压进行充气。

2. 转向轮摆头或跑偏

1）转向阀中的定中弹簧弹力减弱或损坏，转向阀便不能保持在中间位置。若路面凹凸不平，工程机械在行驶中前轮会产生振动，从而使阀芯产生轴向窜动。由于转向阀的预开缝隙是很小的，只要有少量的变化，也会在转向油缸中造成压差，出现自行加力转向情况。因此，定中弹簧弹力不足或损坏应及时更换。

2）转向装置机件配合间隙过大及有关部位紧固处松动。若转向器及转向传动装置装配调整不当或相互配合零件因磨损而引起配合间隙过大，使机件摩擦阻力矩减小，则前轮容易产生摆头。另外，转向器支架固定螺栓松动也容易使前轮摆头。因此，应按规定的间隙调整各机件，按规定的转矩值紧固所有螺母和螺栓。

3）前轮定位失准、左右轮毂轴承松紧不一、左右轮胎气压不等、左右前轮轮胎磨损不均等都会使工程机械行驶时跑偏。

3. 转向盘回正困难

1）由于前轮定位失准而使工程机械的稳定力矩减小。

2）转向器及转向传动装置由于装配调整不当，配合过紧或润滑不良，摩擦阻力矩增加。

3）转向阀及转向油缸损坏或进入脏物而咬住。

4）转向阀定中弹簧弹力不足或损坏。

9.5.2　动力转向系的维护

1. 正常维护

1）日常维护。在日常维护作业中，应检查储油箱油面高度是否保持在规定的范围内。油液不足应及时加注。检查液压系统及油管各接合面处有无漏油现象，如有漏油必须采取相应措施。检查动力转向装置，如转向器、转向垂臂和拉杆球铰等的紧固情况，以免在行驶中出现松动而危及行车安全。

2）一级维护。一级维护除进行日常维护作业内容外，还应将油箱、滤清器进行清洗，必要时更换滤芯，对动力转向装置各润滑点加注润滑脂；检查转向盘的自由行程，必要时进行调整。

3）二级维护。二级维护除进行日常维护和一级维护作业内容外，还应清洗各液压元件；检查主要液压元件（油泵、转向油缸及转向阀等）的工作性能；更换转向器和液压系统的全部工作用油。

2. 更换工作油液的注意事项

1）排油时，根据动力转向系的具体结构情况，保证油泵、油箱和转向油缸内工作油全部排出。

2）加油时，应加注制造厂商规定牌号的液压油，不可随意代用，更不可混用，以保证动力转向系统的正常工作。

3）加油时，保持工作油的清洁。先将油箱加满，起动发动机作短时间运转，使液压系统全部充满工作油。油箱油面下降后，必须继续加油，以免油泵吸进空气。

9.5.3 动力转向系的检修

1. 动力转向系的拆装注意事项

轮式机械动力转向系的液压元件都经过精密加工，仔细地装配和调试，用户一般不应随意拆卸。机械大修入厂时，应对系统的各液压元件进行性能检查。如技术状况处于完好状态，可不必解体。频繁而又不细心的拆装会使工程机械技术状况恶化。但若发生故障，必须进行拆检时，应严格按照各机型厂家维修手册所规定的操作规程进行拆装，以免损坏液压元件。在拆装时，还应注意以下几点：

1）拆装应认真仔细。不能碰伤、划伤零件的工作表面，以免影响零件的工作性能。

2）要特别注意保护密封元件，如油封、密封圈及活塞环等，应避免划伤或挤伤其工作表面，必要时应采用专用工具拆卸和装配。

3）拆卸油管、油泵、阀或油缸等液压元件时，应用专用堵塞随时将各油孔堵住，以免泥砂、铁屑等落入其中。

4）液压元件装配前应仔细清洗，保持零件清洁。橡胶密封件应用液压油清洗，禁止用汽油、煤油清洗。清洗后用压缩空气吹净，不得用棉纱擦零件。装配时，工作表面应涂以少量液压油。

5）装配与调试后的液压元件，也必须用堵塞（橡胶的、塑料的或木质的）随时将各油孔堵住，绝对不允许用棉纱堵塞各油孔。

2. 动力转向系主要零部件的检修

（1）转向阀的检修　转向阀阀芯与阀体间配合间隙通常为0.005～0.0125mm。当阀芯与阀体配合间隙增大影响了使用性能或配合表面产生划痕时，应进行修复。修复的方法是研磨阀体内孔，消除磨损造成的台阶、失圆及锥度，然后将阀芯外表面镀铬，再经研磨恢复其配合间隙。

当阀芯和阀体的配合间隙超过0.05mm时，应予以更换。阀芯和阀体配油槽不得有任何损伤。阀芯在阀体中滑动应均匀自如，不得出现卡住的现象。转向阀在大修时应检查定中弹簧的性能，如果定中弹簧弹力过小，则阀芯难以保持在中间位置，使转向盘回正困难；如果定中弹簧弹力过大，则转动转向盘时作用力就会增大。

（2）转向油缸的检修　转向油缸的主要故障是泄漏，包括内漏和外漏。修理时应着重检查缸孔的形状精度，表面粗糙度，活塞的锥度，以及缸孔与活塞外径的圆柱度等是否满足要求。

当缸筒磨损轻微且无较深划痕时，可用研磨法恢复缸孔的形状精度与表面粗糙度，然后在活塞外径进行镀铁，以恢复活塞与缸孔间的正确配合。活塞杆应做弯曲检查，当弯曲量超过 0.20mm 时应进行冷压校直。活塞杆的弯曲不但使转向沉重，而且会使零件工作表面产生偏磨。活塞上的封油环每次大修时都应更换新件，以确保油缸工作的可靠性。

（3）转向油泵的检修　检修转向油泵时，首先应该检测转向油泵的排油量是否符合技术要求。如不符合要求，应该拆检转向油泵。

油泵齿轮磨损，安全阀和溢流阀磨损，以及弹簧失效都会造成转向油泵内部泄漏，导致排油量降低，直接影响转向性能。因此，大修时应仔细检查，发现故障及时排除。

油泵齿轮工作面磨损严重时，应更换齿轮。齿轮端面磨损使间隙增大时，可研磨泵体端面以减小间隙。轴承磨损严重时，不仅影响轮齿啮合，而且使齿顶与壳体内圆表面相碰，造成严重擦伤，故间隙过大的轴承应予以更换。大修时，主轴油封应更换新件，以免进入空气，造成转向沉重，转向盘发抖等故障。油封在主轴上磨出沟槽时，主轴可堆焊修复。对于安全阀、溢流阀的阀座磨损，可进行研磨修复，阀座磨损严重时应予以更换。

9.6　履带式机械转向系的构造与维修

9.6.1　履带式机械转向原理

履带式机械转向系主要分机械式转向和液压式转向 2 种。

1. 液压式转向原理

液压式转向是通过使左右 2 个行走液压马达中 1 个马达停止转动或反向转动来实现转向的。液压驱动行走的履带式机械，多数采用 2 个行走液压马达各自驱动一侧履带。行走传动可由高速小转矩马达或低速大转矩马达驱动。

2 个液压马达以相同方向旋转时，机械实现前进或后退的直线行驶。只向一个液压马达供油，同时将另一个马达制动，则机械绕制动一边的履带转向；若使左、右两液压马达以相反方向旋转时，机械即可实现原地转向。

由于实现履带式液压转向的行走液压马达属于行驶系部分，故履带式液压转向系无单独的系统。

2. 机械式转向原理

机械式转向原理如图 9-21 所示。转向装置安装在中央传动装置和最终传动装置之间，包括转向离合器和转向制动器。转向是通过转向离合器的分离与接合来改变两侧驱动轮上的驱动力矩实现的。

直线行驶时，2 个转向离合器处于完全接合状态，传动系均等地向左右两侧的驱动轮传递转矩。当向一侧转向时，将该侧的转向离合器彻底分离，即切断该侧的动力传递，使该侧驱动力为零，机械就会沿着较大的半径转向；若将一侧转向离合器分离，同时将该侧制动器加以制动，使驱动轮不转动，机械就会以较小的半径转向，甚至以一侧履带的接地中心为圆心做原地转向。

9.6.2　转向离合器

转向离合器一般采用多片常合式摩擦离合器，其工作原理与多片式主离合器类似。

转向离合器分干式和湿式 2 种。干式转向离合器的主要缺点是摩擦因数不稳定，磨损

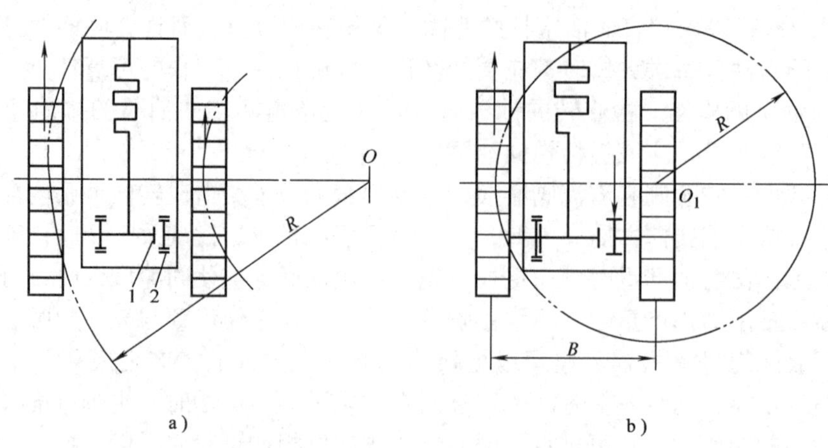

图 9-21 机械式转向原理
a）绕某回转中心转向 b）原地转向
1—转向离合器 2—转向制动器

快；湿式转向离合器的摩擦片浸于油中工作，采用油泵循环冷却，所以摩擦因数较稳定，摩擦片的磨损较小，且散热好，不易烧坏摩擦片，大大提高了转向离合器的使用寿命，减少调整次数；其缺点是摩擦因数小、需要大的压紧力。目前，大、中型工程机械一般都采用湿式离合器。

转向离合器的压紧方式有弹簧压紧、液压压紧及弹簧和液压同时压紧 3 种；而分离方式有液压分离和杠杆分离 2 种。

1. TY180 型推土机的转向离合器

（1）结构 TY180 型推土机采用弹簧压紧液压分离的湿式转向离合器，其结构如图 9-22所示。

接盘液压缸 13 通过锥形花键装在横轴 19 的端部，用螺母和垫片将它紧固。液压缸的接盘与主动鼓 9 用螺钉紧固，主动鼓的外圆柱面上有齿形键，带有内齿的主动片 7 松套在上面，并可以轴向移动，相邻主动片之间又穿插着带有铜基粉末冶金摩擦衬面的从动片 6。

从动鼓为一圆筒形，其内周也有齿槽，带有外齿的从动片 6 松套在它上面，也可以轴向移动。在接盘液压缸内装有带密封环的活塞 11，在弹簧压盘 10 的杆端颈部以半圆键与外压盘 2 联接，当离合器接合时，外压盘可以带着弹簧压盘一起旋转。

在外压盘 2 与主动鼓的凸缘之间夹着主动片与从动片。它们借主动鼓内的大、小螺旋弹簧 4、5 的张力使之常接合。此时，由横轴传来的动力经接盘液压缸 13、主动鼓 9、主动片 7、从动片 6、从动鼓 8 及从动鼓接盘一直传至最终传动的主动轴。当液压缸内进入压力油时，活塞被向外推，通过弹簧压盘克服了弹簧张力，使外压盘 2 外移，离合器即可分离。

压力油从轴承座的油道进来，经过接盘液压缸的内油道进入液压缸内，在轴承座与接盘液压缸之间装有油封环 14。

后桥壳体内充装润滑油液（左、右转向离合器室与中央传动齿轮室都是连通的），从动鼓 8 和外压盘 2 上都有油孔，故离合器在油液中工作。转向离合器有 4 个带中心孔的弹簧螺杆 3，以便油液进入转向离合器润滑压盘与主、从动鼓之间的配合面及主、从动片。

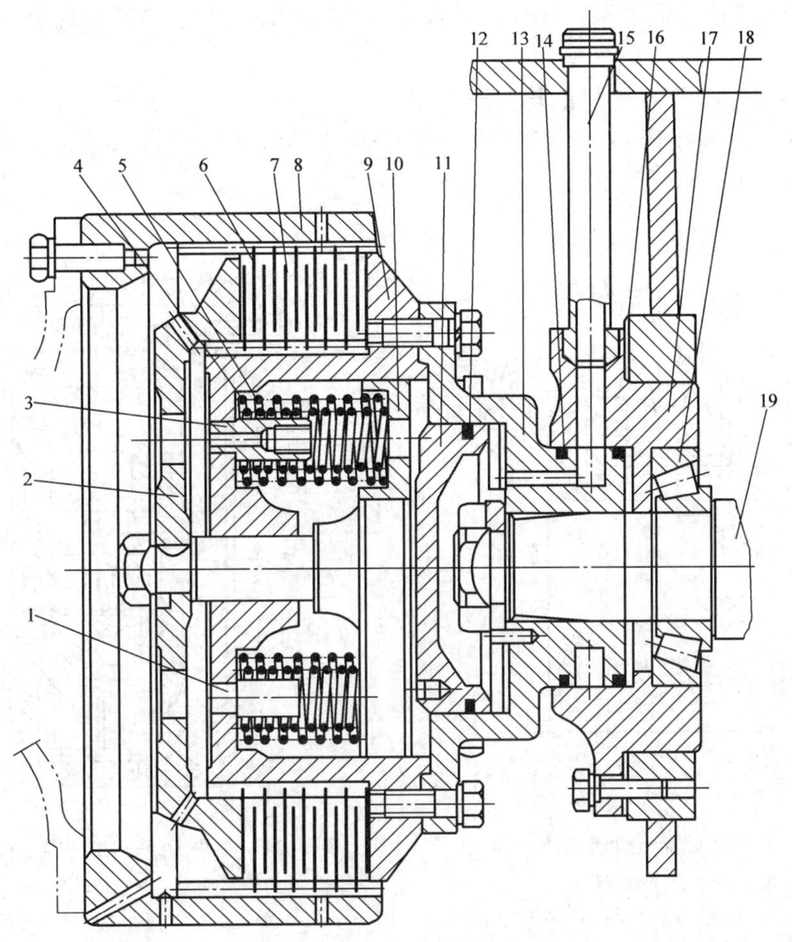

图9-22 TY180型推土机的转向离合器

1—弹簧螺杆 2—外压盘 3—带中心孔的弹簧螺杆 4—大螺旋弹簧 5—小螺旋弹簧 6—从动片 7—主动片 8—从动鼓 9—主动鼓 10—弹簧压盘 11—活塞 12、14—油封环 13—接盘液压缸 15—油管 16—调整垫片 17—轴承座 18—圆锥滚子轴承 19—横轴

（2）操纵机构 TY180型推土机的转向离合器采用单作用式液压操纵机构，它由转向操纵杆和杠杆系、液压系统两部分组成。

操纵机构与变速器润滑系共用一个液压系统（见图9-23）。油泵由发动机与离合器之间的取力箱驱动，从后桥壳中吸油，油加压后流经细滤器进入二位四通左滑阀和右滑阀。当细滤器堵塞，油阻力增加到一定值（达0.12MPa）时，安全阀开起，压力油经安全阀流入左、右滑阀。当左、右滑阀处于图示的位置时，左、右转向离合器的油缸与回油路通，压力油绕过限压阀流向变速器润滑系。

当滑阀阀杆处于图示的位置时，阀组的总进油口直接与变速器润滑系的油口相通，而通左、右转向离合器油缸的出油口都与阀组的回油口相通，左、右转向离合器处于接合状态，推土机直线行驶。若拉动右转向操纵杆，通过杠杆系使右滑阀的阀杆向下运动（右滑阀处于上位），阀杆将润滑系油口关闭，使压力油进入右转向离合器油缸，使其分离，推土机向右转向行驶。当油缸中油压超过限压阀调定的压力（1MPa）时，限压阀打开，继续进入滑阀的压力油流入变速器润滑系。如果左右操纵杆同时拉动，则左右转向离合器同时分离，推土机停止行驶。

2. 小松 D85—12 型推土机的转向离合器

（1）结构　日本小松 D85—12 型推土机采用液压压紧、液压分离的湿式转向离合器，其结构如图 9-24 所示。

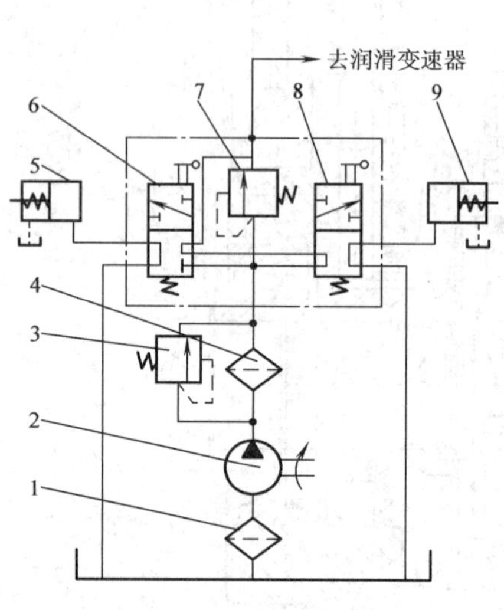

图 9-23　TY180 型推土机转向离合器操纵机构液压系统

1—粗滤器　2—油泵　3—安全阀　4—细滤器　5—左转向离合器油缸　6—左滑阀　7—限压阀　8—右滑阀　9—右转向离合器油缸

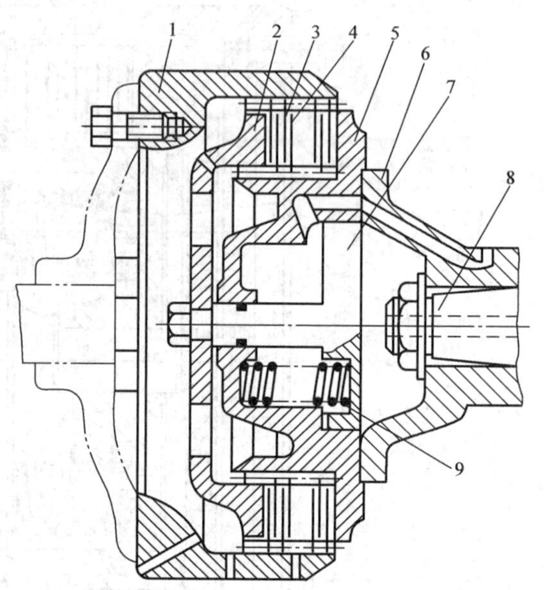

图 9-24　小松 D85—12 型推土机转向离合器

1—从动鼓　2—外压盘　3—从动片　4—主动片　5—主动鼓　6—锥接盘　7—活塞　8—横轴　9—小螺旋弹簧

主动鼓 5 用螺栓与锥接盘 6 紧固，锥接盘 6 用锥形花键装在横轴 8 的一端，并用螺母紧固。主动片有 7 片，从动片有 8 片。从动鼓用螺栓固定在从动接盘上。

主动鼓 5 的内腔装有活塞 7 和小螺旋弹簧 9，活塞杆用螺母与外压盘 2 紧固，活塞在主动鼓内将主动鼓内腔和锥接盘 6 内腔分隔为 2 个工作油腔。主动鼓内腔通过主动鼓壁上的油孔及锥接盘壁上的油道与 1 根接液压控制阀的油管相通；锥接盘内腔通过横轴的中心油道与另一油管相通。工作时，根据需要操纵控制阀使油流进流出两腔，实现转向。活塞轴向位移为 8mm，活塞向外移动的距离只能到主动鼓内腔的台阶为止。

当液压系统出现故障时，主动鼓内的小螺旋弹簧 9 仍使离合器以较小的压力常接合，这点压紧力所产生的摩擦力矩只够用于推土机空载传递动力，驶回修理点。转向制动器制动可使离合器打滑，以实现转向。

这种离合器取消了大弹簧，使其结构尺寸减小很多，对于大功率推土机较为适用。但压力油经常处于负荷条件下工作，易使油温升高，因此，必须增设良好的冷却系统，这就增加了结构的复杂性。

（2）操纵机构　小松 D85—12 型推土机采用双作用式液压操纵机构，它由转向操纵杆和杠杆系、液压系统两部分组成。图9-25所示为操纵机构的液压系统，左右转向操作与TY180型推土机相似。

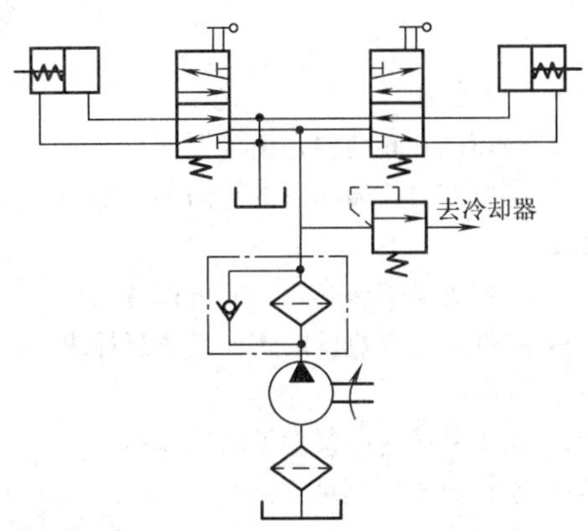

图9-25 D85-12型推土机转向离合器操纵机构液压系统

9.6.3 履带式机械转向系的常见故障及原因分析

1. 转向不灵

转向不灵是指驾驶员向后拉动转向操纵杆时失去原始的转向速度，即机械转向反应迟钝。机械转向不灵可分单侧转向不灵，左右转向均不灵，以及转向时扳动操纵杆费力等。履带式机械转向不灵的主要原因如下：

1）转向机构工作油液粘度不符合要求。油液过稠时，液压系统内油液流动速度缓慢，作用在活塞上的油液压力增长速度较缓慢；油液过稀会造成工作时系统漏油量过大，同样会使作用在活塞上的压力增长速度缓慢，使机械左右转向不灵。

2）液压油的油量不足，造成液压系统内油压增长缓慢，即作用在活塞上的压力增加缓慢，使转向离合器分离缓慢，导致工程机械转向不灵。

3）工作油液内杂质过多，易将油路堵塞，使机械的两侧转向均不灵；若某侧控制阀油路堵塞时，会使被堵塞一侧转向不灵。

4）齿轮泵磨损过大，造成工作压力不足，不能满足转向的要求，导致工程机械转向不灵。

5）转向离合器操纵机构调整不当，如操纵杆自由行程过小，使转向离合器压盘在分离时的工作行程过小，造成转向离合器分离不彻底导致转向不灵。

6）操纵机构的顶杆与推杆的调整间隙过大，使控制阀的滑阀移动行程减小，进入滑阀内腔的油路截面减小，油液流动不畅，导致作用在活塞上的油压增长速度缓慢，使工程机械转向不灵。

7）如果转向离合器一侧制动不良或另一侧的转向离合器打滑，也会使工程机械转向不灵。

2. 行驶跑偏

行驶跑偏是指履带式机械在行驶时，其行驶方向自动发生偏斜。履带式机械行驶跑偏多数是由于两侧履带运转速度不一致引起的，其主要原因如下：

1）转向离合器某侧操纵杆没有自由行程，会使转向离合器打滑，导致机械两侧履带运转速度不等。

2）转向离合器主、从动摩擦片沾有油污、摩擦片磨损严重或摩擦片工作面烧蚀硬化等均会引起摩擦因数减小；压紧弹簧长期处于压缩状态而疲劳，导致弹簧的弹力减小，即作用于摩擦片上的压紧力减小，使转向离合器打滑，导致履带式机械行驶跑偏。

3）履带式机械某侧的制动器被锁止，使两侧的行驶阻力相差过大而导致履带式机械行驶跑偏。

复习与思考题

一、填空题

1. 循环球式转向器是由（　　　　　　）和（　　　　　　）组成的转向器。

2. 液压助力式转向系的转向加力器由（　　　　　　）、（　　　　　　）及（　　　　　　）等组成。

3. 轮式机械偏转车轮转向可以分为（　　　　　　）、（　　　　　　）和（　　　　　　）。

4. 履带式工程机械的转向是通过操纵驱动桥中的左右（　　　　　　）和（　　　　　　）实现的。

5. 轮式机械转向系常见的故障有（　　　　　　）、（　　　　　　）和（　　　　　　）等。

6. 偏转前轮转向时，（　　　　　　）的转弯半径最大，其经过的距离也最大。

7. 全液压式转向（　　　　　　），主要由（　　　　　　）和（　　　　　　）组成。这种转向系统取消了（　　　　　　）和（　　　　　　）之间的机械连接，只是通过液压油管连接。

二、判断题

1. 工程机械转向是由驾驶员操纵转向机构，使转向轮偏转一定的角度或使铰接式车架的前后车架相对偏转来实现的。（　　）

2. 无论机械转向系还是动力转向系，都应具有随动作用。（　　）

3. 履带式机械的转向是通过操纵转向离合器和制动器实现的。（　　）

4. 蜗杆曲柄销式转向器有二级传动副。（　　）

5. 湿式离合器比干式离合器散热性能好。（　　）

6. 工程机械全液压转向系统有自动回正功能。（　　）

7. ZL50 型装载机采用偏转车架转向系。（　　）

8. 工程机械转向时，全部车轮可以不绕同一瞬心旋转，减少轮胎磨损，使转向轻便。（　　）

三、单项选择题

1. ZL50 型装载机采用（　　）转向方式。

A. 偏转前轮转向　　B. 偏转后轮转向　　C. 偏转前后轮转向　　D. 偏转车架转向

2. 在轮式机械中，（　　）采用铰接式车架。

A. 偏转车架转向系　　B. 偏转后轮转向系　　C. 偏转前后轮转向系　　D. 偏转前轮转向系

3. 在轮式机械中，（　　）转向器有 2 级传动副。

A. 蜗杆—曲柄销式转向器　　B. 循环球齿条齿轮式转向器

C. 球面蜗杆—滚轮式转向器　　D. 齿轮—齿条式转向器

4. 在履带式机械转向系中，实现转向的装置是（　　）。

A. 主减速器　　B. 最终传动装置　　C. 转向离合器　　D. 差速器

5. 偏转前轮转向时，（　　）的转弯半径最大，其经过的距离也最大。

A. 内侧前轮　　B. 内侧后轮　　C. 外侧前轮　　D. 外侧后轮

6. 工程机械偏转（　　）转向时，可以使前后轮偏转方向一致，具有较小的转弯半径。

A. 前轮　　B. 后轮　　C. 前后轮　　D. 车架

7. 工程机械转向梯形的作用是（　　）。

A. 转向时，保证转弯半径最大

B. 转向时，保证转弯半径最小

C. 转向时，保证内外轮同向偏转

D. 转向时，所有车轮行驶的轨迹中心相交于一点，保证车轮纯滚动，减少轮胎磨损

8. 转向器传动副配合间隙过大是（　　）的原因之一。

A. 转向沉重　　B. 转向不稳

C. 行驶跑偏　　D. 转向沉重和前轮摆头

9. 转向器传动副啮合间隙过小或轴承过紧、损坏是（　　）的原因之一。

A. 行驶跑偏　　B. 转向不稳

C. 转向沉重　　D. 转向沉重和前轮摆头

10.（　　）路感不明显，转向后转向盘不能自动回位。

A. 机械式转向系统　　B. 动力转向系统

C. 液压助力式转向系统　　D. 全液压转向系统

11. 在全液压转向系统中，摆线马达起（　　）作用。

A. 计量马达　　B. 反馈

C. 手动泵　　D. 计量马达、反馈和手动泵

四、简答题

1. 简述轮式机械转向系的分类。

2. 简述转向系的使用要求。

3. 简述循环球式转向器的主要调整项目。

4. 根据图 9-5 回答下列问题：

1）写出图中各标号件的名称。

2）简述轮式工程机械转向系向右转向的工作过程。

5. 简述履带式机械行驶跑偏的主要原因。

第 10 章　制　动　系

本章重点介绍制动系的功能、基本组成和工作原理，主要装置的典型结构、工作原理及特点。分析了典型制动系的主要故障现象、故障原因和检修方法。

10.1　概述

10.1.1　制动系的功能

制动系用来对行驶中的工程机械施加可以控制的阻力，强制降低其行驶速度或停车；或用于控制机械下坡时的行驶速度，确保机械行驶安全；或使已停驶的机械能可靠地停留在原地。

施加于工程机械上的可以控制的强制阻力使机械行驶速度降低或停车，这种强制阻力称为制动力。工程机械上产生制动力的一系列装置组成的系统，称为制动系。

10.1.2　制动系的类型

（1）按制动系的功能分类

1）行车制动系，在行车过程中经常使用，使行驶中的机械降低速度或停车的一套专门装置，也称脚制动系。

2）驻车制动系，使已停驶的机械驻留原地不动的一套装置，偶尔也用于紧急制动，也称手制动系。

3）辅助制动系，在工程机械下长坡时用以稳定车速的一套装置。一般是装在传动轴上的液力制动或装在发动机排气管上的排气制动，以便于下长坡时作为辅助制动。

工程机械一般至少应该有 2 个制动系统，即行车制动系和驻车制动系。一般小吨位工程机械仅用前 2 种，大吨位工程机械才具有上述 3 种制动系统。

（2）按制动系的制动能源分类

1）人力制动系，以驾驶员的肌体作为唯一制动能源的制动系统。一般有机械式制动系和人力液压式制动系。

2）动力制动系，完全靠发动机的动力转化而成的气压或液压形式的势能进行制动的制动系统。一般有气压式制动系、动力液压式制动系和气液综合式制动系。

3）伺服制动系，兼用人力和发动机动力进行制动的系统。

10.1.3　制动系的基本组成及工作原理

一般制动系的基本组成及工作原理可用图 10-1 所示的人力液压式制动系统工作原理示意图来说明。制动系一般由制动器和制动驱动机构两部分组成。制动器是直接产生阻碍机械运动或运动趋势的制动力的部件，它包括制动鼓 8、摩擦片 9 及制动蹄 10 等；制动驱动机构是将制动力源的作用力传给制动器的传输机构，一般由供能装置、控制装置及传动装置等组成。图10-1中制动踏板1、推杆2、制动总泵4、油管5和制动分泵6等组成了制动驱动机构。

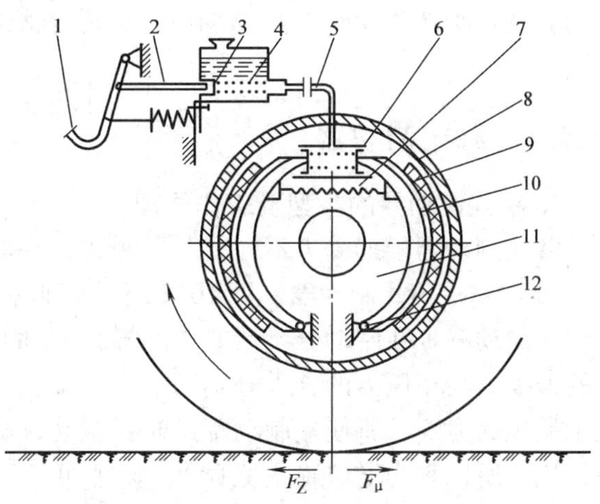

图10-1 液压制动系统的工作原理

1—制动踏板 2—推杆 3—制动总泵活塞 4—制动总泵 5—油管 6—制动分泵 7—制动蹄复位弹簧 8—制动鼓 9—摩擦片 10—制动蹄 11—制动底板 12—支承销

制动鼓8固定在车轮轮毂上，随车轮一起旋转。在固定于车桥上不转的制动底板11上，有2个支承销12，支承着制动蹄10的下端，制动蹄10的外圆面上装有摩擦片9。制动底板上还装有液压制动分泵（又称制动轮缸），用油管5与装在车架上的液压制动总泵（又称制动主缸）连通。总泵中的活塞3由驾驶员通过制动踏板1来操纵。

不制动时，制动蹄在复位弹簧7的作用下收拢，上端紧压靠在制动分泵的活塞上，使制动摩擦片与制动鼓内圆面之间有一定的间隙，车轮和制动鼓可以自由旋转。

制动时，驾驶员踩下制动踏板1，通过推杆2推动制动总泵活塞3，使制动总泵4中的油液产生一定的压力并经油管5流入制动分泵6中，迫使分泵两活塞推动两制动蹄10绕支承销12旋转，使摩擦片紧压在制动鼓内圆面上，不旋转的制动蹄就对旋转着的制动鼓作用着一个摩擦力矩M_μ，其方向与车轮旋转方向相反。制动鼓将该力矩M_μ传到车轮后，由于车轮与地面间有附着作用，车轮对地面有1个向前的作用力F_μ；同时地面也对车轮作用着1个向后的反作用力F_Z，即制动力。制动力F_Z由车轮经车桥传给车架，迫使整个机械产生一定的减速度。制动力越大，则机械的减速度也越大。

当放开制动踏板时，油压解除，复位弹簧将制动蹄拉回原位，摩擦力矩和制动力消失，制动解除。

10.1.4 制动系的使用要求

为确保工程机械能够安全地行驶或作业，其制动系必须满足下列要求：

1）具有足够的制动力矩，工作可靠，确保行车安全。

2）操纵轻便省力，维修方便，以减轻驾驶员的劳动强度。

3）制动时，制动力应迅速、平稳地增大，而在解除制动时能迅速、彻底地解除制动。

4）制动时，不允许有明显的“跑偏”和“甩尾”现象。

5）避免在任何情况下自行制动。

10.2 制动器

制动器是制动系的重要组成部分。目前，各类工程机械采用的制动器绝大多数是摩擦式制动器。摩擦式制动器分为蹄式制动器、盘式制动器和带式制动器。蹄式制动器多用于行车制动，盘式制动器在驻车制动和行车制动上都有应用，带式制动器多用于履带式机械的制动系。

10.2.1 蹄式制动器

1. 蹄式制动器的类型及工作原理

蹄式制动器根据受力不同有非平衡式、平衡式、自动增力式及凸轮张开式之分。

（1）非平衡式制动器　图 10-2 所示为非平衡式制动器示意图。当制动鼓 8 逆时针旋转时，左制动蹄 1 在制动分泵活塞 2 的推力 F_1 的推动下张开制动，制动鼓 8 对左制动蹄 1 产生的摩擦力与正压力的合力分别为 F_{T1}、F_{N1}。对左制动蹄进行受力分析，F_1、F_{T1} 及 F_{N1} 对支承销 7 的力矩，将使左制动蹄逆时针转动，试图使左制动蹄紧紧压向制动鼓 8，起到了增势作用，所以称为增势蹄（紧蹄）。同理可知，右制动蹄 F_2、F_{T2} 及 F_{N2} 作用的结果将使右制动蹄试图离开制动鼓，起到了减势作用，所以叫做减势蹄（松蹄）。由于 $F_{N1} > F_{N2}$、$F_{T1} > F_{T2}$，不但两蹄的制动效果不同，而且使制动鼓的受力也不平衡，两蹄摩擦片磨损也不相同，所以称为非平衡式制动器。如果制动鼓顺时针转动，则右制动蹄为增势蹄，左制动蹄为减势蹄，仍然为非平衡式。非平衡式制动器的优点是结构简单、工作可靠，机械的前进和倒退制动效能相同，适用于往复循环作业的机械，磨损后调整方便。

（2）平衡式制动器　图 10-3 所示为平衡式制动器示意图。两蹄两端都没有固定支点，依靠两复位弹簧 5 拉靠在分泵活塞外端的支座 2、3 上。制动鼓逆时针旋转制动时，所有的分泵活塞都在液力作用下向外移动，将两制动蹄压靠在制动鼓上。在制动鼓的摩擦力矩作用下，两蹄都绕车轮中心 *O* 朝箭头方向转动，推动与两分泵的支座 3 相连的活塞，直到顶靠着分泵体为止。此时，两分泵的支座 3 成为制动蹄的支点，两制动蹄都是增势蹄。同理，制动鼓反转制动时，两制动蹄同样是增势蹄。这种制动器无论制动鼓正转还是反转，两蹄受力均相同，制动效能都很高，磨损均匀，所以称为平衡式制动器，但采用了 2 个分泵使结构复杂。

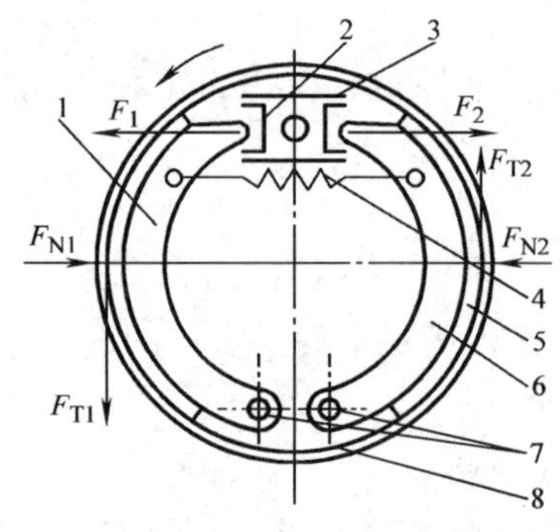

图 10-2　非平衡式制动器

1—左制动蹄　2—制动分泵活塞　3—制动分泵体　4—复位弹簧　5—摩擦片　6—右制动蹄　7—支承销　8—制动鼓

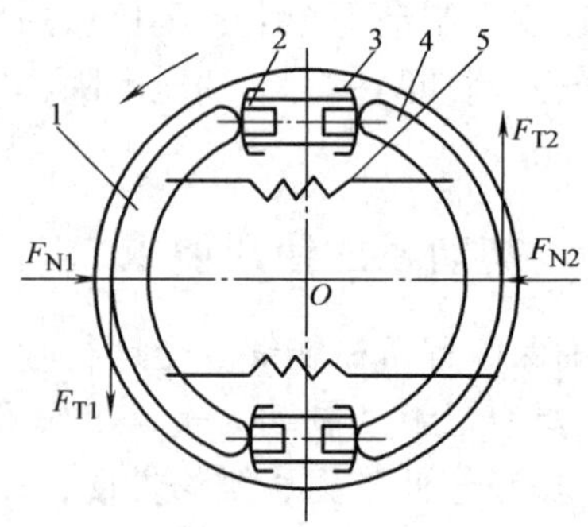

图 10-3　平衡式制动器

1—左蹄　2、3—制动分泵支座　4—右蹄　5—复位弹簧

（3）双向自动增力式制动器　图 10-4 所示为双向自动增力式制动器示意图。两蹄的下端分别顶靠在浮动顶杆 6 的两端。制动器只有一个支承销 2。不制动时，两蹄上端均借各自的复位弹簧拉靠在支承销上。制动鼓按图中箭头方向制动时，左蹄 1 上端被分泵压向制动

鼓，左蹄为增势蹄。同时，制动鼓作用在左蹄上的摩擦力和法向力的一部分对推杆形成一个推力 F_{S2}，作为右蹄的驱动力，显然 $F_{S2} > F_1$，右蹄 4 成为增力增势蹄，右蹄的制动效能比左蹄更高。反向制动效果相同。

双向自动增力式制动器的特点是制动力矩增加过猛，制动的平顺性较差，而且摩擦因数稍有降低，则制动力矩急剧下降。这种制动器多用于驻车制动器，或不宜采用加力器又要求制动力矩大的机械。

（4）凸轮张开式制动器　图 10-5 所示为凸轮张开式制动器示意图。推力 F_1、F_2 由凸轮旋转产生。若制动鼓逆时针旋转，则左制动蹄为紧蹄，右制动蹄为松蹄。使用一段时间之后，受力大的紧蹄必然磨损大，而凸轮两侧曲线形状相同，对两蹄顶端推开的距离也相等，F_{N1}减小，最终导致 $F_{N1} = F_{N2}$、$F_{T1} = F_{T2}$，制动器由非平衡式变为平衡式。如果制动鼓顺时针转动，右制动蹄成为紧蹄，左制动蹄成为松蹄，制动原理和上述完全相同。

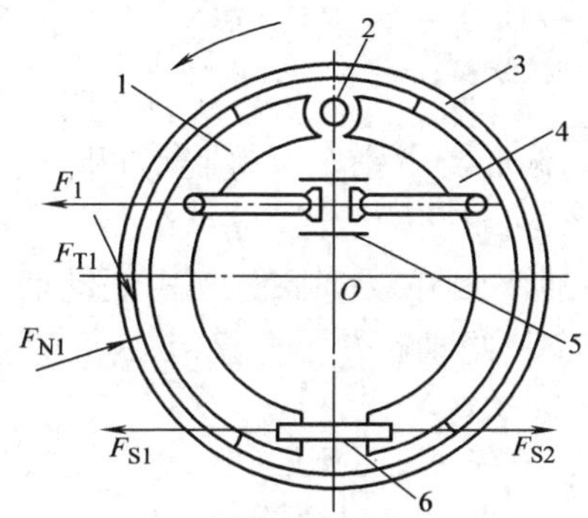

图 10-4　双向自动增力式制动器

1—左蹄　2—支承销　3—制动鼓　4—右蹄

5—制动分泵　6—顶杆

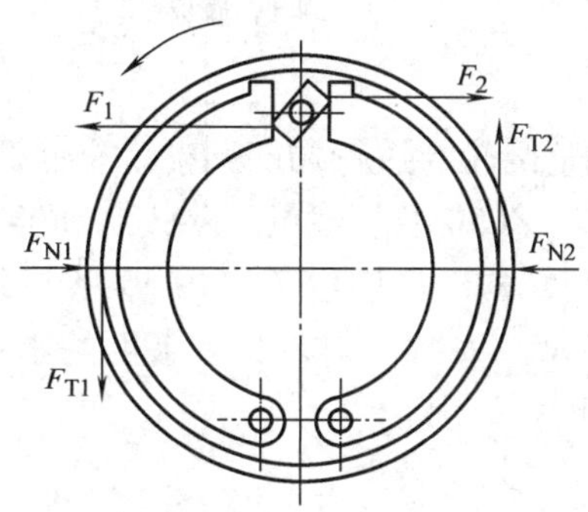

图 10-5　凸轮张开式制动器

2. 蹄式制动器的构造

（1）ZL35 型装载机的蹄式制动器

1）结构。ZL35 型装载机的蹄式制动器为油压张开非平衡式制动器，如图 10-6 所示。制动器底板 1 用螺栓与驱动桥壳上的凸缘联接，制动鼓固装在车轮轮毂的凸缘上。具有 T 形截面的左、右制动蹄 2 的下端分别套在 2 个偏心支承销 6 上。偏心销 6 的外端有供调整制动间隙的扁头。为增大蹄与鼓之间的摩擦因数，制动蹄的外圆面上铆有铜丝与石棉制成的摩擦片 3。铆钉头顶端埋入深度约为新摩擦片厚度的一半。

制动分泵 4 用螺钉装在制动底板上，制动蹄上端与制动分泵两端的推杆铰接，推杆顶靠在制动分泵活塞上。复位弹簧 9 将两制动蹄拉拢，并靠在装于底板 1 上的调整凸轮 5 上。在调整凸轮轴的六角螺钉头下装有预先压紧的弹簧，靠弹簧预紧力产生的摩擦力使调整凸轮保持在某一调整好的位置。限位片（图中未画出）限制制动蹄在车轮轴线方向窜动。

2）工作原理。制动时，两蹄在制动分泵活塞作用下，各自绕其支承销向外旋转，紧压到制动鼓上。撤除液压力，两蹄在复位弹簧作用下复位，解除制动。

3）制动器间隙的调整。制动器在不工作时，其制动间隙一般为 0.25 ~ 0.50mm。制动鼓腹板外边缘处开有一个检查孔，以便将塞尺插入制动器间隙中检查。若发现间隙过大，可

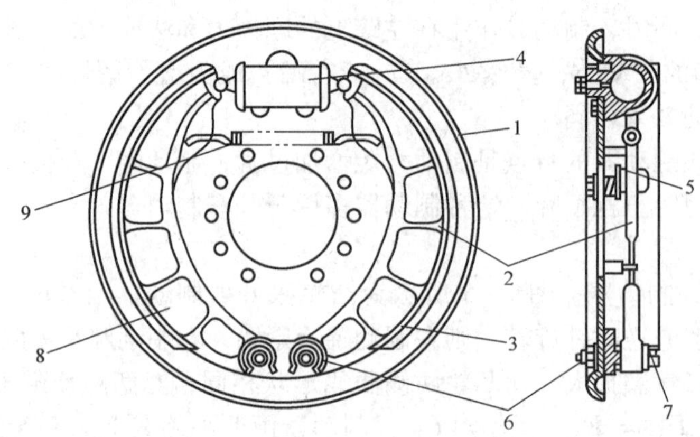

图 10-6 ZL35 型装载机的蹄式制动器

1—制动器底板 2、8—制动蹄 3—摩擦片 4—制动分泵 5—调整凸轮
6—偏心支承销 7—卡圈 9—复位弹簧

转动调整凸轮 5 进行局部调整。全面调整时，通过转动偏心支承销 6 调整制动间隙。

（2）ZL50 型装载机的蹄式制动器

1）结构。早期生产的 ZL50 型装载机的制动器为油压张开双向平衡蹄式制动器，如图 10-7 所示。安装在制动底板 4 上的零件，如制动分泵 5、制动蹄 7、支承销 13、定位销 2、

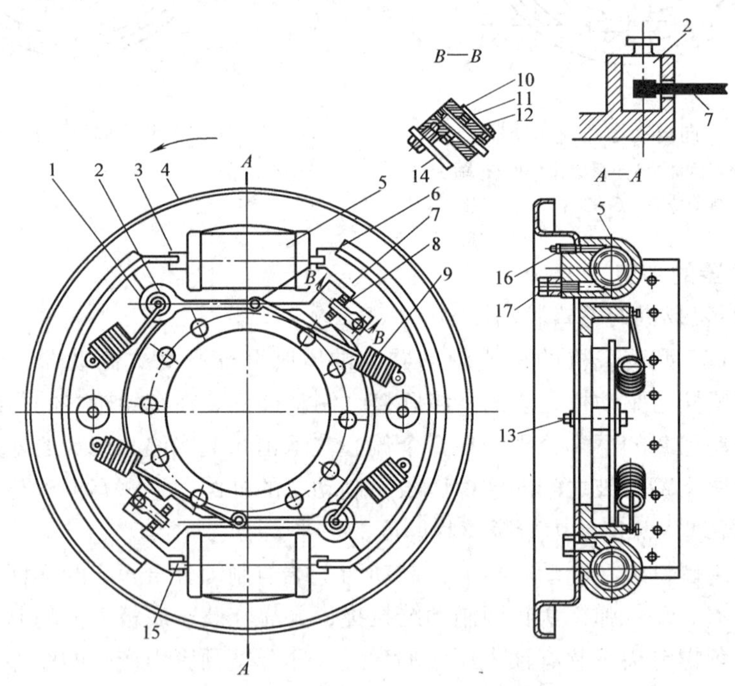

图 10-7 ZL50 型装载机的蹄式制动器

1—座板 2—定位销 3、15—推杆 4—制动底板 5—制动分泵 6—弹簧座销 7—制动蹄
8—调整拨轮装置 9—复位弹簧 10—弹簧片 11—拨轮 12—调整螺杆
13—支承销 14—盖板 16—放气塞 17—进油管接头

调整拨轮装置 8 及复位弹簧 9 等都两两按中心对称的形式布置。两制动蹄的任何一端都是浮式支承，依靠复位弹簧 9 的拉紧作用使其压靠在支承销 13 和调整拨轮装置的调整螺杆 12 上，在制动分泵弹簧作用下分泵活塞的球形凹面与推杆 3 的内端接触，推杆外端与制动蹄腹板端部通过凹槽相互抵住。两制动蹄用定位销 2、支承销 13 及调整拨轮装置来防止轴向窜动。

2）工作原理。在前进行驶（图中箭头方向）过程中制动时，两制动分泵活塞在油压作用下向外移动，推动两蹄紧压到制动鼓上。由于旋转的制动鼓的摩擦作用，两蹄也随制动鼓一起旋转（方向相同），直至顶靠于相应的调整螺杆为止。此时，两调整螺杆 12 便成为制动蹄的支点。随后，在油压与摩擦力共同作用下，两蹄进一步压紧在制动鼓上，两蹄均为增势蹄。

倒车制动时，支点变为定位销 2，工作原理与前进时相同，制动效能与前进时也一样。

3）制动器间隙的调整。制动器的制动间隙调整是通过调整拨轮装置 8 实现的。调整拨轮 11 是拧在调整螺杆 12 上的，不能轴向移动。当转动调整拨轮时，调整螺杆轴向移动，推动制动蹄腹板一起移动，从而达到调整制动间隙的目的。拨轮齿间有弹簧片 10，拨轮每转过一个齿，片簧便起落一次，其作用是防止调整后的拨轮自行转动。

（3）CL7 铲运机的蹄式制动器

1）结构。图 10-8 所示为 CL7 铲运机前轮制动器。制动鼓 11 与车轮相连。左制动蹄 8、右制动蹄 10 下端的腹板孔内压入青铜套；支承销 12 的左端活套着左制动蹄 8，右端固定于制动底板 2 上，并用锁销 14 防止其轴向移动。制动蹄可以绕支承销旋转。制动蹄的中部通过复位弹簧 9 紧拉左、右制动蹄，使其上端紧靠在 S 状制动凸轮 1 上。制动凸轮与凸轮轴制成一体，通过衬套装在制动底板 2 上，其尾部花键轴插入制动调节臂内蜗轮 6 的花键孔中。解除制动时，制动蹄上的摩擦片与制动鼓之间保持着一定的间隙。

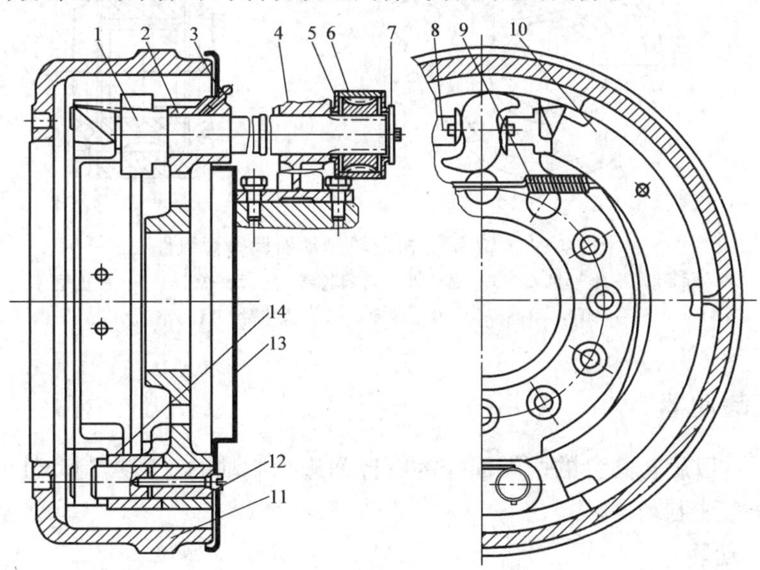

图 10-8　CL7 铲运机的前轮制动器

1—制动凸轮　2—制动底板　3—油嘴　4—凸轮轴支承架　5—调整臂盖　6—调整臂内蜗轮　7—调整臂端盖　8—左制动蹄　9—复位弹簧　10—右制动蹄　11—制动鼓　12—支承销　13—挡泥板　14—锁销

2）工作原理。制动时，凸轮逆时针旋转，两制动蹄便张开制动。解除制动时，凸轮返回复位，复位弹簧便使两制动蹄脱离制动鼓。

3）制动器间隙的调整。制动器间隙的局部调整装置是装在调整臂10内的蜗杆机构，如图10-9所示。蜗轮1以内花键与凸轮轴外端的外花键联接。单线的调整蜗杆5借细花键套装在蜗杆轴3上，蜗杆轴支承在调整臂10的孔内，且能转动。在调整臂体不动的情况下，蜗杆5带动蜗轮1转动，蜗轮1带动凸轮轴转过一定角度，亦即改变了制动凸轮的原始位置，使制动器达到要求的间隙值。蜗杆轴3一端轴颈上沿周向有若干个凹坑，当蜗杆5每转到有1个凹坑对准位于调整臂体内的锁止钢珠6时，钢珠便在弹簧8作用下，压入到凹坑里，使蜗杆转角位置保持不变，这样就能保证调好位置的凸轮相对于调整臂的角位置不能自行改变。

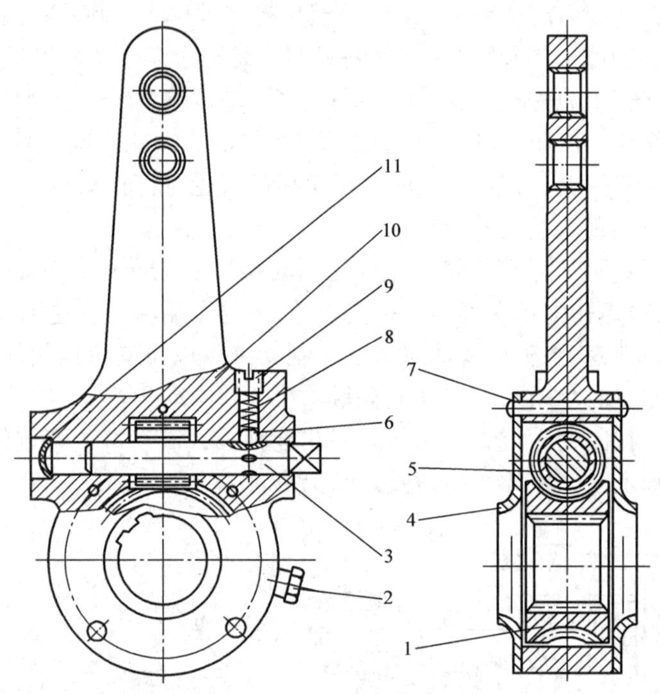

图10-9 CL7铲运机前轮制动器调整臂组件

1—蜗轮 2—锥形螺塞 3—蜗杆轴 4—调整臂盖 5—蜗杆 6—锁止钢珠 7—铆钉 8—弹簧 9—螺塞 10—调整臂 11—堵盖

10.2.2 盘式制动器

盘式制动器是以旋转圆盘的两端面作为摩擦面进行制动的。根据制动件的结构可分为钳盘式制动器和全盘式制动器。

1. 钳盘式制动器

（1）钳盘式制动器的类型及工作原理　图10-10所示为钳盘式制动器示意图。钳盘式制动器主要由制动盘3、制动钳（制动钳壳体1、制动块2、活塞4）等组成。制动钳壳体1通过制动钳支架5固定安装在车桥的桥壳上，制动盘3固定安装在轮毂6上随车轮转动。

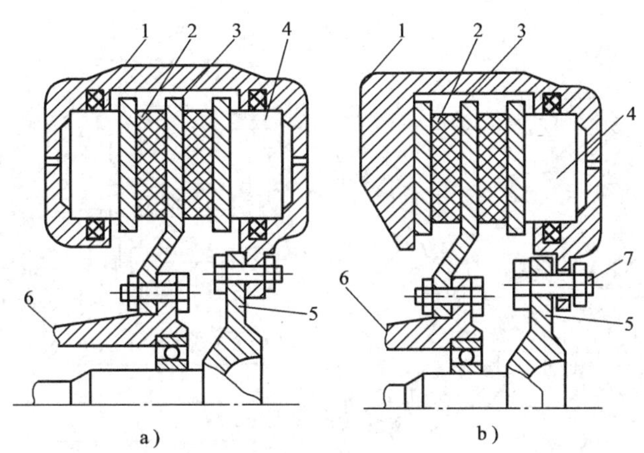

图 10-10 钳盘式制动器示意图

a）固定钳盘式制动器 b）浮动钳盘式制动器

1—制动钳壳体 2—制动块 3—制动盘 4—活塞 5—制动钳支架 6—车轮轮毂 7—导向销

工程机械制动时，制动钳就像一把钳子夹住制动盘，从而产生制动力矩。钳盘式制动器又包含固定钳盘式和浮动钳盘式两种，工程机械多采用固定钳盘式制动器。

固定钳盘式制动器如图 10-10a 所示，制动钳固定安装在车桥上，既不旋转，也不能沿制动盘轴向移动，必须在制动盘两侧都设置制动油缸，以便将两侧制动块压向制动盘。制动时，压力油进入油缸中，推动活塞 4 及制动块 2 压向制动盘 3，产生制动。解除油缸中的油压，活塞 4 复位，制动块 2 对制动盘 3 的压力消失，解除制动。

浮动钳盘式制动器如图 10-10b 所示，制动钳可以相对制动盘轴向滑动，在制动盘内侧设置制动油缸，而外侧的制动块则附装在钳体上。制动时，活塞 4 推动右侧制动块压到制动盘 3 上，整个制动钳沿导向销 7 向右侧移动，使左侧制动块 2 也压到制动盘 3 上，随着制动块对制动盘压力的增大，制动作用增大。

（2）ZL50 型装载机钳盘式制动器

1）结构。图 10-11 所示为 ZL50 型装载机固定钳盘式制动器结构图。制动盘 7 固定在车轮轮毂 14 上，随同车轮一起旋转。制动钳壳体 1 用螺钉 15 固定在驱动桥壳 13 上，每个驱动桥左右各装一个制动钳。每个钳体都是泵体，其中装有两对活塞 5，构成制动分泵，分泵壁上开有梯形截面的环槽，其中装入矩形截面的橡胶密封圈 2，再往外一点的小环槽装有防尘罩 3；分泵端盖 6 用螺钉固定在泵体上，并用 *O* 形密封圈密封。制动钳每侧两分泵间有内油道相通，两侧分泵间由油管 10 连通。分泵上装有放气嘴 9，装在制动盘两侧的制动块 4 采用热压成形工艺将摩擦衬块与钢制底板铆接粘接而成，每个制动块通过 2 根销轴 8 悬装在制动钳壳体 1 上，并可沿销轴做轴向移动。

2）工作原理。制动时，压力油进入制动分泵中，推动活塞 5 及制动块 4 压向制动盘 7，产生制动。在活塞移动过程中，矩形密封圈 2 的刃边在摩擦作用下随活塞移动，使密封圈产生弹性变形。解除制动时，活塞靠矩形密封圈的弹性变形复位。尽管矩形密封圈刃边变形量很微小，但一般情况下，仍能避免制动盘在不制动时被制动块夹住而产生摩擦阻力。

3）制动间隙的自动调整原理。制动间隙的自动调整是依靠矩形密封圈 2 实现的。如果摩擦衬块磨损引起制动间隙增大，制动时，活塞移动到矩形密封圈 2 变形量达到极限值后，

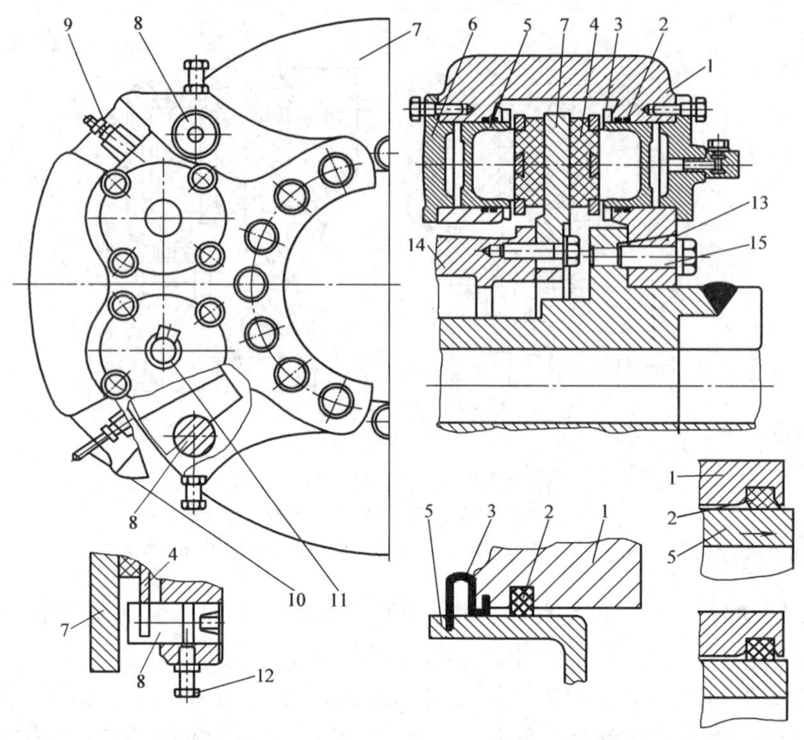

图 10-11 ZL50 型装载机固定钳盘式制动器

1—制动钳壳体 2—矩形密封圈 3—防尘罩 4—制动块 5—活塞 6—端盖 7—制动盘 8—销轴 9—放气嘴 10—油管 11—管接头 12—止动螺钉 13—驱动桥壳 14—轮毂 15—螺钉

仍然克服与密封圈的摩擦阻力继续前移，直到把摩擦衬块压紧在制动盘上。解除制动时，由于矩形密封圈 2 的弹性变形所能恢复的距离仍旧不变，故活塞被密封圈拉回的距离自然与摩擦衬块磨损前一样。此距离小于活塞移动的距离，它们之间的差值为摩擦衬块的磨损量，制动器间隙仍保持标准值。由此可见，矩形密封圈的作用除起到密封外，还能自动调整制动器间隙。

4）制动块的更换。制动块 4 上的摩擦片有三条沟槽，摩擦片磨损量到达沟槽底部之前必须更换。更换时，松开止动螺钉 12，拔出销轴 8，便可取下制动块 4。换上新的制动块，重新装上销轴 8 和止动螺钉 12。

2. 全盘式制动器

为了获得较大的制动力矩，在某些重型工程机械上采用了全盘式制动器。全盘式制动器的摩擦副是由 1 组固定圆环盘和 1 组旋转圆环盘组成。制动时，各盘摩擦表面全部接触，制动力矩大。其结构原理与多片式摩擦离合器相似。图 10-12 所示为上海 SH3600 型 32 吨自卸汽车干式多片全盘制动器。

（1）结构 制动器壳体是由盆状的外侧壳体（外盖 2）与内侧壳体（内盖 1）用 12 个螺栓 3 联成一体组成的，通过内侧壳体 1 固定于车桥上。内外盖联接螺栓的杆部部分置于制动器固定盘 4 四周边缘的半圆槽中，使固定盘只做轴向移动而不能转动。两面铆有摩擦片的旋转盘 5 带内齿，通过内齿与旋转花键毂 6 联接，花键毂则固定于车轮轮毂上，随车轮一起转动，故旋转盘 5 既可以随车轮一起转动又可以轴向移动。内侧壳体上装有 4 只制动分泵

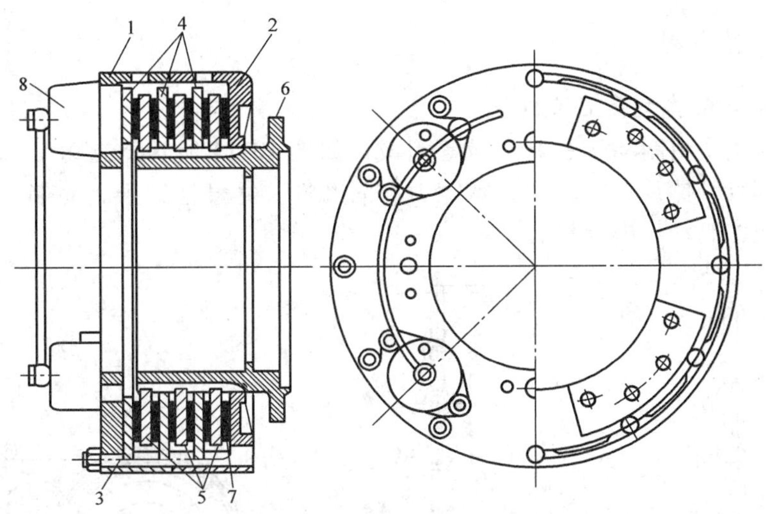

图10-12　上海SH3600型自卸汽车全盘制动器

1—内盖　2—外盖　3—螺栓　4—固定盘　5—旋转盘　6—轮毂花键毂　7—摩擦衬面　8—制动分泵

8，可单独取下，以便于维修。

图10-13所示为液压制动分泵的一种结构图。缸体1上用螺纹固定一销轴10，其一端插入活塞中心孔中，其上装有摩擦卡环11、套筒9。套筒的外凸缘作为复位弹簧座，复位弹簧8的另一端支承于螺塞12上，螺塞装在活塞内孔中。装配完成后，套筒向右的移动受摩擦卡环与销轴10之间的摩擦力限制，套筒的左端面与螺塞12有一定间隙*s*，可通过转动螺塞来调整此间隙。隔热垫4及5用以隔离固定盘制动时产生的摩擦热，使传到制动油液的热量尽量减少，防止其过热。

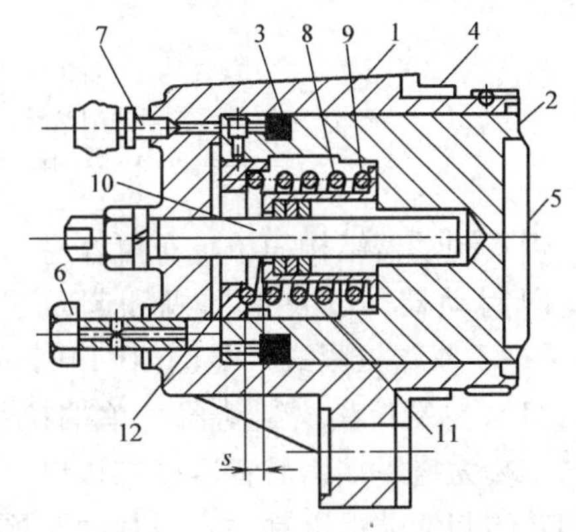

图10-13　盘式制动器的制动分泵

1—缸体　2—活塞　3—密封圈　4、5—隔热垫　6—管接头　7—放气塞　8—复位弹簧　9—套筒　10—轴　11—摩擦卡环　12—螺塞

（2）工作原理　制动时，压力油由管接头6进入制动分泵，推动活塞2右移，当螺塞12与套筒左侧端面接触时，制动器应完全制动。若磨损使制动间隙增大，则在油压作用下，活塞通过螺塞12、套筒9带动摩擦卡环11一起向右移动，直到完全制动。解除制动时，活塞在复位弹簧8作用下左移到活塞与套筒右侧端面接触为止，活塞复位。制动间隙由摩擦卡环11、套筒9及复位弹簧8等自动调整为*s*大小。

干式多片全盘制动器的摩擦盘都封闭在壳体中，散热条件较差。因此，有些工程机械使用了湿式多片全盘制动器。湿式多片全盘制动器的壳腔完全密封，内腔充满冷却油液，使固定盘和旋转盘浸在冷却油液中，冷却油液循环散热，大大改善了制动器的散热效果。卡特彼勒公司的铰接式推土机（814F、824G）、压路机（815F、825G、816F、826G）和980G装载机都采用了湿式多片全盘制动器。湿式多片全盘制动器的结构和工作原理与履带式机械的转向离合器相似。

10.2.3 带式制动器

1. 带式制动器的类型及工作原理

带式制动器主要由制动带和制动鼓等组成，如图 10-14 所示。制动带一般由薄钢片制成，并在其上铆有摩擦片，以增加其摩擦力和耐磨性。通过施加于制动带一端或两端的拉力，使制动带包住制动鼓进行制动。

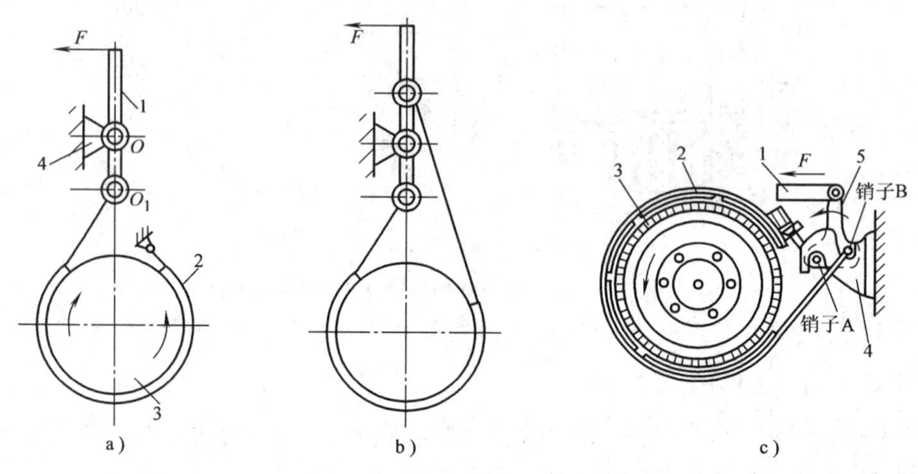

图 10-14 带式制动器示意图

a）单端拉紧式制动器 b）双端拉紧式制动器 c）浮动式制动器

1—操纵杆 2—制动带 3—制动鼓 4—支架 5—双臂杠杆

带式制动器结构简单、布置容易，常用于轮式铲土运输机械的驻车制动器，履带式机械的转向制动器，以及挖掘机和起重机的制动器。带式制动器一般有单端拉紧式（见图 10-14a）、双端拉紧式（见图 10-14b）和浮动式（见图 10-14c）等类型。

（1）单端拉紧式制动器 单端拉紧式制动器的制动带包在制动鼓上，一端为固定端，而另一端为操纵端，后者连接在操纵杆的 O_1 点。操纵杆以 O 点为支点，扳动操纵杆上端，使旋转的制动鼓得以制动。当制动鼓顺时针旋转而制动时，制动带右端的固定端为紧边，左端的操纵端为松边；当制动鼓逆时针旋转而制动时，固定端成为松边，而操纵端成为紧边。由此可见，在操纵力相同的条件下，前者较后者产生的制动力矩大。

（2）双端拉紧式制动器 双端拉紧式制动器的两边都是操纵边，制动鼓顺时针旋转和逆时针旋转时的制动力矩相等。

（3）浮动式制动器 浮动式制动器的操纵杆连接双臂杠杆，双臂杠杆的下端通过两个销子与制动带的两端铰接，两个销子支靠在支架的两个反向凹槽中。当制动鼓逆时针旋转而制动时，双臂杠杆在操纵杆的作用下以销子 A 为支点逆时针旋转，销子 B 离开支架的凹槽向上运动，拉紧制动带而制动。显然，销子 A 既为双臂杠杆旋转的支点，又为制动带紧边的支承端。当制动鼓顺时针旋转而制动时，情况恰相反，销子 B 为双臂杠杆旋转的支点和制动带紧边的支承端，而操纵端的销子 A 拉紧制动带离开支架的凹槽向下运动。这种制动器无论制动鼓顺时针旋转还是逆时针旋转，固定端总是制动带的紧边，而操纵端也总是制动带的松边，制动力矩相等。浮动式制动器在履带式机械上得到了广泛的应用。

2. TY120 推土机浮动带式制动器

图 10-15 所示为 TY120 推土机浮动带式制动器。制动带 15 是一条具有弹性的钢带，其内表面铆有胶压石棉材料的摩擦片 16，它的作用是增加与制动鼓的摩擦力。钢带的两端分别连接在双臂杠杆 9 的 2 个支承销 13 上，可用调整螺钉 17 和调整螺母 6 来调整制动带 15 上的摩擦片 16 与制动鼓外圆表面的间隙，使其径向间隙保持在 1.5 ~ 2.0mm。

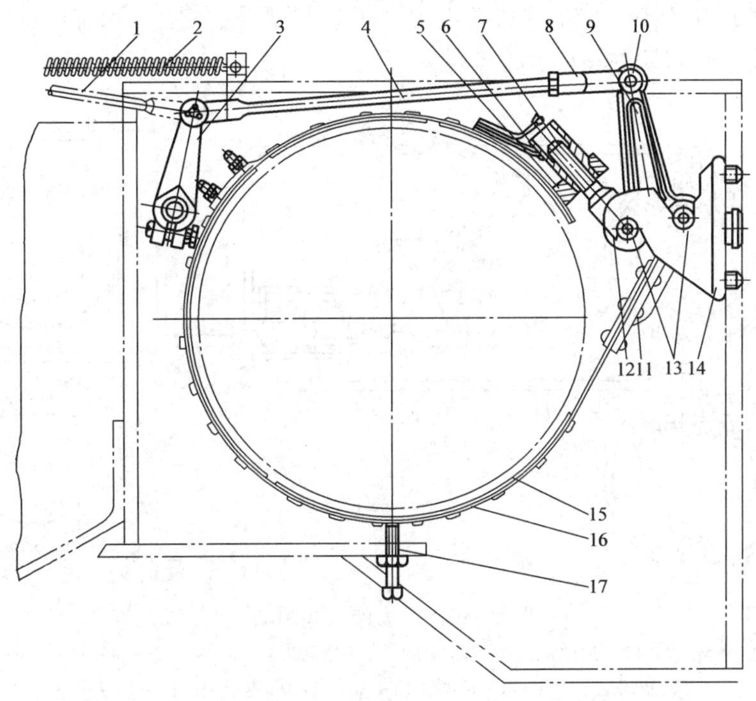

图 10-15　TY120 推土机浮动带式制动器

1—外拉杆　2—复位弹簧　3—内摆臂　4—内拉杆　5—带端拉紧环　6—调整螺母　7—螺杆　8—拉杆叉　9—双臂杠杆　10—联接销　11—拉板　12—垫片　13—支承销　14—支架　15—制动带　16—摩擦片　17—调整螺钉

当推土机前进时，制动鼓做逆时针旋转。制动时，外拉杆 1 通过内拉杆 4 使双臂杠杆 9 以左支承销为支点逆时针转动。制动带 15 的上面是紧边，下面是松边，故制动带 15 以左支承销为支点抱紧制动鼓。解除制动时，在复位弹簧 2 作用下，外拉杆 1、内拉杆 4 及双臂杠杆 9 复位，制动带 15 松开制动鼓。

当推土机倒退时，制动鼓做顺时针旋转。制动时，制动带 15 的下面是紧边，上面是松边，制动带 15 以右支承销为支点抱紧制动鼓。因此，对于浮动带式制动器，不论机械前进时制动还是倒退时制动，制动鼓对制动带 15 的摩擦力总是和制动踏板上的操纵力一起使制动带收紧，实现自行增力作用。通过调整螺母 6 和调整螺钉 17 可以调整制动间隙的大小。

10.3　人力液压式制动系

人力液压式制动系是利用专用的制动油液作为传动介质，将驾驶员作用于制动踏板上的力转变为液体的压力，并将其放大后传给制动器，使机械制动。

人力液压式制动系驱动机构的特点是，结构简单、紧凑，制动柔和，润滑良好，但是制动效能稍差。人力液压式制动系一般适用于总质量小于8t的轮式工程机械，如早期生产的PY160型平地机和中、小型载货汽车等。

10.3.1 人力液压式制动系的组成及工作原理

图10-16所示为PY160型平地机的人力液压式制动系，它主要由制动总泵、制动分泵、制动踏板、油管和制动器等组成。

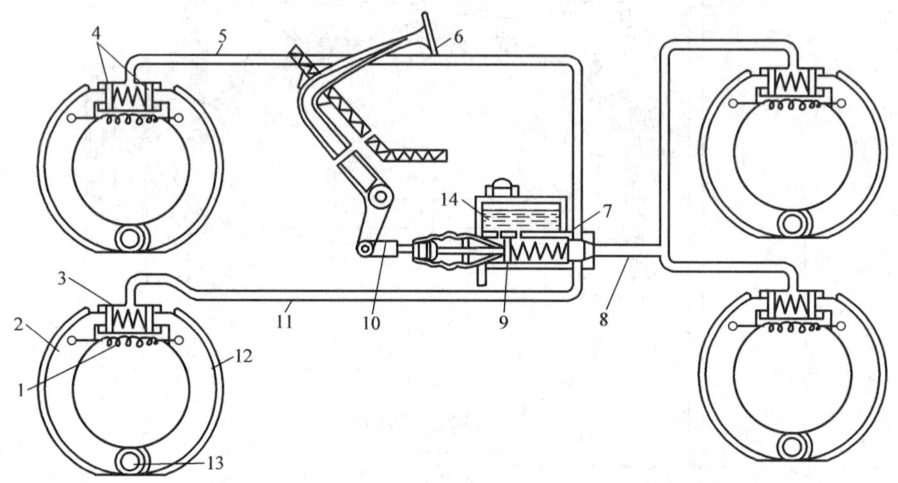

图10-16 人力液压式制动系

1—复位弹簧 2、12—制动蹄 3—制动分泵 4—分泵活塞 5、8、11—油管 6—制动踏板 7—制动总泵 9—总泵活塞 10—推杆 13—支承销 14—储液室

驾驶员踩下制动踏板6，推动制动总泵7的推杆10带动总泵活塞9右移，制动总泵7内部的制动液油压升高，制动油液经油管5、8、11进入前、后轮制动器中的制动分泵。制动分泵活塞4在油压作用下，向外移动，克服复位弹簧1的张力迫使制动蹄2张开，并压紧在制动鼓上实现制动。松开制动踏板6时，由于制动蹄复位弹簧1的作用，分泵活塞将分泵内的油液又压回制动总泵，同时分泵活塞回位，制动解除。

10.3.2 制动总泵

（1）结构 制动总泵（又称制动主缸）如图10-17所示，泵体上部为储液室，下部为液压主缸。储液室盖上有加油口，加油口上装有带通气孔及挡板的螺塞1。储液室内液面距加油口15～20mm为宜。储液室通过补偿孔3（直径为6mm）和旁通孔4（最窄部分直径仅0.7mm）与液压主缸相通。

制动踏板下臂与拉杆铰接，而拉杆又与主缸推杆14用螺纹联接，主缸内装有活塞11，因推杆14在工作过程中有摆动，故后端做成半球形，插入活塞背面的凹穴内。活塞尾部装有橡胶密封圈12以防制动液泄漏。活塞头部端面上铆有弹性星形片18，其6个叶片正好盖住活塞头端面上均布的6个轴向孔10，形成单向阀，并避免皮碗9在与这些小孔相对处发生凹陷变形。活塞复位弹簧8压紧皮碗，并将活塞推靠在挡圈13上，同时还使回油阀压紧

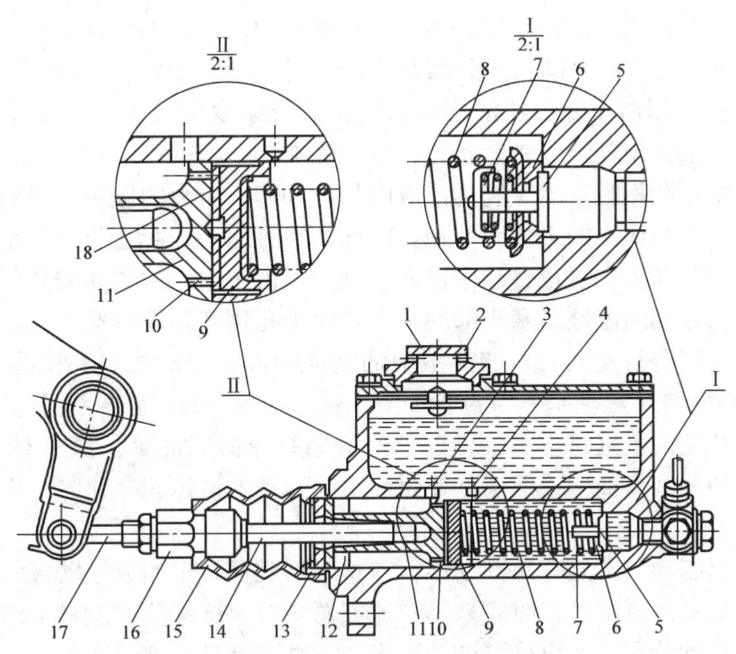

图 10-17　制动总泵

1—螺塞　2—通气孔　3—补偿孔　4—旁通孔　5—出油阀　6—回油阀　7—出油阀弹簧　8—复位弹簧　9—皮碗　10—活塞小孔　11—活塞　12—橡胶密封圈　13—挡圈　14—推杆　15—橡胶防护罩　16—六角螺母　17—拉杆　18—弹性星形片

在主缸体上的阀座上，使回油阀 6 关闭。回油阀为一带有金属托片的橡胶环，其中心的出油孔被带弹簧 7 的出油阀 5 关闭。

液压主缸不工作时，活塞头部和皮碗正好位于补偿孔与旁通孔之间，两孔均开放。

(2) 工作原理　制动时，踩下制动踏板，推杆推动活塞和皮碗克服复位弹簧的张力右移，当皮碗移到遮住旁通孔时，主缸的工作腔处于封闭状态，油压开始上升。油压上升到一定程度就克服出油阀弹簧 5 的预紧力及管路中的流动阻力，使出油阀 4 打开（见图10-18a），于是制动液被压入各个制动分泵，产生制动。

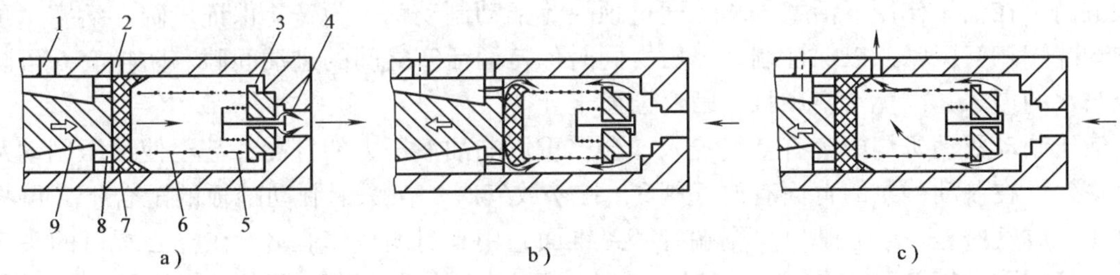

图 10-18　制动总泵的工作原理

a）踩下制动踏板时　b）迅速放开踏板、旁通孔尚未开起时　c）活塞完全复位、旁通孔开起时

1—补偿孔　2—旁通孔　3—回油阀　4—出油阀　5—出油阀弹簧　6—复位弹簧　7—皮碗　8—活塞小孔　9—活塞

制动解除时，松开制动踏板，制动踏板机构、主缸活塞均在各自的复位弹簧作用下复位，管路中的制动液推开回油阀流回液压主缸，制动解除。

由于复位弹簧的作用，活塞复位，活塞工作腔容积增大，则管路与液压缸内的制动液压力下降，当下降到50~100kPa时，回油阀即关闭，使不制动时液压系统中能经常保持50~100kPa的剩余压力，以防止空气从油管接头或制动分泵皮碗处渗入。此外，剩余压力的存在还可以使制动分泵皮碗处于预张紧状态，以免漏油。

当迅速松开制动踏板时，由于制动油液的粘性和管路阻力的作用，制动油液不能及时地填充因活塞快速左移所让出的工作腔容积。因此，在旁通孔开起之前，工作腔中产生一定的真空度，这会使空气在活塞复位过程中侵入主缸。但由于这时的进油腔油压高于工作腔，在此压力差作用下，制动油液经活塞头部的6个轴向小孔顶开弹性星形片与皮碗边缘，进入到工作腔，填补真空度；与此同时，储液室中的制动油液也及时地经补偿孔流入进油腔（见图10-18b）。这就避免了在活塞复位过程中空气侵入液压主缸。活塞完全复位后，旁通孔已开放，由管路继续流回主缸过多的油液，便经旁通孔流回储油室，如图10-18c所示。因密封不好而产生制动油液泄漏，或因温度变化而引起制动油液体积变化时，均可以通过补偿孔及旁通孔得到补偿。

如果遇到紧急制动，感到一次制动不行，这时驾驶员可迅速放松踏板，再迅速踏下，使分泵里的油液在第一次放松踏板时还来不及流回总泵时，已经第二次踏下踏板，总泵里得到补充的油液又压送到分泵，所以分泵油液增多，提高了制动强度。

（3）制动踏板自由行程的调整　不制动时，推杆的球头与活塞凹穴底部之间应留有1.5~2.5mm的间隙，以保证活塞能够在复位弹簧作用下，退到与挡圈13接触的极限位置，使皮碗不致堵住旁通孔。因此，制动时制动踏板需要先踩下一定的空行程（称为制动踏板自由行程）来消除这一间隙。制动踏板的自由行程约8~14mm。若发现制动踏板自由行程过大或过小，则可以通过转动六角螺母来改变拉杆旋入推杆前端螺孔中的深度来调整。

10.3.3 制动分泵

常见的制动分泵（又称制动轮缸）有双活塞式制动分泵和单活塞式制动分泵。

1. 双活塞式制动分泵

图10-19所示为双活塞式制动分泵。泵体1用螺栓固定在制动底板上，其内有2个活塞2、弹簧4和皮碗3。两活塞间的内腔靠皮碗密封。制动时，制动油液自油管接头和进油孔7进入缸内，在油压作用下活塞外移，通过顶块5推动制动蹄。弹簧4保证皮碗、活塞、顶块及制动蹄端相互压紧，以保证制动灵敏，同时保持两活塞之间的进油间隙。防护套6可防止尘土与水的侵入，以免活塞和缸壁因锈蚀而卡死。

液压制动驱动机构中若有空气侵入，会严重影响油液压力的升高，甚至使液压制动系统完全失效。在制动分泵的背面有放气阀9，拧松放气阀，在踩下制动踏板的配合下，可将空气排出。放气阀是一空心螺钉，尾端有密封锥面，用来封闭放气孔8。在空心螺钉的头部还装有放气阀防护螺钉10。需要放气时，连续踩下制动踏板，对分泵内空气加压，然后踩住踏板不放，将放气螺钉拧出一些，再将放气螺塞拧出，空气即可排出。空气排尽后，将放气螺钉、螺塞拧紧。

2. 单活塞式制动分泵

图10-20所示为单活塞式制动分泵。为缩小轴向尺寸，其液腔密封件不用抵靠活塞端面的皮碗，而采用安装在活塞导向面上切槽内的皮圈4；采用了橡胶防护罩2来防尘，使结构

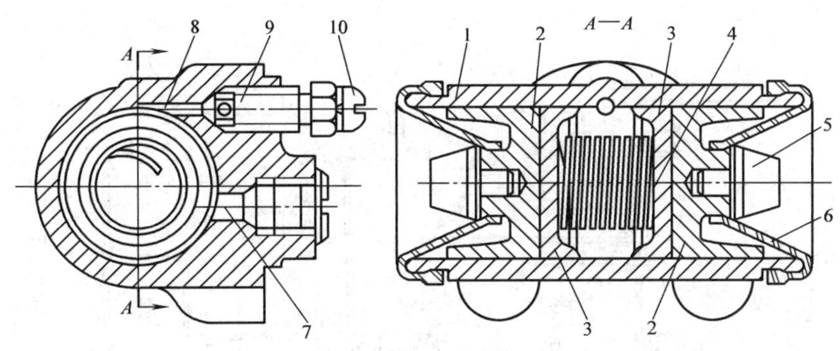

图10-19　双活塞式制动分泵

1—泵体　2—活塞　3—皮碗　4—弹簧　5—顶块　6—防护套　7—进油孔

8—放气孔　9—放气阀　10—放气螺钉

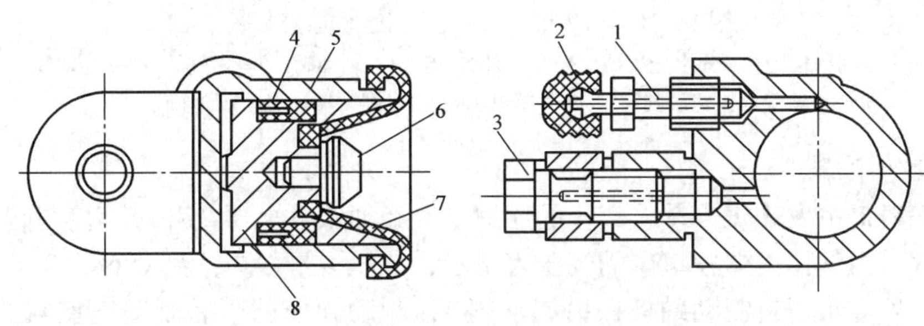

图10-20　单活塞式制动分泵

1—放气阀　2—护罩　3—进油管接头　4—皮圈　5—泵体　6—顶块　7—防护套　8—活塞

简化。

根据液体的静压力传递原理，使分泵缸径大于总泵缸径，这样踩踏板的力虽小，却可得到较大的分泵压力，既可使操纵省力，又提高了制动效能。

10.4　气压式制动系

气压式制动系是以压缩空气作为介质，依靠发动机带动压缩机所产生的空气压力作为制动的全部力源，通过驾驶员操纵，使气体压力作用到制动器上产生制动力矩使机械制动。

气压式制动系的优点是工作可靠，操纵轻便、省力，制动效能好，便于挂车的制动操纵；缺点是辅助设备多，结构复杂，零件的结构尺寸和质量比液压式制动系要大，制动和解除制动滞后现象严重。目前，一些挖掘机、铲运机和中型载重汽车采用气压式制动系。

10.4.1　气压式制动系的组成及工作原理

1. 气压式单回路制动系

图10-21所示为CL7型自行式铲运机的气压式单回路制动系简图，它主要由空气压缩机（简称空压机）1、油水分离器2、压力控制阀3、制动阀4、储气筒5、制动气室6和凸轮张

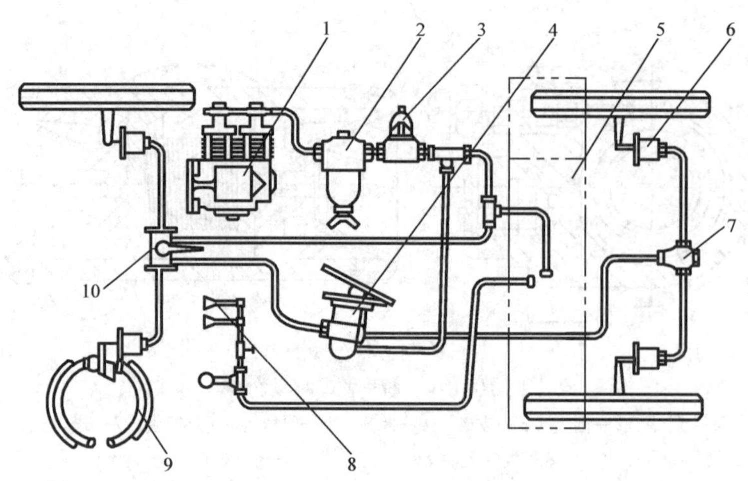

图 10-21 CL7 型自行式铲运机制动系统简图

1—空气压缩机 2—油水分离器 3—压力控制阀 4—制动阀 5—储气筒 6—制动气室 7—快速放气阀 8—气喇叭 9—制动器 10—气动转向阀

开式制动器 9 等组成。

空气压缩机 1 由发动机带动，产生的压缩空气经油水分离器 2 和压力控制阀 3 输入储气筒 5 内。储气筒内气压由驾驶室内的气压表指示，该压力一般应达到 0.68 ~ 0.70MPa。

制动时，驾驶员通过制动踏板操纵制动阀 4，制动阀使前、后制动气室与储气筒连通，而与大气隔绝，储气筒的压缩空气进入制动气室，通过推杆推动凸轮转动进行制动。不制动时，前后制动气室与储气筒隔绝而与大气相通，制动气室中的压缩空气经快速放气阀 7 或制动阀 4 排入大气，制动解除。

2. 气压式双回路制动系统

单回路制动系统中，各制动气室（或分泵）的气路是互相连通的，结构比较简单，但当任何一个制动气室（或分泵）或管道出现故障，整个机械制动系统将会失灵，导致机械不能制动而发生危险。因此，目前大多数工程机械采用双回路制动系统。双回路制动系统是指前、后轮的制动系统是各自独立的，若前轮制动系统出现故障，对后轮制动系统没有影响，后轮制动系统仍能正常制动；反之亦然。双回路制动系统大大提高了机械的行驶安全性。

图 10-22 所示为 CA1091 型汽车的气压式双回路制动系统示意图。由发动机驱动的双缸活塞式空气压缩机 1 将压缩空气经单向阀 9 首先输入湿储气筒 4（湿储气筒上装有安全阀 5 和供外界使用压缩空气的放气阀 3）。压缩空气在湿储气筒内冷却并进行油水分离之后，再分别经 2 个单向阀 9 进入储气筒 8 的前、后腔。储气筒前腔与串列双腔式制动阀 14 的上腔相连，可以向后制动气室 11 充气。储气筒后腔与制动阀 14 的下腔相连，可以向前制动气室 2 充气。此外，储气筒的两腔都经三通管分别通向双指针空气压力表中的 2 个传感器腔，使 2 个指针分别指示储气筒两腔的气压。当储气筒气压增大到 0.8MPa 时，压力控制阀 16 使空气压缩机卸荷空转而停止向储气筒供气。

踩下制动踏板后，拉杆机构操纵制动阀 14，使制动阀上、下两腔的进气口分别与本腔的出气口相通，使储气筒 8 前、后腔的压缩空气得以分别通过制动阀 14 的上、下腔进入后

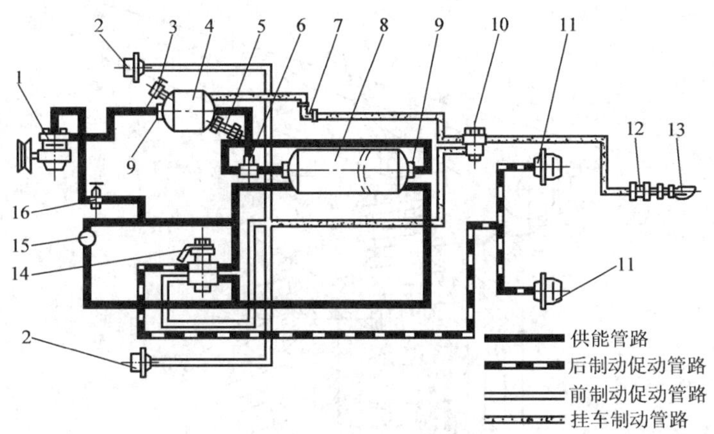

图 10-22　CA1091 型汽车的气压式双回路制动系统示意图

1—空气压缩机　2—前制动气室　3—放气阀　4—湿储气筒　5—安全阀　6—三通管　7—管接头　8—储气筒　9—单向阀　10—挂车制动阀　11—后制动气室　12—分离开关　13—连接头　14—串列双腔式制动阀　15—气压表　16—压力控制阀

制动气室 11 和前制动气室 2，从而促动制动器进行工作。松开制动踏板后，制动阀使前、后制动气室与储气筒隔绝而与大气相通，制动气室中的压缩空气排入大气，制动解除。

10.4.2　气压式制动系的主要部件

空气压缩机由发动机驱动产生压缩空气，并输入到储气筒作为制动的动力。储气筒一般是一个钢制圆筒，筒内压缩空气的储存量可供在压缩机不工作的情况下，制动 8 ~ 10 次。储气筒下部装有开关，用于释放储气筒内积存的油和水。

压力控制阀（又称调压阀、压力控制器）的作用是当储气筒内气压上升到规定值时，使空气压缩机卸荷空转而停止向储气筒供气；当储气筒内气压降至一定值时，空气压缩机恢复向储气筒供气。

油水分离器用以将压缩空气中所含的水分、润滑油和其他杂质分离出来，以免腐蚀储气筒及管路中的不耐油的橡胶件，提高制动效果。平时应定期人工排放油水分离器中的水、油和杂质。为了保证气路的安全，防止因滤芯堵塞或调压阀失效而使管路气压过高，在油水分离器盖上一般装有安全阀。安全阀出厂时已调好，并铅封。

下面重点介绍制动阀、制动气室、快速放气阀和加速阀的结构及工作原理。

1. 制动阀

制动阀（又称制动控制阀）是气压式制动系的主要控制装置。驾驶员脚踩的制动踏板就是用来控制制动阀，从而控制压缩空气量及工作气压，进而控制车轮制动器产生的制动力矩的大小。

制动阀应具有随动作用，并保证有足够的踩踏板感，即充入制动气室的压缩空气压力与踏板行程（或踏板力）有一定的递增比例关系，保证制动过程的渐进性。当完全放开制动踏板时，应保证迅速完全地解除制动。

（1）单腔式制动阀　图 10-23 所示为 CL7 型铲运机的单腔式制动阀。

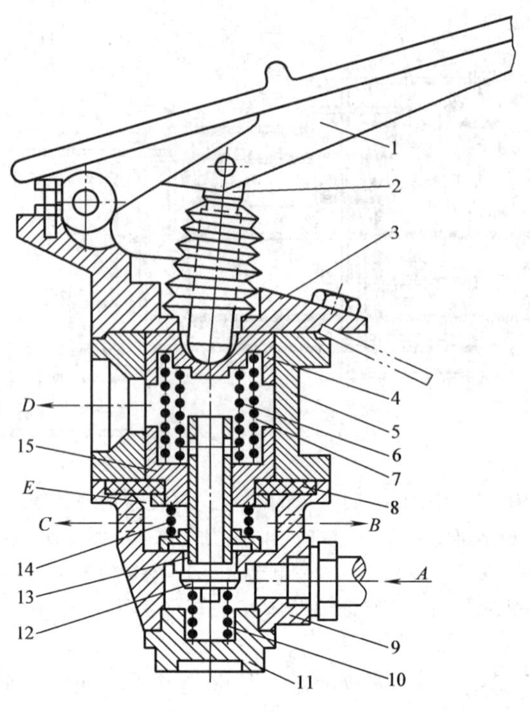

图 10-23 单腔式制动阀

1—踏板 2—推杆 3—上盖 4—上活塞 5—上阀体 6、7—平衡弹簧 8—膜片 9—下阀体 10—阀门复位弹簧 11—下盖 12—阀门 13—芯管 14—膜片复位弹簧 15—下活塞 *A*—进气口 *B*、*C*—出气口 *D*—排气口 *E*—平衡气室

1）结构。通过上盖 3 将制动阀固定在车架上。踏板 1 用销轴支承在上盖 3 上，踏板中部用销轴与推杆 2 连接。下阀体 9 有通向储气筒的进气口 *A* 和通向前、后制动气室的出气口 *B* 和 *C*，上阀体 5 上还有通大气的排气口 *D*。

上、下阀体之间夹装着橡胶尼龙膜片 8，其中央固定着芯管 13 和下活塞 15。平衡弹簧 6 和 7 装在上活塞 4 和下活塞 15 之间。平衡弹簧 6 和 7 不受预紧力，即不制动时处于自由状态。上述零件装配在一起，可称为平衡弹簧组件，在推杆 2 或膜片复位弹簧 14 的推动下可做轴向移动。

阀门 12 和下阀体 9 中央的阀座组成进气阀门，阀门 12 和芯管 13 的下端组成排气阀门。阀门 12 在复位弹簧 10 的作用下，贴紧下阀体 9 中央的阀座，芯管 13 与阀门 12 之间有一定的间隙，此间隙为排气间隙。图 10-23 所示状态为进气阀关闭而排气阀开起的不制动状态。

2）工作原理。制动时，驾驶员将制动踏板踩下一定的距离，通过推杆推动平衡弹簧组件下移，如图 10-24a 所示。首先，芯管的下端与阀门接触，即排气阀先关闭；然后芯管再将阀门推离下阀体上的阀座，即进气阀开起，于是储气筒中的压缩空气自进气口 *A* 流入平衡气室 *E*，经出气口 *B* 和 *C* 充入前、后制动气室。平衡气室和前、后制动气室中的气压都随着充气量的增加而逐渐升高。当平衡气室中的气压与膜片复位弹簧 10、阀门复位弹簧 7 等作用力之和超过平衡弹簧 4 和 5 向下的作用力时，平衡弹簧便在其上端被推杆压住不动的情况下进一步被压缩，膜片带动下活塞 11 和芯管 9 上移。与此同时，阀门在弹簧的作用下也随之上行，直到进气阀关闭为止。此后，平衡气室及制动气室既不通储气筒，也不通大气，

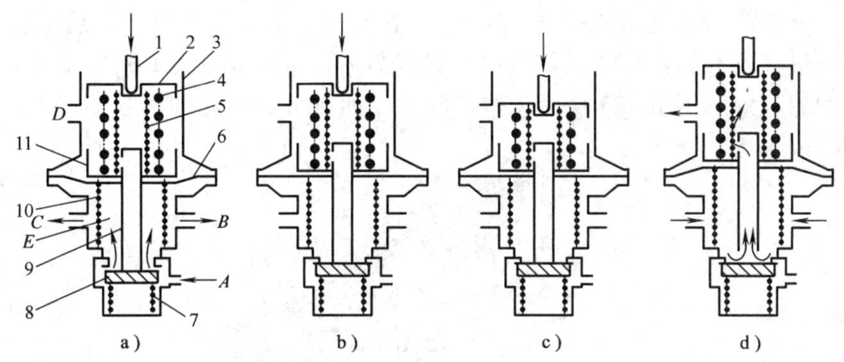

图10-24 单腔式制动阀的工作原理

a）刚踩下制动踏板时 b）、c）不同踏板行程和踏板力作用下的平衡状态 d）放开制动踏板时（非制动状态时）

1—推杆 2—上活塞 3—上阀体 4、5—平衡弹簧 6—膜片 7—阀门复位弹簧

8—阀门 9—芯管 10—膜片复位弹簧 11—下活塞

A—进气口 *B*、*C*—出气口 *D*—排气口 *E*—平衡气室

成为封闭的空间，如图10-24b所示。只要制动踏板位置不再改变，那么制动气室的气压以及平衡弹簧组件和制动踏板的反作用力也就保持稳定。进气阀和排气阀都关闭时，膜片和芯管所处的位置即为平衡位置。

驾驶员感到制动强度不足时，可以进一步踩下制动踏板，进气阀重新开起，使平衡气室和制动气室进一步充气，直到膜片和芯管又回到平衡位置为止。在新的平衡状态下，制动气室保持的稳定气压值比以前的要高。同时，平衡弹簧的压缩量和踏板力比以前要大，如图10-24c所示。反之，驾驶员感到制动力作用过于强烈时，可将脚抬起而让踏板向上移动一些。此时，平衡弹簧组件在膜片复位弹簧和气压的作用下也向上移，将排气阀打开。制动气室中的压缩气体经制动阀（或快速放气阀）上的排气孔排出一部分。制动气室内的气压随之降低，平衡弹簧伸张，将排气阀重新关闭，膜片和芯管又回到平衡位置处于新的平衡状态。此时，因制动气室气压降低，相应的制动力矩要比以前的小。

完全放开制动踏板，解除制动，对平衡弹簧、膜片和芯管的压力解除。膜片和芯管即在平衡气室*E*内的气压和复位弹簧作用下升起，直至推杆回到原来位置（非制动状态时）。此时，芯管离开阀门，即排气阀打开，制动气室和平衡气室中的压缩空气便经芯管中的通道和排气口*D*排入大气，制动解除，如图10-24d所示。

由此可见，制动踏板在任意工作位置固定时，制动阀都能自动达到并保持以进气阀和排气阀二者都关闭为特征的平衡状态，保证制动阀具有随动作用和制动过程的渐进性。

不制动时，排气间隙一般为2～2.5mm，此间隙太大，将导致踏板制动有效行程过小；太小又将导致制动解除缓慢。

（2）串列双腔式制动阀 图10-25所示为ZL50型装载机采用的串列双腔式制动阀。

1）结构。制动阀壳体分为上壳19、中壳15和下壳7三部分。中壳上的通气口*A*和*B*分别通往后轮制动储气筒和后气推油加力器气室（即后制动气室）；下壳上的通气口*C*和*D*分别通往前轮制动储气筒和前气推油加力器气室（即前制动气室）。中壳内有3条垂直通道，其内各装一顶杆10，支承在下膜片9的夹盘翻边上。通过气道*H*来沟通上平衡气室*G*和气室*F*。排气芯管紧固在橡胶尼龙膜片中央，膜片外缘夹紧在壳体之间。后轮制动进气路线为：后制动储气筒→通气口 A→进气阀 13→平衡气室 G→通气口 B→后气推油加力器气室。前轮制动进气路线为：前制动储气筒→通气口 C→进气阀 5→平衡气室 E→通气口 D→前气推油加力器气室。图 10-25 所示为进气阀关闭而排气阀开启的不制动状态。

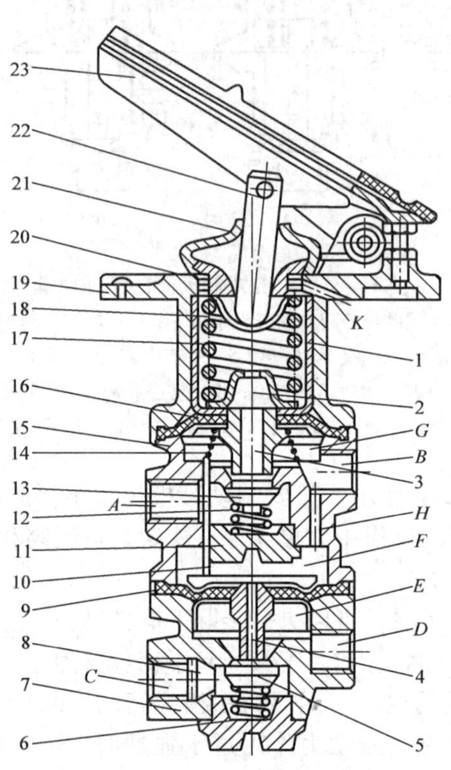

图 10-25 串列双腔式制动阀

1—导向套 2—排气室 3—上膜片排气芯管 4—下膜片排气芯管 5—前轮制动进气阀 6、12—进气阀弹簧 7—下壳 8—滤网 9—下膜片 10—顶杆 11—螺塞 13—后轮制动进气阀 14—复位弹簧 15—中壳 16—上膜片 17—平衡弹簧 18—弹簧座 19—上壳 20—通大气口滤网 21—罩 22—推杆 23—踏板 A、C—进气口 B、D—出气口 E、G—平衡气室 F—控制气室 H—气道 K—排气口

2）工作原理。制动时，踩下制动踏板至一定行程，通过推杆 22 和平衡弹簧 17 推动上膜片 16 和上排气芯管 3 下移，上排气芯管下端面与后轮制动进气阀 13 接触，上排气通道被关闭，随后将进气阀 13 推离阀座，进气阀 13 打开。后制动储气筒的压缩空气经进气口 A 进入上平衡气室 G，经出气口 B 充入后气推油加力气室，使后轮制动。同时，平衡气室 G 内的压缩空气经 H 通道进入气室 F，并推动下膜片 9 和下排气芯管 4 下移，压下前轮制动进气阀 5，使下排气通道关闭，进气阀门 5 开起。此时，前制动储气筒的压缩空气才从进气口 C 经下平衡气室 E 充入前气推油加力气室，使前轮制动。随着充气量的增加，平衡气室 G、E 和气推油加力气室的气压逐步升高。平衡弹簧在其上端被推杆压住不动，在平衡气室 G、E 气压力作用下推动上膜片上移，从下端压缩平衡弹簧；同时，排气芯管也被膜片带动上移，进气阀在其弹簧作用下也随之上升，直至与壳体上的进气阀座接触为止。此时，进气阀和排气阀通道均关闭。只要踏板位置不再改变，气推油加力器气室气压和经平衡弹簧传给制动踏板

的反作用力则保持稳定，并使制动力矩与制动踏板行程、作用力保持一定的比例关系，此时膜片和排气芯管所处的位置即为平衡位置。当上膜片回升到平衡位置时，气室 G 和 F 中的气压也保持稳定，下膜片也随之达到平衡位置。

若驾驶员感到制动强度不足，可继续加大制动踏板的作用力与行程，进气阀便重新开起，使加力器气室和平衡气室进一步充气，直到膜片和排气芯管又回到平衡位置为止。在新的平衡状态下，气推油加力器气室保持的稳定气压比以前的要高，从而增加了制动力矩。由此可见，制动阀具有随动作用，并保证驾驶员有足够的踩踏板感。

当制动踏板接近最大行程时，上膜片可以通过其夹盘和 3 根顶杆 10 直接压下下膜片和下排气芯管，使下腔的进气阀 5 打开，并直接用平衡弹簧 17 的压缩变形使下腔达到平衡状态，即下腔由气压操纵转变为机械操纵。这样就能保证在上腔气路系统失灵时，下腔仍然能工作。

由于下腔气压是受上腔气压操纵而工作的，下腔气压的变化总是落后于上腔，故前轮制动比后轮制动稍晚，这有利于提高制动时机械行驶方向的稳定性。

松开制动踏板，制动解除，上排气通道首先开放，后气推油加力器气室、上平衡气室 G 和 F 中的压缩空气经上膜片排气芯管的中央通道，由气口 K 排入大气，气室 F 中的气压随即降低。同时，下膜片在平衡气室 E 的气压作用下也开始上拱，使下排气通道开放。所有气室中的气压均降为大气压，制动解除。

2. 制动气室

制动气室有膜片式和活塞式 2 种，它的作用是将压缩空气的压力转变为转动制动凸轮的机械推力。

（1）膜片式制动气室　图 10-26 所示为一种膜片式制动气室。夹布层橡胶膜片 3 用卡箍 10 夹紧在壳体 6 和盖 2 的凸缘之间。盖与膜片之间为工作腔，盖上的进气口 1 用橡胶软管与制动阀接出的钢管相连。膜片右方的腔体与大气相通。弹簧 5 通过焊接在推杆 8 上的支承盘 4 将膜片推到图示的左侧极限位置。推杆的外端连接叉 9 与制动器的制动调整臂相连。

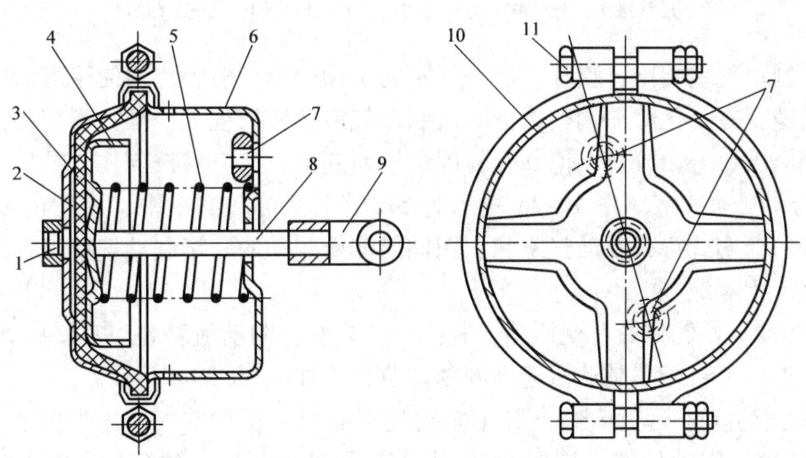

图 10-26　膜片式制动气室

1—进气口　2—盖　3—膜片　4—支承盘　5—弹簧　6—壳体　7—固定用螺孔

8—推杆　9—连接叉　10—卡箍　11—螺栓

制动时，压缩空气由制动阀从进气口 1 充入制动气室工作腔，使膜片 3 向右拱曲，将推杆 8 推出，推动制动臂和制动凸轮转动从而实现制动。解除制动时，工作气室中的压缩空气经制动控制阀（或快速放气阀）排入大气中，膜片 3 在弹簧 5 的作用下复位，制动解除。

（2）活塞式制动气室　图 10-27 所示为 CL7 型铲运机的活塞式制动气室。活塞 6 与皮碗用螺钉联成一体。导向管 3 的一端以螺纹联接于活塞的中央，并用锁紧螺母锁住；另一端支承在气室盖组合件 10 的衬套内，可轴向滑动。导向管内腔经小孔与气室左腔相通，气室左腔通过盖 10 上的通气口 9 通大气。推杆 5 在轴向移动时还有摆动，故与活塞接触端制成球面，并用导向管压紧。推杆左端借连接叉 1 同制动调整臂连接。制动气室右腔为工作腔，通过进气接头 7 用管路与制动阀相通。其工作原理与膜片式制动气室相似。

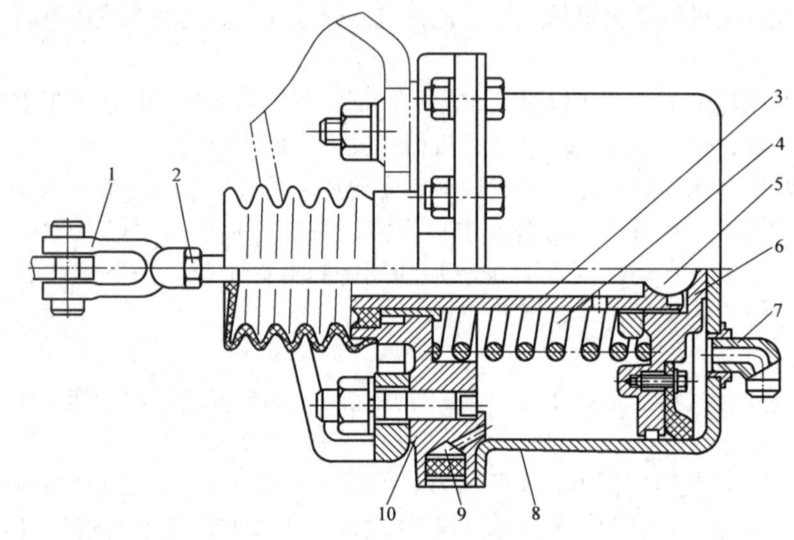

图 10-27　活塞式制动气室

1—连接叉　2—螺母　3—导向管　4—复位弹簧　5—推杆　6—活塞
7—进气接头　8—壳体　9—装滤网的通气口　10—气室盖组合件

与活塞式制动气室相比，膜片式制动气室的结构简单，但膜片的使用寿命较短，行程较小，制动器间隙稍有变化即需调整；活塞式制动气室活塞行程大，推力不变，使用中不必频繁地调整制动间隙，寿命较长，但外壳易因碰撞而变形，活塞易被卡住，结构复杂。

（3）复合式制动气室　图 10-28 所示为 SH3150 型自卸汽车中、后轮的复合式制动气室，它由一般的活塞式行车制动气室和利用储能弹簧制动的驻车制动气室组合而成，两气室之间借隔板 7 互相隔绝。

1）驻车制动。储能弹簧 5 受压缩，其张力通过驻车制动活塞 6、螺塞 4、传力螺杆 3 和驻车制动气室推杆 8 将行车制动活塞推到制动位置，如图 10-29a 所示。

2）解除驻车制动。通过 *B* 口向驻车制动气室Ⅱ充入压缩空气，压缩储能弹簧 5，使驻车制动活塞回到不制动位置；同时行车制动活塞 15 也在复位弹簧 9 作用下复位，如图 10-29b 所示，驻车制动解除。若驻车制动气室Ⅱ内的气压不足，则不能解除驻车制动。

3）行车制动。压缩空气自 *A* 口充入行车制动气室Ⅰ，如图 10-29c 所示，实现行车制动，而驻车制动活塞仍保持在不制动位置。

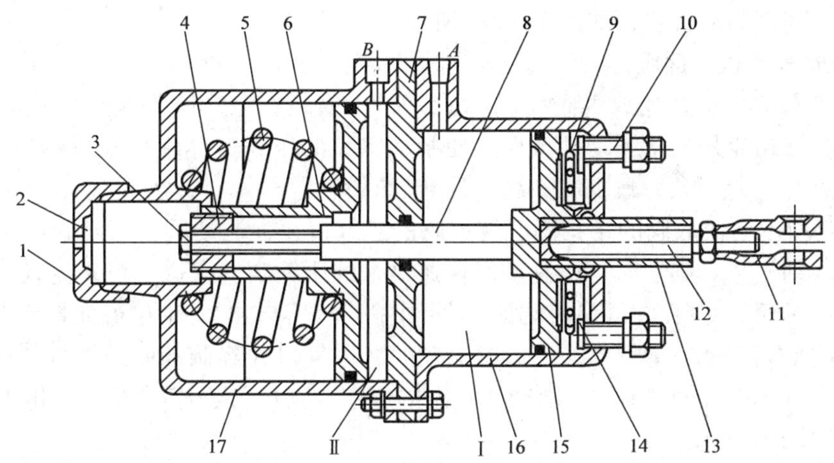

图10-28　SH3150型自卸汽车的复合制动气室

1—防尘盖　2—滤网　3—传力螺杆　4—螺塞　5—储能弹簧　6—驻车制动活塞　7—隔板　8—驻车制动气室推杆　9—行车制动活塞复位弹簧　10—安装螺栓　11—连接叉　12—行车制动气室推杆　13—导向套筒　14—推杆座　15—行车制动活塞　16、17—行车制动气室壳体

Ⅰ—行车制动气室　Ⅱ—驻车制动气室　*A*—行车制动气室进气口　*B*—驻车制动气室进气口

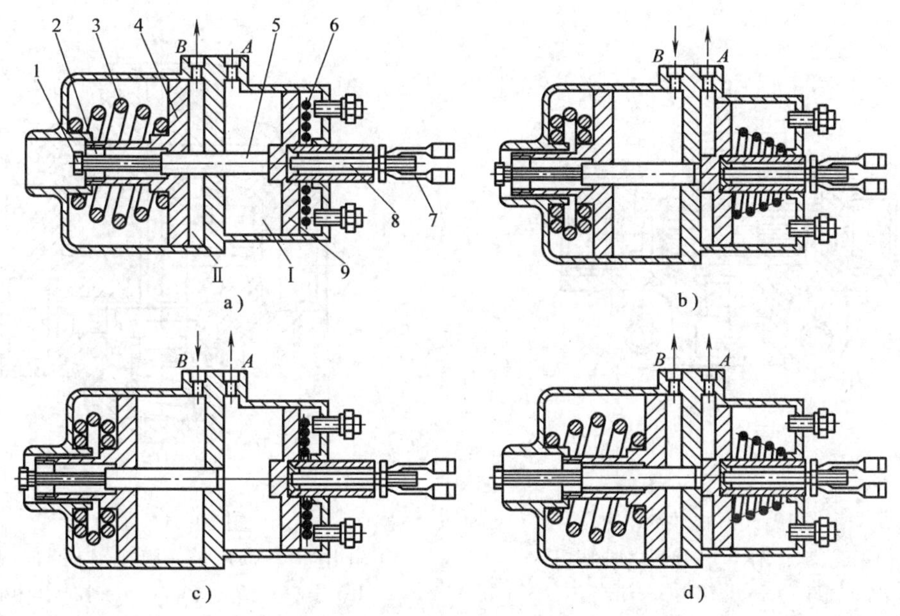

图10-29　复合制动气室的各种工况

a）驻车制动　b）解除驻车制动　c）行车制动　d）通过传力螺杆解除驻车制动

1—传力螺杆　2—螺塞　3—储能弹簧　4—驻车制动活塞　5—驻车制动气室推杆　6—行车制动活塞复位弹簧　7—连接叉　8—行车制动气室推杆　9—行车制动活塞

Ⅰ—行车制动气室　Ⅱ—驻车制动气室　*A*—行车制动气室进气口　*B*—驻车制动气室进气口

4）通过传力螺杆解除驻车制动。若气压系统失效，而要解除驻车制动时，可将传力螺杆1旋出到极限位置，以撤销储能弹簧对行车制动活塞9的推力，使活塞9得以在复位弹簧

的作用下退回到不制动位置，如图 10-29d 所示。

3. 快速放气阀和加速阀

（1）快速放气阀　快速放气阀（简称快放阀）安装在制动阀到制动气室的管路上靠近制动气室处，其功能是放松制动踏板后，使制动气室的压缩气体由此就近迅速排入大气中，以迅速解除对车轮的制动，减少解除制动的滞后时间。

图 10-30 所示为快放阀的结构图。快放阀的进气口 *A* 通制动阀，两出气口 *B* 可分别通向左、右两侧制动气室。制动时，由制动阀输送过来的压缩空气自进气口 *A* 流入，将阀门 4 推离进气阀座，进而使之压靠阀盖内端的排气阀座，然后自出气口 *B* 流向制动气室。此时，快放阀的作用如同 1 个三通管接头。解除制动时，进气口 *A* 经制动阀通大气，阀门在弹簧 3 的作用下回位（即关闭进气阀），制动气室内的压缩空气便就近经排气口 *C* 排入大气，而无需迂回流经制动阀。

（2）加速阀　加速阀（又称继动阀）的作用是使压缩空气不流经制动阀而直接充入制动气室，以缩短供气路线，减少制动滞后时间。

图 10-31 所示为一般形式的膜片式加速阀。在一般情况下，进气口 *A* 直接通储气筒，出气口 *B* 通向制动气室，孔口 *C* 则与制动阀的出气口相通。当孔口 *C* 处于大气压力下时，芯管 5 在自身重力作用下压靠阀门 3，同时阀门也在弹簧 4 的作用下压靠在阀体 1 的阀座上。这意味着加速阀的进气阀和排气阀都关闭。

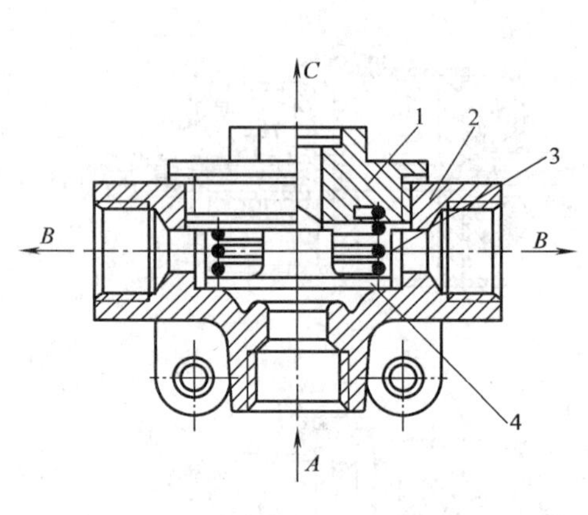

图 10-30　快放阀

1—阀盖　2—阀体　3—弹簧　4—阀门

A—进气口　*B*—出气口　*C*—排气口

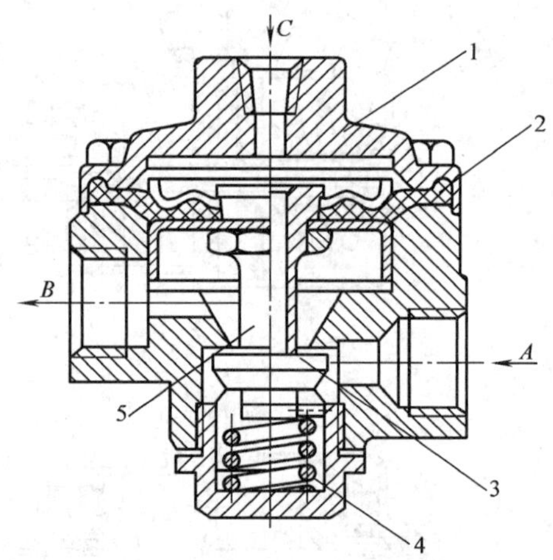

图 10-31　加速阀

1—阀体　2—膜片　3—阀门　4—弹簧　5—芯管

A—进气口　*B*—出气口　*C*—控制压力输入口

踩下制动踏板时，制动阀的输出气压作为加速阀的控制压力自孔口 *C* 输入，膜片 2 在此控制压力作用下连同芯管一起向下移动，将进气阀推开。于是，压缩空气便由储气筒直接通过进气口 *A* 和出气口 *B* 充入制动气室，而不必流经制动阀，大大缩短了制动气室的充气管路，加速了气室充气过程。

抬起制动踏板解除制动时，输入口 *C* 处的控制压力撤除，膜片在下方气压作用下向上拱曲，使排气阀打开。于是，制动气室中的压缩空气便经芯管 5 和输入口 *C* 流向制动阀，并经制动阀排气口排入大气。

加速阀具有平衡膜片和平衡气室，只要输入的控制压力是渐进变化的，那么加速阀对本身输出压力的控制也是渐进的。

10.5 气液综合式制动系与动力液压式制动系

10.5.1 气液综合式制动系

气压助推油液（俗称气推油）式制动系是气液综合式制动系统中常用的一种形式。空压机输出的压缩空气通过气推油加力器（也称加力器），将气压能转为液压能作为制动力源。这种制动系综合了气压式制动系的工作可靠，操纵轻便，省力，以及人力液压式制动系的结构紧凑、制动平顺、润滑良好的优点。目前，轮式推土机、装载机及平地机等工程机械多数采用气推油式制动系。

1. 气推油式制动系的组成及工作原理

图10-32所示为ZL50型装载机的气推油双管路式制动系示意图。

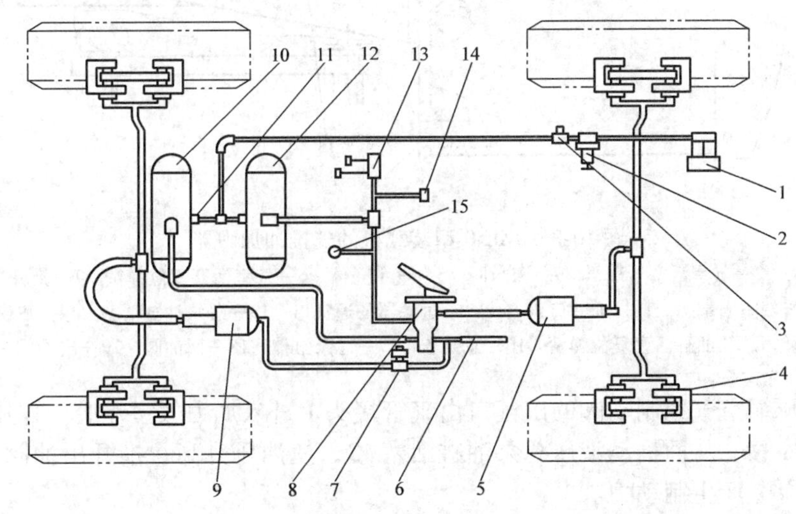

图10-32 ZL50型装载机制动系示意图

1—空压机 2—油水分离器 3—压力控制阀 4—制动分泵 5—后气推油加力器 6—气路软管 7—制动信号灯开关 8—双回路制动阀 9—前气推油加力器 10—前储气筒 11—单向阀 12—后储气筒 13—气喇叭 14—气刮水阀 15—压力表

空压机1产生的压缩空气，经过油水分离器2后，通向前、后轮的储气筒10和12，其内部压力由压力控制阀3控制，保持在68～70kPa。储气筒的入口处装有单向阀11，使2个储气筒互相隔绝，保证两管路系统的独立性。双回路制动阀8是双腔式的，由制动踏板直接操纵。踩下制动踏板，储气筒12和10中的压缩空气便分别经双回路制动阀的上腔和下腔充入各自的气推油加力器5和9，使压力油推动前、后轮钳盘式制动器的油缸活塞，使车轮制动。当松开制动踏板时，气推油加力器中的空气经制动阀排入大气。在制动阀上连有控制动力换挡变速器断流阀的气路软管6，以便在踩下制动踏板的同时，使动力换挡变速器的离合器分离。

2. 气推油加力器

图 10-33 所示为 ZL50 型装载机制动系中的气推油加力器结构，它由活塞式加力气室和总泵缸体（液压制动主缸）两部分组成。活塞式加力气室与前述活塞式制动气室的构造和工作原理相似，制动总泵与前述液压式制动驱动机构中的制动总泵的构造和工作原理相似。加力气室与制动总泵用 4 颗螺钉联成一体，加力气室活塞 2 通过推杆 7 与总泵油缸活塞 13 联系。

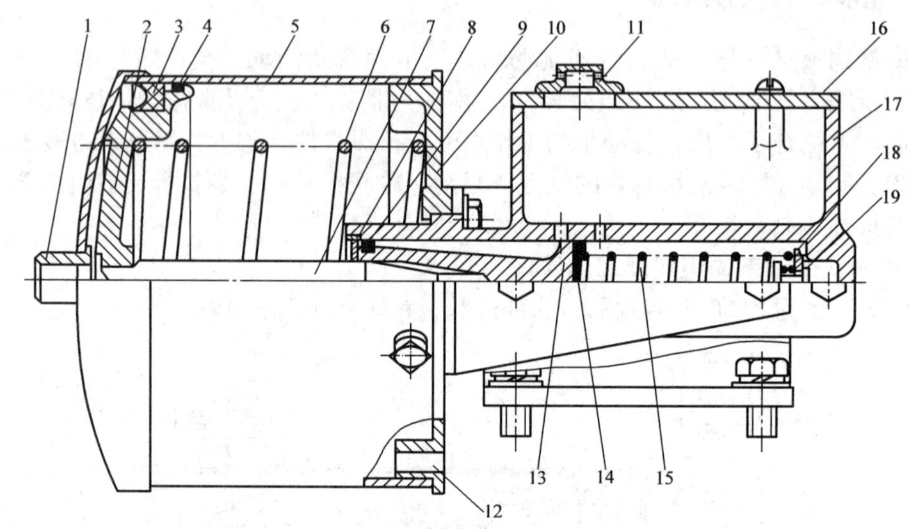

图 10-33 ZL50 型装载机的气推油加力器

1—气管接头 2—气室活塞 3、4、9—密封圈 5—气室壳体 6—气室活塞复位弹簧 7—推杆 8—挡圈 10—气室右端盖 11—加油口盖 12—带过滤器的通气口 13—总泵油缸活塞 14—皮碗 15—总泵油缸活塞复位弹簧 16—总泵盖 17—总泵缸体 18—回油阀 19—出油阀

制动时，压缩空气经制动阀的出气口由气管接头 1 进入加力气室左腔，作用到气室活塞上，推动推杆右移，从而推动液压总泵油缸活塞 13，使油压升高，推开出油阀 19 后，高压油进入制动分泵，产生制动力。

解除制动时，加力气室的左腔通过制动阀的排气口进行排气，气室中的气压迅速降低。复位弹簧 6 推动活塞 2 左移复位。同时，总泵油缸活塞复位弹簧 15 和液压力推动总泵油缸活塞 13 左移复位，回油阀 18 开起，制动分泵中的高压油液经回油阀流回制动总泵，制动分泵中油液压力撤除，从而制动解除。

10.5.2 动力液压式制动系

目前，国外大型轮式工程机械（如装载机）越来越多地采用双回路动力液压式制动系。动力液压制动系使用的元件较少，而且体积小，结构紧凑，回路简单，操作轻便，便于安装和维护。

动力液压制动系主要由液压泵、安全阀、蓄能器、储液罐、低压报警开关、踏板制动阀及制动器等组成。

图 10-34 所示为一种较简单的双回路动力液压制动系示意图。若以此图与图 10-22 所示的气压制动系比较，不难发现，两者的各组成元件在功能上都一一对应。液压泵 3 相当于空

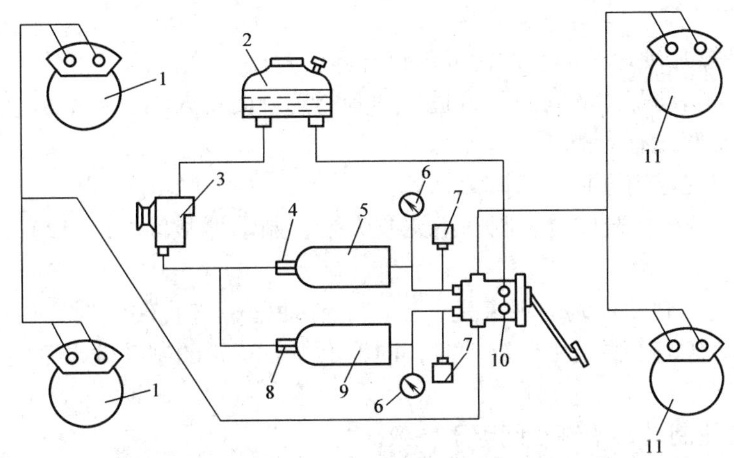

图10-34　双回路动力液压制动系示意图

1—前轮制动器（盘式）　2—储液罐　3—液压泵　4、8—单向阀　5—后轮制动蓄能器　6—压力表　7—低压报警灯开关　9—前轮制动蓄能器　10—双腔液压制动阀　11—后轮制动器（盘式）

压机，蓄能器5和9相当于储气罐，双腔液压制动阀10相当于双腔气压制动阀，盘式制动器1和11中的液压缸（制动分泵）相当于制动气室。不过，气压系统的工作介质是空气，一般不设回气管路；而液压系统的工作介质是特制的制动液，解除制动时，由制动分泵经液压制动阀排出的低压油液必须通过回油管路流回储液罐2。

制动时，踩下踏板，双腔液压制动阀被打开，液压油通过制动阀流向制动器的制动分泵，制动器动作，产生制动力。根据驾驶员脚踏力的大小，双腔液压制动阀将自动调节制动系统的压力，从而保证踏板行程（或踏板力）与制动力有一定的递增比例关系（即制动阀具有随动作用）。完全放开制动踏板，制动分泵中的油液经制动阀流回储液罐，解除制动。

10.6　制动系的维修

10.6.1　人力液压式制动系的维修

1. 人力液压制动系的常见故障及原因分析

（1）制动不灵或失效　制动不灵或失效的现象是，当踩下制动踏板进行制动时，制动效果不理想或无制动反应。制动不灵或失效主要是由于制动器摩擦副的摩擦力不足所致，其具体原因有以下几点：

1）制动总泵无油或油面太低。

2）制动总泵推杆自由行程太大。

3）制动总泵皮碗损坏或踏翻。

4）制动总泵阀门失效或封闭不严。

5）制动总泵进油孔堵塞或储液室加油孔螺塞上的通气孔堵塞。

6）油管破裂或管接头漏油。

7）油路中有空气。

8）分泵漏油。

9）制动器摩擦片硬化、沾有油污或铆钉外露。

10）制动鼓与制动蹄片的间隙不合适，两者的接触面积太小。

11）制动鼓变形或有沟槽。

12）制动蹄与支撑销磨损、松旷或锈死。

上述1）~7）条往往造成全车制动不灵或失效，制动器故障8）~12）条一般表现为个别车轮制动不灵。

（2）制动跑偏　制动跑偏的现象是，当踩下制动踏板进行制动时，机械自动偏离原来的行驶方向。制动跑偏主要是由于制动时，同轴上左右车轮的制动效果不同所致，其具体原因有以下几点：

1）左、右车轮制动器的制动间隙不一致。

2）左、右车轮制动器摩擦片与制动鼓（或制动盘）接触面相差过大。

3）左、右车轮摩擦片材质不同。

4）两侧车轮制动分泵活塞磨损程度不同。

5）车架、转向系有故障。

某侧车轮的制动器制动效果不良也是造成机械制动跑偏的主要原因。

（3）制动拖滞　制动拖滞的现象是，机械制动停车后，再次起步困难或发动机熄火。制动拖滞主要是由于机械制动解除后，制动器摩擦副咬住或分离不彻底，其具体原因有以下几点：

1）总泵推杆无自由行程，踏板放松后，回油孔仍然堵住。

2）总泵活塞回位弹簧失效，活塞皮碗卡住。

3）分泵活塞皮碗卡住。

4）制动蹄回位弹簧失效。

5）制动间隙太小。

2. 人力液压制动系的维护

（1）一般性的检查和维护

1）保持制动系油路的清洁，保持制动总泵盖上通气孔的畅通。

2）经常检查制动系，管路、接头应无凹瘪、严重锈蚀或裂纹现象，连接应可靠而无渗漏，制动软管应舒展无折叠，无脱皮、老化或膨胀等缺陷。经常紧固油路连接件接头和管夹。

3）定期检查和补充制动总泵储液室内的油液（油面高度一般应保持在总泵盖上边缘下15~20mm处）。

（2）制动踏板自由行程的检查与调整　制动踏板的自由行程是制动总泵的推杆与活塞间隙及总泵活塞空行程在踏板上的反映。这一间隙是彻底解除制动和迅速产生制动的必备条件，如不留这一间隙，活塞与皮碗将不能退回到最后位置，堵塞旁通孔，制动不能彻底解除。但留间隙太大，又会减小踏板有效行程，使制动迟缓。严重时，要多次踩踏板，才能有效制动。

踏板自由行程的调整如图10-17所示，松开锁紧螺母16，旋转推杆14使其伸长，则自由行程减小，反之增大。调整后旋紧锁紧螺母。

（3）空气的排除　制动系统中渗入空气，会影响制动效果。在维修过程中，由于拆检液压系统、接头松动或制动液不足等原因，易造成空气进入管路，应及时将系统中的空气排出。

排除空气时，可由两人协同进行，一人将踏板连续踩下，至踏板升高后，踩住踏板，另一人将制动分泵放气螺钉旋松少许，空气随油液一起排出。当踏板逐渐降到底时，先旋紧放气螺钉，再连续踩踏板。如此反复，直到放出的油液无气泡。放出的油液用容器收集，沉淀后以备再用。

放气应由远及近逐缸进行（踏板要快踩缓抬以使空气彻底排净）。空气放净后，要检查、补充储液室的油液，并要检查通气孔是否畅通，以使储液室与大气相通。

3. 制动总泵和分泵的检修

（1）检验

1）总成解体时，应注意制动总泵缸体外部有无渗漏处。如有裂纹或气孔应更换。

2）检查缸体内表面，允许内表面有轻微变色。若有划痕、阶梯形磨损或锈蚀现象应更换。制动总泵缸体内表面的圆柱度误差值超过 0. 02mm 或总泵缸体内表面与活塞的配合间隙大于 0. 15mm 时，应更换加大尺寸的活塞或更换壳体。

3）复位弹簧的弹力必须符合该机型的使用要求，否则应更换。

4）制动总泵和分泵的皮碗、橡胶密封件和油阀等零件在维修时均应更换。

（2）装配

1）认真清洗缸体，尤其是总泵的补偿孔和旁通孔一定要保持畅通。

2）装配时，在缸体内表面及活塞总成涂一层干净的制动液。安装活塞时，不得用任何工具，以免划伤缸体。

3）装配完成后，用推杆推动活塞几次，检查活塞能否灵活回位。

10. 6. 2　气压式制动系的维修

1. 气压式制动系的常见故障及原因分析

气压式制动系的常见故障现象与人力液压式制动系相似。

（1）制动不灵或失效的主要原因

1）空气压缩机工作不良，使之供气能力下降，空气滤清器堵塞，压力控制阀调整的压力过低等，造成储气筒内气压不足或无气压。

2）制动管路有破裂，管接头松动漏气，控制阀关闭不严，以及垫片或膜片破裂等造成漏气。

3）制动管路堵塞。

4）制动气室膜片破裂。

5）制动器摩擦副的摩擦因数减小，使其制动力减小。

（2）制动跑偏的主要原因

1）左、右车轮制动鼓与制动摩擦片之间的间隙不相等。

2）左、右车轮制动器摩擦片材质不同或接触面积相差悬殊。

3）某侧制动软管堵塞或老化。

4）某车轮的摩擦片有油污或水。

5）某车轮制动鼓的圆柱度误差过大。

6）某车轮制动气室推杆弯曲或膜片破裂。

7）车架、转向系有故障。

（3）制动拖滞

1）全部车轮均有拖滞，多为制动阀有故障。如制动阀的活塞回位弹簧弹力变弱，不能将制动管道的气路与大气沟通，管道内气体压力不能下降，使制动气室内气压不能消除。

2）单轴车轮拖滞主要是快速放气阀的故障造成的。若快速放气阀的排气口堵塞，解除制动时使单轴两车轮的制动气室内的压缩气体不能放掉，则该轴车轮的制动力不能消除，出现单轴两车轮制动拖滞。

3）单个车轮制动拖滞多数是因为制动器和制动气室的故障。如制动鼓与摩擦片间隙过小，制动蹄支承销处锈蚀卡滞，制动凸轮轴与支架衬套锈蚀卡滞，制动蹄回位弹簧过软或失效，制动气室推杆伸出过长或弯曲变形而卡住，以及制动气室膜片老化变形或破损等。

2. 气压式制动系的维护

1）经常检查制动阀、储气筒、制动气室、管路及接头等部位是否漏气，如有漏气应及时排除。

2）制动气管不允许有凹陷、弯折、扭曲及裂纹刻痕等，接头螺母及制动软管接头螺纹不得损坏。若发现有以上缺陷应及时更换新件。

3）按期排除油水分离器及储气筒内的机油和水分。

4）定期检查空气压缩机润滑油平面是否达到规定高度，不足时应添加。

5）经常检查空气压缩机传动带的松紧程度。其检查方法是在传动带中部施以30～40N压力时，压下距离应为10～15mm，否则应进行调整。

3. 气压式制动系的主要零部件的检修

（1）制动阀的检修　双腔式制动阀在使用中最为常见的故障是密封不良、零件运动不灵活或调整不当等。

当机械停驶后，发现储气筒气压下降过快，并且能在制动阀下方排气口听到漏气的声音。可拆检制动阀，检查的重点为上、下阀门与壳体接触的工作面。应清除橡胶件表面的积存物，用砂布轻轻磨去压伤痕迹。此外，还应检查活塞上、下运动是否灵活，有无发卡现象。若活塞松旷，应考虑更换橡胶密封件。若制动阀上部的推杆运动不灵活，应注意检查橡胶防尘套的密封性。若零件老化或存在裂纹，使尘土、泥砂进入摩擦表面，将影响制动阀的正常工作。

制动阀中的平衡弹簧组件不得随意拆卸和调整，因为制动过程的随动作用完全取决于平衡弹簧。若预紧力过大，则制动过于粗暴；若预紧力过小，则气压增长缓慢，制动不灵。只有出现上述不良现象时，才可按修理技术条件的要求进行平衡弹簧的调整。

装配制动阀时，密封件和运动表面应涂工业锂基润滑脂。

装配完成后，应对制动阀的性能进行试验，检查进气阀和排气阀等是否漏气。

（2）制动气室的检修　检修制动气室时，若外壳存在裂纹或凹陷，应焊补整形或换新件。推杆弯曲应校正。弹簧应无弯曲、变形及弹力不足现象。膜片或活塞密封圈应无裂纹及老化现象，否则换新件。

活塞式制动气室的活塞及气室缸筒磨损严重时应换新件。膜片式制动气室更换里程为

60000km，以保证安全。

装配时，防尘盖的螺钉应分几次均匀上紧，当通入压缩空气时，推杆动作应灵活迅速，且在工作气压下不应漏气。左右制动气室推杆长度应一致。

复习与思考题

一、填空题

1. 制动器可以分为（　　）、（　　）和（　　）。

2. 钳盘式制动器分为（　　）和（　　）2 种。

3. 带式制动器的种类有（　　）、（　　）和浮动式 3 种。

4. 制动系常见故障有（　　）、（　　）和（　　）等。

5. 工程机械制动系按功能的不同可分为（　　）、（　　）和（　　）。

6. 工程机械制动系按制动力源的不同可分为（　　）、（　　）和（　　）。

7. 气推油加力器由（　　）和（　　）组成。

二、判断题。

1. 履带式机械行走制动器一般为常闭式制动器。（　　）

2. 在简单非平衡式制动器制动时，左右两蹄的制动效果是相同的。（　　）

3. 双端拉紧带式制动器和单端拉紧带式制动器制动效果相同。（　　）

4. 凸轮张开蹄式制动器的制动器间隙是不可以调节的。（　　）

5. 气压制动控制阀应具有随动作用。（　　）

6. 对于简单非平衡式制动器，前进和倒退时的制动效果相同。（　　）

7. 复合式制动气室可以实现行驶制动，也可以实现驻车制动。（　　）

8. 人力液压制动系的油路中有空气是制动跑偏的原因之一。（　　）

9. 人力液压制动系的制动总泵推杆自由行程太大是制动不灵的原因之一。（　　）

10. 左、右车轮制动器的制动间隙不一致是制动跑偏的原因之一。（　　）

11. 制动蹄回位弹簧失效是制动拖滞的原因之一。（　　）

三、单项选择题

1. 在工程机械中，一般行车制动器采用（　　）。

A. 摩擦式制动器　B. 液力式制动器　C. 电磁式制动器　D. 其他形式制动器

2. 在工程机械维护中，一般需要检查和调整蹄式制动器的（　　）。

A. 制动力　B. 制动间隙　C. 复位弹簧的长度　D. 摩擦片的厚度

3. 气压制动系比液压制动系（　　）。

A. 制动和解除制动都快　B. 制动慢、解除制动快

C. 制动快和解除制动慢　D. 制动和解除制动都慢

4. 履带式机械行驶系的制动器多采用（　　）。

A. 蹄式制动器　B. 全盘式制动器　C. 带式制动器　D. 钳盘式制动器

5. 在双回路制动系中，一般要求具有（　　）。

A. 前轮制动比后轮制动晚　B. 前轮制动比后轮制动早

C. 前轮和后轮同时制动　D. 没有要求

6. 在制动器中，制动分泵安装在（　　）上。

A. 制动蹄　B. 制动底板　C. 制动鼓　D. 摩擦片

7. 目前，工程机械制动系多采用（　　）。

A. 单回路制动　B. 双回路制动　C. 三回路制动　D. 四回路制动

8. 液压制动系制动主缸中的制动液不足，会造成（　　）。

A. 制动跑偏　B. 制动失效　C. 制动拖滞　D. 制动不良

9. 气压制动系中制动踏板无自由行程或制动间隙过小会造成（　　）。

A. 制动跑偏　B. 制动失效　C. 制动拖滞　D. 制动不良

10. 非平衡式制动器左右蹄制动效能不相等，其主要原因是（　　）。

A. 两蹄的摩擦片面积不相等　B. 两蹄的张力不相等

C. 轮缸的活塞直径不相等　D. 两蹄的摩擦力不相等

11. 不制动时，液压制动系统制动主缸和制动轮缸的油压关系是（　　）。

A. 制动主缸比制动轮缸高　B. 制动主缸比制动轮缸低

C. 制动主缸和制动轮缸相同　D. 不定

四、简答题

1. 简述制动系的分类。

2. 简述制动系的常见故障，分别加以说明。

3. 简述气压式制动驱动机构的特点。

4. 画出简单非平衡蹄式制动器的工作原理图，并且说明图中主要零件的名称。

5. 根据图 10-1 回答下列问题：

1）标出各标号件的名称。

2）制动系的基本组成有哪些？

3）制动系的工作原理是什么？

6. 气压式制动系统的主要部件有哪些？各自的作用是什么？

参考文献

[1] 刘良臣. 装载机维修图解手册 [M]. 南京：江苏科学技术出版社，2007.

[2] 鲁冬林. 工程机械使用与维护 [M]. 北京：国防工业出版社，2008.

[3] 陈明宏. 底盘修理 [M]. 北京：国防工业出版社，2008.

[4] 孔德文，赵克利，徐宁生，等. 液压挖掘机 [M]. 北京：化学工业出版社，2007.

[5] 李文耀. 工程机械底盘构造与维修 [M]. 北京：电子工业出版社，2008.

[6] 成凯，吴守强，李相锋. 推土机与平地机 [M]. 北京：化学工业出版社，2007.

[7] 杨占敏，王智明，张春秋，等. 轮式装载机 [M]. 北京：化学工业出版社，2006.

[8] 赵克利，孔德文. 底盘结构与设计 [M]. 北京：化学工业出版社，2006.

[9] 高秀华，姜国庆，王力. 工程机械底盘结构与维护检修技术 [M]. 北京：化学工业出版社，2004.

[10] 郁录平. 工程机械底盘设计 [M]. 北京：人民交通出版社，2004.

[11] 陈家瑞. 汽车构造 [M]. 3 版. 北京：机械工业出版社，2006.

[12] 沈松云. 工程机械底盘构造与维修 [M]. 北京：人民交通出版社，2009.

[13] 唐振科. 工程机械底盘设计 [M]. 郑州：黄河水利出版社，2004.

[14] 赵谷声. 工程机械底盘 [M]. 北京：人民交通出版社，1997.

[15] 高忠民. 工程机械使用与维修 [M]. 北京：金盾出版社，2002.

[16] 唐经世. 工程机械底盘学 [M]. 成都：西南交通大学出版社，2002.